KB135958

상대성이론의 결정적 순간들

상대성이론의 결정적 순간들

초판 1쇄 발행 2023년 08월 25일

지 은 이 | 김재영
펴 낸 이 | 조미현

책임편집 | 김호주
디 자 인 | ziwan

펴 낸 곳 | (주)현암사
등　　록 | 1951년 12월 24일 (제10-126호)
주　　소 | 04029 서울시 마포구 동교로12안길 35
전　　화 | 02-365-5051 | 팩스 02-313-2729
전자우편 | editor@hyeonamsa.com
홈페이지 | www.hyeonamsa.com

ISBN 978-89-323-2319-0 03400

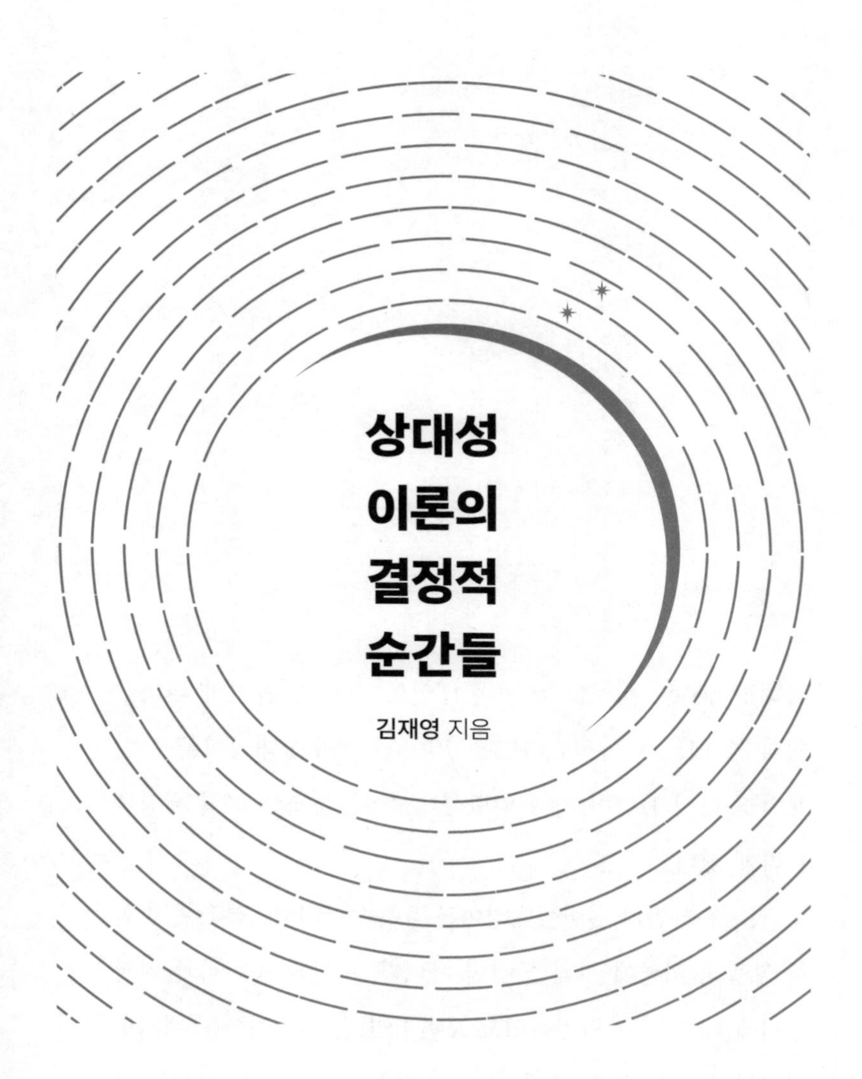

상대성 이론의 결정적 순간들

김재영 지음

현암사

들어가며

상대성이론은 세계를 보는 현대인의 관점을 완전히 뒤바꾸었다. 알베르트 아인슈타인은 1905년 특수상대성이론을 발표하고 다시 11년이 지나 일반상대성이론을 발표하여 세상을 놀라게 했다.

아인슈타인의 일반상대성이론은 특수상대성이론을 일반화한 포괄적 이론에 불과한 것이 아니라, 시간과 공간과 물질과 중력에 대한 가장 일반적이고 보편적인 법칙과 이론을 제시한 것이었다. 이는 중력 자체에 대한 설명에 머물지 않고 이후 우주론의 기본 배경 이론으로 중대한 역할을 했으며, 더 나아가 물질들의 통일이론을 확장한 소위 '모든 것의 이론'을 위한 기초가 되었다. 일반상대성이론은 가장 근본적이고 중요한 물리학 이론으로서뿐 아니라 난해한 이론의 대명사가 되어 여러 방면의 관심을 불러일으켰다.

그런데 기존의 일반상대성이론에 대한 논의는 다소 편파적으로 물리학 이론에 대한 계몽적 해설에 국한되어 왔다. 또한 단순히 난해하고 어려운 물리학 이론이라는 명성만 있을 뿐이고, 이러한 과학 이론이 어떤 경로로 어떻게 발전해 왔는가에 대한 역사적 설명이 매우 부족하다. 이러한 경향은 널리 알려진 여러 과학 다큐멘터리에서도 볼 수 있다. 즉 일반상대성이론 자체나 그 역사적, 문화적 맥락들을 소개하기보다는 천재로서의 아인슈타인의 삶에 대한 이야기나 초끈이론이나 다중우주처럼 더 사변적이거나 자극적인 주제를 위한 배경으로만 소개된 면이 있다.

실상 일반상대성이론은 과학이론의 본성이 무엇인지 잘 드러내 주는 좋은 사례이기도 하고, 시간과 공간과 우주와 물질에 대한 가장 근본적인 이론이면서도 동시에 실증적으로 권위를 인정받은 이론이다. 그만큼 역사적인 맥락이 풍부하며, 문화적 영향도 다양하다. 무엇보다도 시간과 공간에 대한 철학적 논의에서 중요한 역할을 해왔다.

이른바 '과학의 대중적 이해Public Understanding of Science, PUS'에 대한 논의에서도 새로운 면이 강조되고 있다. 최근의 PUS

에서는 난해하고 복잡한 과학의 내용을 알기 쉽게 설명하기 위해 논리적 비약이 있는 비유를 사용하거나 임의적으로 재구성해 소개하는 기존의 계몽적 관점을 비판한다. 그러면서 과학이 사회 속에 어떻게 스며들어 서로 상호작용하는지, 나아가 과학 자체가 사회적 맥락에서 어떻게 영향을 받고 모습을 바꾸어가는지에 주목하는 관점이 힘을 얻고 있다.

이 책에는 세 가지 목표가 있다. 먼저 상대성이론의 역사적 전개를 상세하게 살펴보는 것이다. 교과서적으로 개관된 내용이 아니라 살아 숨 쉬는 사람들이 만들어낸 역사 속의 상대성이론을 다룰 것이다. 또 일반상대성이론이 사상사에 어떤 새로운 인식을 가져왔는지 살펴봄으로써 그 철학적 측면을 논의한다. 끝으로 일반상대성이론이 과학 문화에 기여한 점이 무엇이었는지 상세하게 살펴본다.

이를 위해 이 책에서는 일반상대성이론보다 더 많이 알려지고 널리 이야기되어 온 특수상대성이론 및 그와 관련된 여러 논의를 맥락 잡기의 차원에서 살피면서, 결정적 순간들이라 부를 수 있는 요소에 주목했다. 여기에는 17세기 뉴턴의 자연철학이 지니는 특별한 성격뿐 아니라 라이프니츠와 뉴턴이 공간의 실체성에 대해 주고받은 논쟁도 포함된다. 나아가 뉴턴 자연철학에서 두드러진 원격작용 논쟁을 살펴보면서 일반상대성이론으로 나아가는 디딤돌을 마련할 것이다.

그 뒤에 본격적으로 상대성이론 출현하는 과정으로 들어간다. 특수상대성이론은 이미 많이 소개된 바 있기 때문에 가장 핵심적인 순간들을 중심으로 빠르게 정리할 예정이다. 그중에서 아인슈타인의 학창시절과 '기적의 해'라 불리는 1905년에 나온 박사학위논문을 상세하게 조명한다. 상대성원리가 기반이 된 새로운 이론으로서 상대성이론이 성립한 결정적 순간들을 되짚는 것이다.

아인슈타인은 베른에서 취리히로, 그리고 베를린으로 터전을 몇 차례 옮겼다. 그 과정에서 일반상대성이론이 어떻게 구상되고 새로운 이론으로 확립되어 가는지 보여주면서, 이후 이 난해한 이론을 사람들이 어떻게 수용하고, 거부하고, 또 오해했는지 살펴본다.

아인슈타인 중력장 방정식의 풀이가 어떤 성격이며, 그것을 어떻게 이해해야 하는지 역시 중요한 문제다. 따라서 그 핵심을 짚어보고 일반상대성이론의 다양한 해석들을 둘러싼 논쟁과 그에 못지않게 풍부한 오해들을 다룬다.

우주론은 일반상대성이론의 백미라 할 수 있다. 아인슈타인 이후 우주론이 어떻게 전개되었으며, 그 과정에서 혁혁한 공로를 세운 숨은 조력자들에는 누가 있는지도 재미있는 이야깃거리다. 조르주 르메트르, 밀턴 허머슨, 랠프 앨퍼 같은 과학자들의 이야기를 살펴본 뒤에는 〈2001 스페이스 오디세이〉,

〈스타 트렉〉, 〈스타워즈〉, 〈인터스텔라〉 등 SF 속에서 일반상대성이론이 어떻게 그려지는지 소개할 것이다. 또한 테오도어 칼루차, 오스카르 클라인, 헤르만 바일, 에드워드 위튼 등의 업적을 통해 통일이론에 대해 아인슈타인이 어떤 열정을 보였는지 다시 살필 것이다.

상대성이론은 사실 누구나 이해할 수 있다고 말할 수는 없는 난해한 이론이다. 하지만 이 책을 읽은 독자라면 가능한 한 그 개념과 역사, 의미는 파악할 수 있게 하고 싶었다. 이 목표를 위해 이 책은 다음과 같은 원칙을 염두에 두고 썼다.

첫째, 서술의 흐름은 역사적 전개를 중심에 두면서 이론과 해석에 대한 이야기를 곁들인다. 둘째, 독자는 상대성이론에 어느 정도 관심과 배경지식이 있긴 하지만 초보적인 지식만을 가지고 있는 중고등학생 또는 일반 독자로 상정한다. 따라서 서술은 될수록 평이하고 이해하기 쉽게 하려고 했다. 셋째, 기존에 꽤 알려진 이야기를 답습하지 않기 위해, 널리 알려진 일화는 간략하게 소개하고 흔히 오해되는 부분과 덜 알려진 이야기를 강조한다. 넷째, 특수상대성이론보다는 일반상대성이론에 더 주목하며, 특수상대성이론과 전반적인 배경 이론은 필요한 만큼만 요약적으로 소개한다. 다섯째, '결정적 장면들'을 강조하는 과정에서 그동안 제대로 조명받지 못했으나 과학사적으로 중요한 기여를 한 사람들을 발굴하여 소개한다. 마지막으로, 꼭 필요하지 않은 주변 이야기나 과학 이론 설명은 최소로 하되, 과학이라는 분야에 국한하지 않고 당시의 문화적 정치적 배경이나 상황을 적절하게 소개하고 연관성을 드러낸다.

이 책이 상대성이론이 어떻게 세상에 나오게 되었으며 어떤 우여곡절 끝에 사람들의 사유에 근본적인 혁명을 일으켰는지 알고 싶어 하는 독자에게 작은 도움이 되기를 희망한다. 이 책에서 다룬 내용은 2015년 《과학동아》 연재 〈일반상대성이론 100년〉과 한국물리학회에서 발간하는 《물리학과 첨단기술》의 〈물리 이야기〉에 연재된 것과 녹색아카데미 웹진에 실린 글을 바탕으로 하고 있다. 이 책의 11장에서 다룬, 일제강점기 조선과 아인슈타인의 조우와 관련된 상세한 내용은 저자가 2005년 한국과학사학회에서 처음 발표한 내용이다. 이후 2019년 국제동아시아과학사학술대회에서 확장된 논문을 발표했으며, 2021년 《철학, 사상, 문화》에 논문을 실었다.

책이 세상에 나오기까지 결정적인 도움을 주신 변지민 기자님, 녹색아카데미 황승미 박사님, 그리고 현암사에 깊이 감사드린다.

김재영

차 례

1

상대성이론의 실마리

1장

뉴턴 vs 아인슈타인

“뉴턴이여, 나를 용서하시길!”

1955년 4월, 미국의 저명한 과학사학자 I. 버나드 코언이 아인슈타인을 찾아가 인터뷰를 했다. 그로부터 두 주 뒤 아인슈타인이 세상을 떠났기 때문에 그 인터뷰는 아인슈타인의 생각을 읽을 수 있는 마지막 기회였다. 코언은 벤저민 프랭클린과 아이작 뉴턴에 대한 방대하고 엄격한 연구로 정평이 나 있지만, 아인슈타인을 만날 무렵만 해도 하버드 대학교에서 교편을 잡은 지 십여 년 된, 이제 막 생겨나고 있는 과학사라는 분야를 이끌어 가는 41세의 젊은 과학사학자였다.

아인슈타인은 자신이 젊은 시절에는 과학에 대한 철학이나 과학의 역사를 공부하는 것이 사치로 여겨졌다고 하면서도 과학철학과 과학사에 강한 호감을 보였다. 코언이 1956년에 출간한 첫 번째 저서가 『프랭클린과 뉴턴』이었던 만큼, 두 사람의 대화는 프랭클린과 뉴턴에 대한 것으로 이어졌다.

코언은 자신의 관심이 새로운 과학개념이 어떻게 생겨나는지, 그리고 실험이 이론의 창조와 어떻게 연관되는지에 있으며, 특히 뉴턴이 수학 및 수리물리학뿐 아니라 실험과학에서도 천재적이었음에 주목하고 있다고 말했다. 아인슈타인은 자신도 뉴턴을 평생 흠모하고 그에게 경탄했다고 대답했다.

아인슈타인의 말은 그가 청년 시절에 쓴 시 한 편에서 확인할 수 있다. 이 시는 복잡한 수식이 가득한 노트의 뒷면에 적혀 있었다.

Seht die Sterne, die da lehren
Wie man soll den Meister ehren
Jeder folgt nach Newtons Plan
Ewig schweigend seiner Bahn

별을 바라보라, 별은 가르쳐준다네
어떻게 대가의 영예를 드높일지

별들은 모두 뉴턴의 계획대로
침묵하여 영원히 자신의 궤적을 따라간다네

뉴턴의 법칙은 그저 수많은 물리법칙 중 하나가 아니라 세상이 움직이는 가장 근본적인 원리였고, 하늘을 우러러 별을 바라본다면 그 속에서 다름 아니라 뉴턴의 위대한 업적을 깨달을 수 있다는 것이다. 그런데 뒤에 쓴 자서전에서 아인슈타인은 시와는 다른 견해를 살짝 드러냈다.

뉴턴이여, 나를 용서하시길! 당신은 당신의 시대에 최고의 사유와 창조의 능력을 가진 사람에게만 가능한 유일한 길을 찾아냈습니다.

아인슈타인은 왜 뉴턴에게 자신을 용서하라고 한 것일까? 1666년 흑사병으로 고향 울스소프에 돌아가야 했던 뉴턴이 말 그대로 기적처럼 빛과 색의 새로운 이론을 만들고, 미적분학의 원리를 알아내고, 보편중력 즉 만유인력의 법칙을 찾아냈다는 이야기는 널리 알려져 있다. 설령 이 기적의 해에 이 모든 일들을 이뤄낸 것은 아니라 해도, 그의 필생의 업적인 『자연철학의 수학적 원리*Philosophiæ Naturalis Principia Mathematica*』(이하 『원리』 혹은 『프린키피아』)와 『광학*Opticks*』과 여러 저서는 이후

300년 동안 세계를 이해하는 사실상 유일한 방법이 되었다. 그런데 그런 뉴턴에게 용서를 구하다니! 아인슈타인의 오만함의 근거는 무엇이었을까?

실상 아인슈타인은 뉴턴이 이루어놓은 것을 모두 다 허물어뜨려 버린 장본인이다. 아인슈타인의 기적의 해인 1905년에 발표된 논문들은 시간과 공간에 대한 뉴턴의 관념을 송두리째 부정하고 빛의 본성에 관한 뉴턴의 이론을 반박하는 내용이었다. 1915년에 이르러서는 뉴턴의 가장 소중한 업적인 보편중력의 법칙마저 틀렸음을 증명했으니, 아인슈타인이 뉴턴에게 자신을 용서하라고 하는 것도 납득할 만하다.

아인슈타인은 기적의 해 1905년에 다섯 편의 논문을 발표했다. 먼저 「열의 분자운동론에 따른 정지 유체 속 입자의 운동(브라운 운동)」과 「분자 크기의 새로운 결정」에서는 뉴턴을 정면으로 반박하지는 않았지만, 볼츠만의 기체분자운동론을 원용하여 물성을 연구하기 위해 확률과 통계를 이용해야 함을 강조했다. 뉴턴은 확률과 통계라는 개념이 생기지도 않았던 시대에 살았기에 큰 타격은 아니었지만, 그다음은 상당히 심각했다.

뉴턴은 1672년에 발표한 「빛과 색에 관한 새로운 이론」으로 유명해졌고, 그 덕분에 모교인 케임브리지대의 루커스 석좌교수가 됐다. 아인슈타인이 '빛양자' 개념을 다룬 논문 「발견법의 관점에서 본 빛의 생성과 변환」은 뉴턴이 평생의 연구로 쌓

아놓은 광학에 관한 업적들을 뒤엎는 것이었다. 이것은 양자역학이 만들어지는 데도 매우 중요한 기초가 됐다.

혁명은 아직 시작에 불과했다. 「움직이는 물체의 전기역학」과 「물체의 관성은 에너지 함량에 따라 달라지는가?」라는 제목으로 연달아 나온 두 논문은 운동 법칙과 시간 및 공간에 대한 뉴턴의 관점을 뒤집었다. 1687년에 출판된 『자연철학의 수학적 원리』는 엄격한 물리학을 위해서는 시계로 재는 시간이나 자로 재는 공간이 아니라 절대적이고 수학적이고 우주적인 시간과 공간이 필요함을 역설했다. 아인슈타인은 시계와 자로 재는 시간과 공간이 더 근본적임을 주장함으로써 뉴턴의 절대공간과 절대시간을 물리학계에서 추방해 버렸다. 게다가 아인슈타인의 주장은 실험을 통해 엄밀하게 확인됐으니, 아인슈타인의 맹공격에 뉴턴이 맥을 못 추는 것도 당연해 보인다.

뉴턴에게 결정적인 KO 펀치를 날린 것은 그로부터 10년 뒤의 일이다. 뉴턴의 가장 중요한 공로는 보편중력의 법칙을 세운 것이다. 모든 물체 사이에는 거리의 제곱에 반비례하는 힘이 작용한다는 '만유인력의 법칙'을 의심하는 것은 곧 물리학을 의심하는 것처럼 여겨져 왔다. 그러나 물체가 직접 만나거나 부딪치지도 않으면서 서로 힘을 미친다는 관념은 뉴턴 당시에도 쉽게 받아들여지지 않았다. 이 '원격작용의 난제'를 해결한 것이 바로 아인슈타인이다.

아인슈타인에게 보편중력은 물체들이 멀리 떨어진 채 서로 신비한 힘을 미치는 것이 아니었다. 아인슈타인이 새로 제안한 중력의 개념은 하나의 물체가 그 주변에 만들어내는 중력마당과 그 중력마당이 다른 물체에 영향을 미치는 것이었다. 1915년에 와서는 뉴턴의 가장 소중한 업적인 보편중력의 법칙마저 완전히 무너뜨렸으니, 아인슈타인이 뉴턴에게 자신을 용서하라고 말하는 것도 납득할 만하다.

뉴턴의 '기적의 해' 신화

과학사에서는 탈신화화를 중요하게 여긴다. 뉴턴의 '기적의 해'는 상당 부분 신화가 된 느낌이 강하다. 이런 용어와 개념이 나오게 된 결정적 계기는 뉴턴이 말년에 쓴 다음과 같은 노트 때문이었다.

> 1665년 초에 저는 급수를 근사시키는 방법과 그 급수를 임의의 이항식으로 바꾸는 규칙을 찾아냈습니다. 같은 해 5월에 접선의 방법을 알아냈고 (…) 11월에는 직접적인 유율법을 알아냈습니다. 이듬해 1월에는 색의 이론을 얻었고, 5월에는 역유율법 연구를 시작했습니다. 같은 해에 달의 궤적까지 미치는 중력에

대해 생각하기 시작했지요. 또 케플러 규칙으로부터 (어떤 구 주위를 회전하는 지구가 표면에서 받는 힘이 어느 정도 되는지 추산하는 법을 알아냈습니다.) (…) 행성들을 궤적 속에 붙잡아 두는 힘이 행성이 공전하는 중심으로부터의 거리의 제곱에 반비례함을 연역했습니다. 그럼으로써 달을 궤적 속에 붙잡아 두기 위해 필요한 힘을 지구 표면의 중력과 비교했습니다. 또 그 해답을 거의 정확하게 알아냈지요. 이 모든 것은 1665년과 1666년 흑사병이 유행하던 두 해 동안 한 일입니다. 그 무렵 저는 창조성이 최고조에 이른 나이였고 수학과 철학을 그 어떤 때보다 더 많이 고민했습니다.[1]

이 글은 위그노 학자 피에르 데 메조에게 보내는 편지의 일부로, 뉴턴이 죽은 후에야 발견되었다. 1665년 초에 이항전개의 공식을 만들어 미분법의 아이디어를 얻었으며, 이를 가지고 그해 5월에는 접선의 방법을, 11월에는 '유율법'을 찾아냈고, 이듬해 5월에는 그 역의 방법, 다시 말해 적분법을 알아냈다는 것이다.

또 1666년 1월에는 색의 이론을 탐구했고, 같은 해에 달의 궤적까지 연장되는 중력을 생각하기 시작했고, 또 행성들을 그 궤적에 잡아두려면 거리의 제곱에 반비례하는 힘이 작용한다는 사실을 알았다는 것이다. 그리고 그 무렵이 자신의 평생 가장 창의적인 시절이었다고 회고한다.

말 그대로, 전염병이 돌아 학교가 휴교하면서 아이작 뉴턴이라는 매우 창의적인 젊은이에게 엄청난 기회가 온 것으로 볼 수 있는 기록이다.

그러나 과학사학자들은 그의 회고록뿐만 아니라 당시의 노트와 편지, 발표 또는 미발표 논문들을 추적하면서 이러한 뉴턴의 회고가 의심스럽다는 것을 발견하게 된다. 대표적인 예가 웨스트팔의 1980년 논문이다.[2] 무엇보다도 전염병 때문에 울스소프에 돌아간 뒤에 자신만의 독자적인 연구에 몰두할 수 있게 되었다는 것은 사실이 아니다. 1660년 청교도혁명을 뒤집은 왕정복고 이후의 케임브리지 대학교의 교육과정은 거의 엉망이었다. 전염병이 돌기 전에도 뉴턴은 거의 혼자 독자적으로 공부하고 생활했다. 오히려 휴교령으로 고향으로 돌아가야 했기 때문에 도서관을 이용할 수도 없고 사고의 흐름도 끊겼다고 보는 편이 더 적절하다는 것이다.

만일 울스소프에서 기적적으로 미적분학과 광학과 물리학 특히 보편중력법칙을 처음 밝혀내기 시작했다면, 나중에 케임브리지로 돌아온 뒤 그와 관련된 후속 연구를 했어야 했는데, 거의 그러지 않았다.

가령 1684년 에드먼드 핼리에게 보낸 논문 초고 「궤도 속에 있는 물체의 운동」 이전에는 거리의 제곱에 반비례하는 힘

(즉 만유인력)에 대한 별도의 연구가 전혀 나타나지 않는다. 1687년에 출판된 『프린키피아』에는 그에 대한 논의가 상세하게 나오지만, 그 전의 기록은 1684년의 미발표 원고가 전부다.

과학사학자들은 뉴턴이 거리의 제곱에 반비례하는 힘에 대한 아이디어를 얻은 것은 1679년부터 1680년 사이에 로버트 훅과 주고받은 편지를 통해서였다고 본다. 즉 그로부터 13년 전인 1666년에는 거리의 제곱에 반비례하는 힘에 대해 생각하지 못했다.

울스소프의 사과나무 아래에서 사과가 떨어지는 것을 보고 보편중력(만유인력)을 생각했다는 유명한 이야기는 뉴턴의 매제가 떠벌린 이야기이다. 물론 뉴턴이 말년에 엄청난 권력을 갖고 있을 때 나온 이야기이기도 하다.

기적의 해에 관한 또 다른 신화는 20대 초의 나이에 미적분학과 광학과 중력이론에 대해 엄청난 발견을 하고 그 이후 뉴턴의 연구는 이 세 가지 주제에 집중하여 시대별로 나뉜다는 식의 이야기다. 이것은 전혀 사실이 아니다. 실제로 뉴턴이 평생 연구에 몰두했던 주제는 신학, 특히 구약의 예언서들과 요한계시록을 해석하는 문제와 연금술의 문헌들을 연구하고 실험하는 데에 집중되어 있었다.

아이작 뉴턴이란 인물을 R. S. 웨스트팔이 쓴 평전 『결코 쉬지 않았던 사람, 아이작 뉴턴*Never at Rest*』을 바탕으로 살펴보면

참 기이하다. 데카르트나 스피노자와 비교했을 때 뉴턴은 출신과 계급, 사회적 지위 같은 것이 완전히 다르다. '아이작 뉴턴'란 사람을 '성분'으로 나누어 생각해 보면, 자연철학자 아이작 뉴턴, 수학자 아이작 뉴턴, 물리학자 아이작 뉴턴, 연금술 연구자 아이작 뉴턴 못지않게 중요한 '성분'이 바로 조폐국장 아이작 뉴턴이다.

뉴턴이 태어날 무렵부터 영국은 극심한 내전에 휘말려 있었다. 흔히 청교도 혁명이라 부르는 영국 내전이 일어난 것은 1642년부터 1651년까지의 기간이다. 찰스 1세가 잉글랜드 국교회를 스코틀랜드에 강요하면서 무장봉기가 일어나자 이를 진압하기 위해 의회가 소집되었고, 이 과정에서 왕당파와 의회파 사이에 불거진 갈등이 1642년 1차 내전으로 이어졌다.

우여곡절 끝에 1649년 찰스 1세가 처형되고 소위 잉글랜드 연방이란 이름으로 공화정이 처음 수립되었다. 하지만 의회파 군대의 수장이었던 올리버 크롬웰이 1653년부터 호국경의 자리에 올라 왕정보다 혹독한 독재 정치를 펼친다. 크롬웰이 말라리아로 죽은 뒤 공화정은 붕괴되어 버리고, 1660년 망명해 있던 찰스 2세가 돌아와 결국 왕정복고의 시대가 시작된다.

뉴턴이 케임브리지 대학교에 입학한 1661년은 바로 이런 시대적 배경 속에 있다. 1209년에 설립된 케임브리지 대학교의 오랜 역사에서 수학 교육이 강조되기 시작한 시기가 이 무렵이기도 하다.

뉴턴이 운동에 관한 자신의 자연철학을 구성할 때 실질적으로 미분법을 사용했음이 알려져 있다. 『원리』 자체는 유클리드 기하학을 흉내 내어 기하학으로 일관되어 있지만, 증명 과정이나 해설에서 미분법(정확히 말하면 유율법)을 사용하지 않고서는 넘어가기 어려운 대목이 자주 눈에 띈다.

유율법method of fluxions은 어떤 함수를 아주 작은 변화량들로 어림하는 방법이다. 뉴턴은 이렇게 시간에 따라 변하는 양을 유량流量, fluent이라 부르고 작은 변화량을 유율流率, fluxion이라 불렀다. 뉴턴은 이 이론의 아이디어를 대학 때 자신을 가르친 아이작 배로(1630-1677)에게서 가져왔다. 흔히 1665년 흑사병으로 케임브리지 대학교에 장기간 휴교령이 내려져 고향 울스소프에 갔을 때 뉴턴이 이 아이디어를 처음 만들었다고 서술되지만, 그 배경과 동기에는 바로 아이작 배로가 있었다.

1670년에 출간된 배로의 저서 『기하학 강의*Lectiones Geometricae*』를 1916년 영어로 번역 출간한 J. M. 차일드는 서문 맨 앞에 다음과 같이 적고 있다.

> 아이작 배로는 미소 미분학의 창시자다. 뉴턴은 개인적인 소통을 통해 배로로부터 그 핵심 아이디어를 얻었다. 라이프니츠도 어느 정도는 배로의 연구에 빚지고 있다. 왜냐하면 라이프니츠

는 1673년 구입한 배로의 책으로부터 자신의 독창적인 아이디어에 대한 확신을 얻고 더 발전시킬 시사점을 얻었기 때문이다.[3]

배로가 미적분학의 기본 개념을 생각하고 정리하기 시작한 것은 1662년 무렵부터다. 배로는 케임브리지 대학교 트리니티 칼리지의 제1대 루커스 석좌교수였고, 2대가 바로 뉴턴이다. 스티븐 호킹도 이 루커스 석좌교수였다. 배로는 자신의 강의를 듣는 학생 하나가 아주 똑똑한 것을 알고는 그 학생을 열심히 도와주었다. 그는 독창적이고 뛰어난 실력을 갖춘 자연철학자이면서 인격적으로도 아주 훌륭한 사람이었던 것 같다. 여하간 자신의 노트를 뉴턴에게 주다시피 하면서 오만하고 독불장군이던 20대 초반의 총명한 대학생에게 이 개념을 더 발전시킬 기회를 주었던 것이다.

도판 1-1은 뉴턴이 1665년 무렵에 썼다는 노트다. 이 노트에 미분법의 기본 개념이 숨어 있다.

제일 위 그래프 옆 문단 중 밑에서 두 번째 줄에

$$\log(1+x) = x - \frac{x^2}{2} + \frac{x^3}{3} - \frac{x^4}{4} + \frac{x^5}{5} - \frac{x^6}{6} + \cdots - \frac{x^{12}}{12}$$

에 해당하는 내용이 적혀 있다. 이 식은 로그함수의 테일러-매클로린 급수 공식이다.

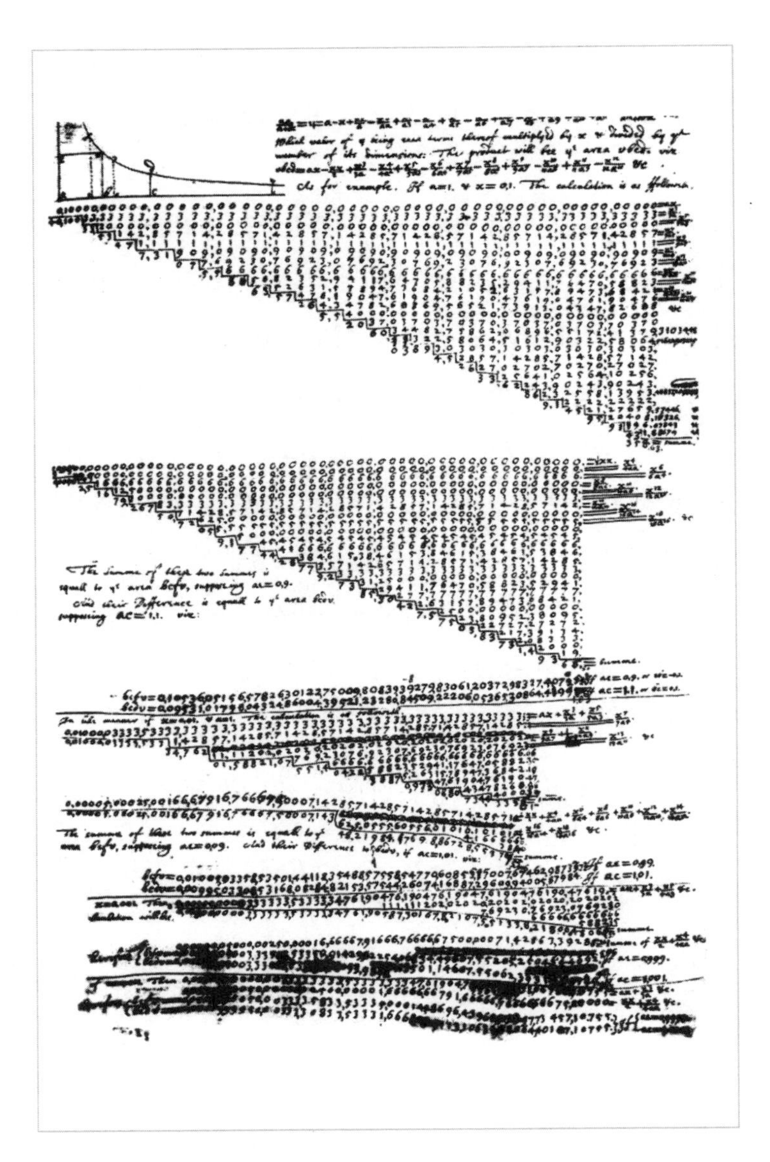

1-1 뉴턴의 1665년 노트

그러나 뉴턴의 유율법 이론이 공식적으로 『유율법과 무한급수』란 제목의 책으로 출간된 것은 1736년이었다.[4] 뉴턴이 세상을 떠난 10년쯤 뒤였다. 유율법의 한 형태로서 관련된 이론이 나온 것은 브룩 테일러(1685-1731)의 『순방향 및 역방향의 증가량 방법』(1715)에서였다.[5] 이 제목은 대략 미분과 적분과 비슷한 의미이다. 이 책의 출간은 뉴턴의 『유율법과 무한급수』보다 21년 앞선다.

테일러 급수는 종종 매클로린 급수라고도 한다. 테일러 급수의 특별한 형태를 보기 좋게 써서 많이 활용한 스코틀랜드의 수학자 콜린 매클로린(1698-1746)의 이름을 딴 것이다. 매클로린은 1742년에 『유율법론』이란 제목의 두 권으로 이루어진 체계적인 저서를 발표했다.[6]

그렇다면 도대체 무슨 이유로 뉴턴이 미적분학을 처음 만들었다고들 하는지 궁금해진다. 이 질문에 대한 대답은 1669년 7월 31일에 아이작 배로가 동료 수학자 존 콜린스에게 보낸 원고에 있다.[7]

"항이 무한히 많은 식에 의한 분석(해석)"이라는 제목이 달려 있는 이 원고에 담긴 내용이 바로 미적분학 또는 유율법이다. 이 원고를 뉴턴이 더 다듬고 확장한 것이 1771년에 『급수와 유율 방법에 대한 논고』라는 제목으로 출판되었다.[8]

배로가 콜린스에게 1669년 7월에 보낸 원고 이전에 쓴 편지에 다음과 같은 내용이 있다.

이 문제에 아주 뛰어난 천재성을 지닌 사람이 어느 날 원고를 들고 왔습니다. 그 안에는 메르카토르가 쌍곡선에 관해 쓴 것처럼 크기의 차수를 계산하는 방법이 적혀 있었는데 일반적인 경우에 모두 적용할 수 있는 방법이었습니다.[9]

그전에 메르카토르가 로그함수를 어림하기 위해 계산한 것이 있는데, 그 계산보다 정확할 뿐 아니라 다른 함수에도 적용할 수 있는 일반적 방법을 적은 노트를 들고 온 총명한 천재가 있다는 것이다.

그러고는 다음 편지에서 그 노트 내용을 적어서 보내준 것이었다. 그 총명한 천재가 누구냐고 콜린스가 묻자, 배로가 1699년 8월 20일에 보낸 편지에 다음과 같이 말하고 있다.

그의 이름은 뉴턴입니다. 우리 대학 학생인데 아주 젊습니다.(학부 2학년입니다.) 하지만 이런 문제에 탁월한 천재성과 재능을 가지고 있습니다.

이 대목에서 문득 궁금해지는 것은 라이프니츠는 이 상황 어디에 들어갈까 하는 점이다. 라이프니츠는 1684년에 「최대와 최소의 새로운 방법」[10]이란 제목의 논문을 발표했고, 그보다 10년 전에 이미 미적분학의 아이디어가 들어간 논문을 노트로 남겨놓았다.

배로는 유율법이나 구적법에 관련된 자신의 연구 내용을 뉴턴에게 전해주었을 뿐 아니라 뉴턴의 인생에도 큰 영향을 끼쳤다. 뉴턴은 케임브리지 대학교를 졸업하기 위한 의무사항이었던 학위논문을 쓰지 않았다. 이것은 배로가 "현재 케임브리지 대학교에서는 이 학생의 졸업논문을 지도할 수 있는 교수가 없다"라는 당황스러운 기록과 함께, 뉴턴이 졸업논문을 쓰지 않고 졸업하도록 해주었기 때문이다.

1669년 자신의 후임, 즉 제2대 루커스 석좌교수로 뉴턴을 추천했는데, 루커스 석좌교수로 취임하기 위해서는 영국 국교회의 사제서품과 비슷한 공개적인 신앙고백의 절차를 거쳐야 했다. 대학의 이름이 '트리니티' 즉 '삼위일체'인 만큼 이 교리를 인정해야 했지만, 뉴턴은 자신만의 독특한 신학적 해석을 통해 아리우스주의라는 '일신론'을 신봉하고 있었다. 뉴턴의 성격상 공개적 신앙고백의 자리에서 삼위일체를 부정할 것이 명약관화였는데, 배로는 이 신앙고백 절차가 교수 임용에 꼭 필요한 것은 아니라고 적극적으로 왕실을 설득했다. 그 덕분에 뉴턴은 별 탈 없이 케임브리지 대학교에서 교수 자리를 얻을 수 있었다.

그러나 강의 실력이 형편없었던 뉴턴의 광학 강의에 들어오는 학생은 거의 없었다. 그의 강의는 교과목 이름과 달리 기하학이 훨씬 많은 비중을 차지했고 따라가기가 매우 어려웠다고 한다. 전설 중 하나는 뉴턴이 강의하던 강의실을 지나가던 어떤 사람이 깜짝 놀랐는데, 왜냐하면 학생이 아무도 없었기 때문이었다. 소수였던 학생들이 학기가 진행되면서 하나둘씩 빠져나가서 아무도 없는 상태에서 혼자 강의했다는 전설이다.

케임브리지 대학교의 한낱 어설픈 교수에 지나지 않던 뉴턴에게 인생의 새로운 전기가 찾아온 것은 1684년 에드먼드 핼리(1656-1741)의 방문이었다. 그는 행성의 운동에 관한 케플러 법칙에 대해 이야기하면서 뉴턴의 광팬이 되었다. 뉴턴이 『자연철학의 수학적 원리』를 집필하도록 재촉하고 응원했을 뿐 아니라, 런던 왕립협회가 이 책의 출판 비용을 대지 않겠다고 결정하자 아예 자신의 사비를 털어서 출판비를 지원했다. 핼리가 없었다면 뉴턴은 그냥 케임브리지 대학교에서 광학을 가르치는 (그러나 형편없이 가르치는) 보잘것없는 교수로 끝났을지도 모른다.

1687년에 『자연철학의 수학적 원리』가 출판되면서 뉴턴의 명성은 한없이 올라갔고, 1689년에는 국회의원이 되었다. 의원으로서 유일한 발언은 날씨가 추우니까 창문을 닫아달라고 한 게 전부였다는 얘기도 있다.

뉴턴은 1696년 조폐총감에 임명되면서 사회적 지위가 더 오른다. 절대왕정의 시기에 왕립조폐국Royal Mint의 조폐총감 Warden of the Mint이 된다는 것은 엄청난 권력이기도 했다. 당시 위조화폐 문제가 극심했는데, 새로 조폐총감에 임명된 아이작 뉴턴은 무시무시한 명령을 내린다. 화폐위조범은 국가반역죄로 기소하고 극형에 처하겠다는 것이었다.

뉴턴의 강력한 명령이 내려진 뒤 화폐위조범이 흔적도 없이 자취를 감추었다. 그리고 그 업적 덕분에 1699년에 조폐국장Master of the Mint으로 직급이 올라갔다. 영국 왕립조폐국 최고의 자리였다.[11]

2장

원격작용과 마당이론*

뉴턴 역학의 힘과 물질

뉴턴 역학에서 '힘'과 '물질'은 근원적으로 별개의 존재론적 범주에 속한다. 즉 동역학적 서술의 대상이 되는 '물질'은 '질량mass'으로 표상되는데, 이는 어떤 종류의 '힘'을 만

* 한국물리학회의 공식용어집에서는 영어로 field라 부르는 것을 '장' 또는 '마당'으로 제시하고 있다. 한자어인 '장(場)'보다는 '마당'이 실제 물리학적 개념을 잘 보여준다. 하지만 관례를 존중하여 '중력장', '전기장', '자기장', '전자기장' 등으로 쓰고, 대신 '장'이나 '장 방정식'보다는 '마당'이나 '마당 방정식'을 쓰기로 한다.

들어내거나 다른 '물질'이 만들어낸 힘의 영향을 받지만, '힘'과는 근원적으로 구별된다.[12]

뉴턴에 따르면, '물질의 양(질량massa)'은 "밀도와 부피로부터 함께 생겨나는 같음의 척도"이며, '운동의 양'은 "속도와 물질의 양으로부터 함께 생겨나는 같음의 척도"이다.[13] 한편 '힘vis'은 "물체에 가해져서 운동의 상태를 바꾸는 작용"이다.[14] 단순화시켜 말하면, 어떤 물체에 힘이 작용할 때 그 물체의 운동의 양이 어떻게 바뀌는가를 말해주는 운동법칙을 통해 물체의 운동을 서술하는 체계가 바로 뉴턴 역학이다.

뉴턴이 제시한 운동의 첫째 법칙은 외부에서 힘이 가해지지 않는다면 멈춰 있거나 일정한 빠르기로 반듯하게 나아가는 운동의 상태를 유지한다는 것이며, 둘째 법칙은 '운동의 양'의 변화가 가해진 힘vis impressa에 비례한다는 것이다. 이를 기호로 나타내면 $\Delta p \propto F$가 된다. 이 힘이 어디에서 비롯하는 것인가 하는 문제가 남아 있지만, 뉴턴 역학의 개념 틀 자체에서는 힘이 물질에 작용한다는 관념이 바탕에 깔려 있다. 힘의 기원은 뉴턴 역학에서 관심을 두는 문제가 아니다. 기원과 작동이라는 측면에서 볼 때 물질과 힘은 별개의 존재론적 범주에 속한다.*

뉴턴의 둘째 법칙을 오일러를 따라 $\Delta(mv) = F\Delta t$ 또는 운동의 기본방정식 $ma = F$로 나타낼 때 그에 대한 존재론적 해석에는 몇몇 선택지가 있다.

첫째, 이 방정식은 세 가지의 고유한 존재론적 존재자들 사이의 관계를 나타낸다는 해석이 있다. 즉 질량이 m인 물체에 힘 F가 주어지면 이로부터 가속도 a가 생겨난다는 해석이다. 이것은 힘과 물질의 이원적 존재론을 전제하는 것과 같다. 운동하는 대상인 물체는 질량이라는 숫자로 대표된다. 힘이라는 것은 물체가 운동하게끔 만드는 원인으로 작용하며, 가속도는 가해진 힘이 물체에 나타나는 결과다.

둘째, 힘이라는 것을 단순히 질량과 가속도의 곱으로 정의함으로써 '힘'이라는 개념을 제거하는 해석이 있다. 이 해석에서는 운동방정식을 푼다는 것은 여러 종류의 'F'들 사이의 관계를 찾아내는 것에 해당한다.

셋째, 운동방정식의 오른편에 있는 '힘'을 어떻게든 구성입자들의 운동의 결과로 해석하려는 접근이 있다. 다시 말해 힘이라는 개념 자체를 거부하는 것은 아니지만, 어떤 물질에 힘

* 뉴턴 자신은 보편중력을 일종의 원격작용으로 이해했고, 힘의 발생 원인에 대해서는 정확하게 말할 수 없으며 그럴 필요도 없다고 보았다. 이러한 관념은 라플라스의 '천체역학(Mécanique céleste)'이나 라그랑주의 '해석역학(Mécanique analytique)'에서도 반복된다. 18세기의 요한 베르누이나 르사주처럼 힘을 구성입자들 사이의 충돌의 결과로 도출하거나 설명하려는 시도도 있었고, 19세기의 헤르츠나 마흐처럼 힘이라는 개념 자체를 제거하려는 노력도 있었지만, 뉴턴 역학의 적절한 이해는 힘이 별도로 존재하는 존재자라고 보는 것이다.[15]

이 작용한다는 것은 곧 다른 물질(구성입자들)이 그 물질에 힘을 주는 것으로 보자는 것이다. 그러면서도 물질에 작용하는 힘이 결국 다른 구성입자들의 운동의 결과로 생겨난다고 본다. 이 접근은 데카르트주의에 연원을 두는데, 일종의 기계론주의 mechanistic view라 볼 수 있다. 이 해석에서도 힘의 개념을 운동으로 환원하려 하지만, 개념적으로 힘을 제거하려 하는 둘째의 경우와는 다르다.

넷째 해석에는 미묘한 면이 있는데, 질량이라는 것도 일종의 힘으로 보는 접근이다. 운동은 '가해진 힘vis impressa'과 '버티는 힘vis insita'의 상호조정의 결과라는 것이다. 이 해석에서는 물질이라는 것도 궁극적 존재자가 될 수 없고 단지 다양한 힘들만이 서로 다투고 있다고 본다.

뉴턴의 방정식에 대한 이와 같은 여러 해석 중에서 주된 것은 첫째 해석이었다. 물질과 힘 사이의 관계에 대한 다양한 논의가 이 방정식의 해석과 연관되지만, 뉴턴 자신이 제시하고 있는 해석이나 지금까지도 물리학계에서 가장 널리 받아들여지고 있는 해석이 이것이기 때문이다. 적어도 기초적인 고전역학의 틀 안에서는 대개 물질과 힘이 별개의 존재론적 범주라고 본다.

나머지 해석들은 모두 첫째 해석에 대한 저항으로 나타났으며, 그 자체로 완결된 해석이 아니라는 점에서 일종의 프로

그램으로 볼 수 있다. 둘째 해석에서는 역학에서 힘의 개념을 제거하고 단순히 질량과 가속도의 곱만으로 된 방정식을 푸는 데 국한하려 한다. 그렇기 때문에 둘째 해석을 옹호하는 이는 왜 질량과 가속도의 곱이 문제가 되는지, 그리고 질량과 가속도의 곱 중에서 허용되거나 거부되는 것은 어떤 기준에 의거하는지 등을 명확하게 밝혀주어야 한다. 그러나 이와 같은 시도는 대체로 성공적이지 못했다.

마찬가지로 물질이라는 개념을 제거하고 역학의 서술을 모두 힘의 문제로 환원하려는 넷째 해석에서는 물질이라는 것이 존재한다는 사실에 대해 적절한 설명을 하기 힘들다. 기계론주의적인 셋째 해석은 겉보기에는 물질과 힘의 범주를 모두 인정하는 듯하지만, 사실은 힘의 개념을 물질의 운동으로 환원하려 한다는 점에서 물질 일원론적인 관점이라고 말할 수 있다. 셋째 해석이 성공적이기 위해서는 알려진 힘의 형태들을 모두 물질의 운동으로부터 이끌어 낼 수 있어야 한다. 만일 힘이라는 개념을 일차적 존재로 여기지 않는다면, 이를 물질의 운동이라는 일차적 개념으로부터 유도할 수 있어야 한다는 뜻이다.

반면에 첫째 해석은 질량으로 대변되는 물질이 존재할 뿐 아니라 이것과 별개로 존재하는 힘이 있다고 보기 때문에, 개념상으로 힘을 물질로 환원하거나 물질을 힘으로 환원하는 부담을 질 필요가 없다. 세계에는 물질이라는 존재자가 있고, 이와 별도로 존재하는 힘이 물질에 가해지면 그로부터 운동, 즉 위치의 변화가 일어난다는 관념은 매우 자연스럽다.

해밀턴 역학이나 라그랑주 역학과 같은 뉴턴 역학의 일반화를 생각하면 사정이 좀 복잡해진다. 같은 '물질'이라도 다른 '힘'을 받고 있다면 존재론적으로 별개의 대상이 되기 때문이다. 가령 부피가 정확히 얼마인 완전한 구 모양의 물체가 있고 그 질량이 얼마라고 하자. 이 물체가 용수철 끝에 매달려 탄성력을 받고 있을 때와 지구상에서 중력을 받고 있을 때에는 대상을 나타내는 특성함수의 꼴이 달라진다.* 왜냐하면 운동에너지 항뿐 아니라 위치에너지 항이 포함되어 있기 때문이다. 따라서 운동에너지 항의 계수, 즉 질량이 같다고 하더라도 위치에너지(퍼텐셜)가 다른 두 물체는 존재론적으로 다른 대상으로 간주해야 한다. 그러므로 일반화된 역학에서는 동역학적 서술대상을 지시할 때에는 물질의 속성인 질량뿐 아니라 그 물질의 운동을 좌우하는 퍼텐셜까지 함께 지시해 주어야 적법한 지칭이 된다.[16]

* 해밀턴 역학이나 라그랑주 역학에서는 대상을 규정하는 수학적 형식을 특성함수로 나타낸다. 해밀턴 역학에서 사용되는 해밀턴 함수 또는 해밀터니안은 운동에너지와 위치에너지의 합의 모양이며, 라그랑주 역학에서 사용되는 라그랑주 함수 또는 라그랑지안은 운동에너지와 위치에너지의 차의 모양이다.

그러나 이 경우에도 위치에너지 또는 퍼텐셜이 물질로부터 비롯되는 것은 아니다. 해밀턴 함수나 라그랑주 함수에서 운동에너지 항과 위치에너지 항은 언제나 병립하여 존재한다. 운동에너지 항으로부터 위치에너지 항이 주어지거나 그 반대로 위치에너지 항으로부터 운동에너지 항이 주어지는 것은 아니다.

그런데 '상호작용'이라는 개념을 상기한다면, 힘과 물질의 이원적 존재론이 부적절하게 느껴질 수도 있다. 이에 대해 잠시 살펴보자. 역학을 사용하여 운동을 서술하려고 하는 대상이 둘인 경우에는 위치에너지 항을 두 물체 사이의 상호작용으로 서술할 수 있다. 즉 태양과 관련된 보편중력을 받고 있는 행성의 운동에만 관심을 갖는 경우를 보면, 행성이라는 물질과 보편중력이라는 힘의 두 존재론적 범주로 나누는 것이 적합해 보이지만, 태양도 서술의 대상으로 포함시키는 경우에는 상황이 달라지는 것처럼 보인다. 결국 존재하는 것은 행성과 태양이라는 두 물질이며, 그 사이에서 작용하는 힘이라는 것은 존재론적 존재자가 아닌 듯이 보인다. 이러한 직관적 믿음이 뉴턴의 운동방정식에서 힘의 개념을 제거하려는 해석의 바탕이었을 것이다. 그러나 이 경우에도 대응하는 운동방정식은 단지 자유도가 늘어난 것일 뿐, 결국 뉴턴 역학에서와 마찬가지의 상황이 된다. 따라서 직관적으로는 상호작용이라는 개념을 통해 힘의 개념을 제거할 수 있을 듯이 보이더라도, 각각의 자유도에 대해서는 여전히 그 자유도(대상)에 대응하는 물질과 거기에 작용하는 힘이라는 이원적 존재론이 유지되어야 함을 알 수 있다.

이제 이러한 측면이 전기 및 자기와 관련된 현상을 서술하는 전자기이론 또는 전기역학에서 어떤 모습으로 나타나는지 검토해 보자. 통칭 전자기이론은 동역학적 이론구조의 측면에서 볼 때 두 동역학의 결합이다. 즉 전하의 질점역학과 전기동역학이 정합적인 방식으로 통합된 이론이다. 여기에서 질점이란 질량만 있고 부피가 없는 가상적인 입자를 가리킨다. 전하의 질점역학에서 전기마당이나 자기마당은 힘 또는 퍼텐셜의 맥락에서 나타나지만, 전기동역학에서는 전기마당이나 자기마당 그 자체가 동역학적 서술의 대상이 된다. 먼저 여기에서 질점이란 질량만 있고 부피가 없는 가상적인 입자를 가리킨다. 전하의 질점역학이라는 틀에 국한하여 살펴보면, 물질의 속성으로 질량 외에 전하가 덧붙여졌고, 위치에너지 또는 퍼텐셜에서 전자기장이라는 새로운 요소가 나타나지만, 근본적으로 힘과 물질의 이원적 존재론은 영향을 받지 않는다.

한편 전기역학에서는 동역학적 서술의 대상이 전자기장이며, 전하를 지니는 물질에 대한 정보로부터 전자기장의 함수적 형태를 결정할 수 있게 하는 것이 맥스웰 방정식이다. 그렇다면 전자기장이라는 힘이 전하라는 물질로부터 비롯되는 것이고, 이것은 곧 물질과 힘의 이원적 존재론이 일원적 존재론으로 변형된다는 것을 의미하는 듯이 보인다. 그러나 전기역학의 구조적 측면을 본다면, 전기마당 또는 자기마당은 힘이 아니라 물질의 맥락에서 서술되는 대상이며, 이 마당을 결정짓는 전하 또는 전류는 전자기장에 작용하는 힘과 같다. 맥스웰 방정식에서 전하 또는 전류는 뉴턴 방정식에서 힘을 나타내는 항이 하는 역할을 한다. 즉 뉴턴 역학에서 운동의 원인으로 힘이 주어지면 그로부터 물질이 수동적으로 운동 상태의 변화를 겪게 되는 것과 마찬가지로, 전기역학에서는 운동(전자기장의 변화)의 원인으로 전하와 전류가 주어지면 그로부터 전자기장의 상태가 수동적으로 변화하게 되는 것이다. 이때 전자기장은 전하와 전류로부터 영향을 받을 뿐이지 그 반대로 전하와 전류를 좌우하는 것은 아니다.

요컨대 전자기이론을 전하의 질점역학과 전기역학으로 쪼개서 생각하면, 각각의 경우에 국한해서는 힘과 물질의 이원론은 유지된다. 개념 정립이 어려워지는 것은 이 두 부분적인 역학이 결합했을 때이다. 전하의 질점역학과 전기역학이 결합된 이론으로서의 전자기이론에서는 힘과 물질의 존재론적 범주 구분이 어떻게 될 것인가? 이 문제가 불거진 것은 전자기이론에서 '마당'의 위치가 무엇인지를 둘러싸고 전개된 논쟁에서였다.

전자기이론을 체계화한 패러데이는 '힘의 선' 즉 마당을 더 근본적인 존재자로 보고, 입자나 전하는 이 '힘의 선들'의 매듭 내지 마디로 보았다. 패러데이에게는 힘의 선을 떠나 존재하는 입자나 전하는 받아들이기 힘든 존재였다. 이와 달리 일렉트론 이론을 정립한 로런츠는 힘의 선을 대변하는 에테르가 일렉트론(즉 전형적인 입자나 전하 등의 물질)과 같은 종류의 존재라고 보는 관점을 끝내 받아들일 수 없었기 때문에, "물질 그리고 에테르"라는 다소 기묘해 보이는 이원적 존재론을 옹호하게 된다.[17]

에테르에 관한 물리학 교과서의 표준적인 서술에서는 대개 빛의 속도나 빛이라는 파동의 매질에 초점이 맞추어져 있다. 다시 말해서 에테르는 빛이라는 파동을 전달해 주는 매질로 정의된다. 그런데 전자기이론에서 물질과 힘의 존재론적 양상이 어떻게 나타나는가에 관심을 두기 시작하면, 에테르의 존재 여부는 다름 아니라 힘이라는 존재론적 범주를 물질이라는 존재론적 범주와 대등한 것으로 치환할 수 있는가 하는 질문과 동등한 질문임이 드러난다. 애초에 마당의 개념은 '힘의 선'에서 출발한 것이며, 전자기장이라는 것은 다름 아니라 전기력과 자기력이 작용하는 공간적 영역의 다른 이름이었다. 전자기장을 에테르라는 독특한 물질의 운동의 상태로 보겠다는 것은 전자기력이라는 힘을 에테르라는 물질의 운동 결과로 이해하겠다는 것과 같다. 따라서 에테르의 개념 자체는 힘과 물질이라는 이원적 존재론을 물질만으로 이루어진 일원적 존재론으로 바꾸려는 형이상학상의 의도에서 비롯된 것이라 말할 수 있다.

질량과 무게

물리학을 배울 때 맨 처음에 나오지만 이해하기가 어려운 개념 중 하나가 질량이다. 중등 과학교육 과정에서는 '무게'와 '질량'을 구별해야 한다고 가르친다. 가령 중력이 지구의 1/6인 달에서는 무게가 지구와 비교했을 때 1/6이 되는 반면, 질량은 똑같다고 말한다. 이 말의 근거는 무엇일까? 이 1/6이라는 숫자는 어떻게 나온 것일까? 직접 무게를 측정한 결과일까, 아니면 달의 질량과 반지름으로부터 유도된 값일까? 달에서 질량은 어떻게 잴까? 이 질문들에 답하기 위해 필요한 물리학의 배경지식과 기본적인 측정값은 무엇일까?

물론 지금의 물리학에서 본다면 중량(무게)의 단위는 힘의 단위와 같고, 질량의 단위는 힘의 단위를 가속도의 단위로 나눈 것과 같으니까, 중량과 질량을 구별하는 것이 물리학 안에서 분명히 의미가 있다. 그러나 조금 더 깊이 들어가 보면 막상 질량을 모호함 없이 잘 정의하기가 매우 어려우며, 질량과 무게의 차이를 선명하게 설명하기가 쉽지 않다.

'질량質量'이란 단어에서 한자만을 따지면 그 의미가 잘 들어오지 않는다. 일반적으로 '질'과 '양'은 대립되는 개념이기 때문에 '질량'이라는 단어 자체가 낯설다. 전통적으로 보면 조선시대 문헌들을 비롯해 기타의 글에서 중량重量이나 이와 연관된 표현들은 어렵지 않게 찾아낼 수 있다. 그러나 質과 量이라는 두 글자를 조합한 표현은 도무지 찾아볼 수 없다. 이 두 글자를 붙여 놓은 단어가 18세기 일본에서 처음 만들어졌기 때문이다.

1640년경부터 일본 나가사키의 데지마 지역에서는 네덜란드 사람들이 망원경, 시계, 유화, 현미경, 지도, 지구의 등을 교역했다. 원래는 서양의 서적 수입을 금했지만 우여곡절 끝에 18세기의 쇼군이었던 도쿠가와 요시무네가 1720년에 서적금지령을 완화하면서 네덜란드 서적을 전문적으로 번역하는 사람들이 출현했다. 당시 네덜란드를 오란다阿蘭陀라 불렀기에 란蘭자를 따와서 이런 번역 작업을 난학(란가쿠蘭学)이라 부르고, 그 사람들을 난학자(란가쿠샤蘭学者)라 불렀다.

질량質量이란 말을 만든 사람은 18세기의 난학자 미우라 바이엔이다. 미우라는 네덜란드어로 hoeveelheid(영어 quantity)를 量(량)으로, substantie(영어 substance)를 質(질)

로 옮겼다. 이런 한자어로 번역을 한 것은 미우라와 같은 난학자가 대체로 성리학에 익숙했기 때문이다. 미우라는 이 한자들을 두 개씩 결합하여 다른 번역용어를 고안했다. 가령 materie(영어 matter)는 두 개의 한자를 사용하여 **物質**(물질)로, massa(영어 mass)는 **質量**(질량)으로 옮길 것을 제안했다. 요컨대 '질량質量'이라는 용어는 '물질物質의 양量'을 줄인 말이라 할 수 있다.

'무게'와 '질량'은 영어의 weight와 mass의 번역어다. 영어 단어 mass는 '빵 반죽'을 의미하는 라틴어 massa에서 왔다. 소위 '도량형의 역사'를 생각하면 고대 이집트를 비롯하여 고대 중국과 메소포타미아와 헬레니즘 시기에 발명된 놀라운 기계야말로 '질량' 개념의 효시인데, 그 기계는 바로 저울과 천칭이다.

전 세계에서 이 무게를 측량하는 방법과 장치들은 놀랍도록 유사하다. 결국 저울과 천칭은 '물질의 양'을 '무게'라는 숫자로 바꾸어 비교하는 장치로서, 경제와 교역과 일상생활에서 매우 중요한 역할을 했다. 아르키메데스는 저울과 천칭의 작동방식을 더 일반화하고 수학(주로 정수와 유리수 이론)을 써서 소위 '천칭의 원리'라 부르는 것을 이론적으로 정립하기도 했다.

'무게'는 어원을 따져보면 '무거움의 정도'라는 의미로 사용되는 일상 단어이다. 한자어로 하면 '중량重量'인데, 무거움을 만들어내는 원천의 양에 해당한다. 따라서 달에서 재는 무게가

1-2 **후네페르 파피루스에 그려진 고대 이집트의 천칭**(기원전 1275년경)

지구에서 재는 무게와 다르다는 관념이 성립하기 위해서는 만유인력이라고도 부르는 보편중력의 이론이 확립되어 있어야 한다. 그런데 이 말을 곱씹어 보면 결국 '중량'과 '중력질량'은 같은 개념인가 하는 의문이 생긴다.

중량(무게)과 질량을 구별해야 한다는 중등 과학교육의 강조점은 영어 표현 weight와 mass를 구별해야 한다는 것에서 비롯됐다. 영어권에서 이 두 단어는 실질적으로 동의어이다. 지금도 일상어에서 구별할 필요가 거의 없는 weight와 mass를 구별하게 된 계기는 영국 왕립협회의 전천후 실험가 로버트 훅(1635-1703) 덕분이다. 그는 1678년에 출간한 『용수철론』에서 용수철과 탄성의 원리를 상세하게 해명하고 이를 이용하여 무게를 잴 수 있다는 아이디어를 냈다.[18]

어떤 사람은 저울scale과 천칭balance을 구별하여 저울은 무게를 재고 천칭은 질량을 재는 것이라고 말한다. 그러나 최초의 실용적인 용수철저울은 1770년대에야 비로소 처음 사용되었다. 그 전의 모든 저울은 천칭과 같은 말이었고, 둘 다 물질의 양을 재는 데 쓰였다. 또 천칭도 중력이 없는 곳에서는 작동하지 않기 때문에 질량은 근본적으로 무게에 비례한다.

훅과 동시대에 살았던 아이작 뉴턴은 대표적인 저작 『자연철학의 수학적 원리』 즉 『프린키피아』에서 '물질의 양Quantitas Materiae'을 정의하고 있다. 그러나 이 개념은 무게나 중량과 다르다.

'물질의 양'이란 개념을 자연철학에서 처음 정교하게 논의한 사람은 요하네스 케플러(1571-1630)였다. 케플러는 1611년에 주위 사람들에게 읽힌 『꿈*Somnium*』이란 제목의 글에서 대포알을 타고 달에 간 사람의 이야기를 풀어놓았다. 이것이 책으로 간행된 것은 케플러가 세상을 떠난 뒤인 1634년이었다. 칼 세이건은 이 책을 최초의 과학소설SF이라 부르기도 했다. 바로 이 책에 물질들이 서로 끌어당긴다는 관념이 상세하게 제시되어 있고, 그 끌어당기는 정도가 '물질의 양'에 비례한다는 주장이 들어 있다. 요즘 용어로 말하면 '중력질량gravitational mass'

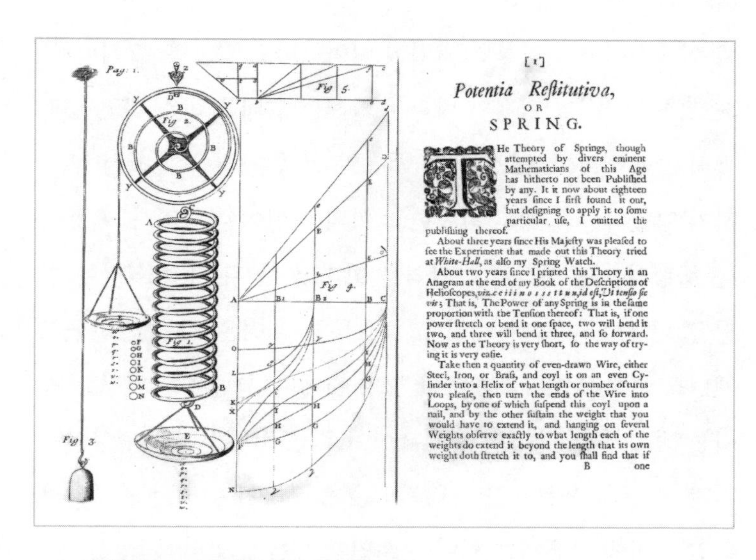
[1]

Potentia Reſtitutiva,

OR

SPRING.

THe Theory of Springs, though attempted by divers eminent Mathematicians of this Age has hitherto not been Publiſhed by any. It it now about eighteen years ſince I firſt found it out, but deſigning to apply it to ſome particular uſe, I omitted the publiſhing thereof.

About three years ſince His Majeſty was pleaſed to ſee the Experiment that made out this Theory tried at *White-Hall*, as alſo my Spring Watch.

About two years ſince I printed this Theory in an Anagram at the end of my Book of the Deſcriptions of Helioſcopes, *viz. c e i i i n o s s s t t u u, id eſt, Ut tenſio ſic vis*; That is, The Power of any Spring is in the ſame proportion with the Tenſion thereof: That is, if one power ſtretch or bend it one ſpace, two will bend it two, and three will bend it three, and ſo forward. Now as the Theory is very ſhort, ſo the way of trying it is very eaſie.

Take then a quantity of even-drawn Wire, either Steel, Iron, or Braſs, and coyl it on an even Cylinder into a Helix of what length or number of turns you pleaſe, then turn the ends of the Wire into Loops, by one of which ſuſpend this coyl upon a nail, and by the other ſuſtain the weight that you would have to extend it, and hanging on ſeveral Weights obſerve exactly to what length each of the weights do extend it beyond the length that its own weight doth ſtretch it to, and you ſhall find that if

B one

1-3 로버트 훅의 저서에 그려진 용수철 저울

의 개념을 처음 제시한 것이었다. 이보다 앞서 1609년에 출간된 『새로운 천문학 또는 천상의 물리학*Astronomia Nova seu physica coelestis*』에도 이와 관련된 생각이 표현되어 있긴 하지만, 중력 질량의 개념을 상세하게 풀어놓은 곳은 『꿈』이었다. 케플러는 1600년에 윌리엄 길버트가 낸 『자석론*De Magnete, Magneticisque Corporibus, et de Magno Magnete Tellure*』의 영향을 강하게 받았는데, 길버트의 저서를 만나기 전부터 자석과 자성에 깊은 관심을 가지고 있었다.

흔히 코페르니쿠스가 세상의 중심을 지구가 아니라 태양으로 삼으면서 천문학상의 혁명이 일어났다고 말한다. 그러나 코페르니쿠스도 그 이후의 튀코 브라헤도 고대 그리스 자연철학, 특히 프톨레마이오스로부터 계승된 신성한 천구를 전혀 부정하지 않았다는 점에서 진정한 의미의 혁명이 아니었다. 케플러는 행성의 운동궤적이 타원임을 밝히고 난 뒤 가장 심각한 상황을 만났다. 다름 아니라 고대로부터 내려온 신성한 천구의 개념을 근본적으로 폐기해야 했던 것이다. 그때까지 천구를 지나는 달의 운동은 설명할 필요성이 없는 자연스러운 현상이었지만, 행성의 운동궤적이 타원임을 주장하기 위해서는 행성과 태양 사이에 작용하는 힘이 무엇인지 새롭게 밝혀야 했다.

케플러는 바로 자석에 주목했다. 케플러는 행성과 태양 사이에 작용하는 힘이 자석에서 비롯하는 힘과 같거나 비슷하다고 보았다. 자석을 여러 개 모으면 자기력이 세지는 것처럼 행성과 태양 사이에 작용하는 힘도 물질의 양이 많아질수록 더 강해진다고 믿었다.

케플러의 논의에서 물질의 양은 밀도densitate와 부피moles가 함께 만드는 것으로 이야기된다. 뉴턴은 케플러의 아이디어를 그대로 수용했다. 1687년에 출간된 『자연철학의 수학적 원리』의 서술체계는 에우클레이데스(유클리드)의 『기하원본*Stoikheîa*』과 유사하게 정의를 먼저 제시하고 공리를 열거한 뒤 이로부터 여러 정리와 명제를 제시하고 이를 증명하는 방식으로 서술되었다. 앞부분에 있는 여덟 개의 정의 중 맨 앞에 나오는 정의가 바로 '물질의 양'에 관한 것이다. 정의 1과 정의 2를 비교해서 보면 '물질의 양'과 '운동의 양'이 정확히 대구를 이룬다는 것을 알 수 있다.

정의 1: 물질의 양은 밀도와 부피(크기)가 함께 만드는 것으로부터 잴 수 있다.

정의 2: 운동의 양은 빠르기와 물질의 양이 함께 만드는 것으로부터 잴 수 있다.

여기에서 '물질의 양'은 '밀도'와 '부피'가 함께 만든다고 정의되어 있다. 이를 보면 질량을 밀도와 부피의 곱으로 정의하는 듯이 보인다. 그러나 실질적인 내용은 조금 더 들어간다. '크기'라고도 볼 수 있는 '마그니투디네magnitudine'는 '덩어리'라는 의미의 '몰레스moles'와 같은 의미로 사용되었다. 이 말은 영어에서 흔히 bulk로 번역되고, 현대어로는 '부피'에 대응하는 것으로 본다. 하지만 실질적으로 이것은 소금이든 금이든 곡물이든 동전이든 어떤 것의 무게에 더 가깝다. '덴시타테densitate'가 함께 들어가서 비슷한 덩어리라도 더 빽빽하게 뭉쳐져 있는 것은 '물질의 양'이 더 많다는 것을 반영했다.

이런 식의 정의가 순환적이라는 점은 누구나 쉽게 눈치챌 수 있다. 밀도가 단위 부피당 질량이라면 밀도와 부피를 곱하여 질량이 된다는 말은 밀도의 정의와 똑같은 말이기 때문이다. 뉴턴의 책이 출간된 직후부터 이 정의는 논란의 대상이 되었다. 현대 물리학에 익숙하다면 '물질의 양'이 곧 현대적인 '질량'과 같다고 쉽게 생각하겠지만, 1687년에 출간된 텍스트에서 당시의 독자들은 그런 의미로 이해하지 않았을 것이다. 물질의 양과 운동의 양이라는 정의를 제대로 이해하기 위해서는 세 번째 정의를 살펴보는 것이 유용하다. '물질의 내재적 힘'의 정의이다.

정의 3: 물질의 내재적 힘은 물체가 정지해 있거나 반듯하게 일정하게 움직이고 있는 상태를 그대로 유지하게 만드는 힘이다.

물질의 내재적 힘을 요즘의 용어로 말하면 '관성慣性' 또는 영어의 inertia와 비슷하다. 타성에 젖어서 원래 하던 식으로 그저 현상유지에 급급한 것을 '관성'이라고 흔히 부르는데, 내용상 같은 의미가 될 것이다. 뉴턴의 책을 읽을 때 처음 만나는 난관이 바로 이 '물질의 내재적 힘'이다. 현대의 물리학에는 이 개념과 딱 들어맞는 개념이 없다. 일종의 저항력 같은 것으로 볼 수도 있는데, 공기저항과는 다르다. 왜냐하면 물체의 바깥에 있는 것이 아니라 물체 속에 내재하는 힘이기 때문이다. 뉴턴이 이런 이상한 용어와 개념을 1687년에 출간된 그 책에서 계속 사용한 것은 당시의 자연철학에서 '임페투스impetus'가 중요한 역할을 했기 때문이다.

임페투스라는 용어 자체는 14세기에 프랑스의 자연철학자 장 뷔리당이 만든 것이지만, 그 뿌리를 찾아보면 6세기 고대 헬레니즘 시기 그리스의 필로포누스까지 거슬러 갈 수 있고, 그리스 자연철학을 적극적으로 수용하여 방대한 번역 사업을 펼치고 그 번역된 책을 더 깊이 탐구하여 새로운 이론을 만들어낸 이슬람 자연철학이 있다. 11세기의 이븐 시나(아비센나)는 필로포누스의 이론을 더 확장했고, 12세기의 이슬람 자연철학자 누르 앗딘 알 비트루지(알페트라기우스)의 손을 거쳐 장 뷔리당이 이를 정리한 것이다.

비잔틴 시대의 자연철학자이자 문헌학자 필로포누스(요아네스 필로포노스, c490-c570)는 아리스토텔레스의 운동 이론을 비판하면서, 운동이 가능하기 위해서는 맨 처음 운동을 일으킨 것이 물체에 무엇인가를 전해 주어야 한다고 주장했다. 필로포누스는 이것을 '호르메hormé'라 불렀다.

필로포누스의 아이디어를 더 발전시킨 것은 11세기 페르시아의 자연철학자 이븐 시나(980-1037)였다. 이븐 시나는 던져진 물체의 운동은 힘을 가하는 사람과 접촉하지 않기 때문에 그가 '마일mayl'이라 부른 것이 최초의 충격에서 물체에 전해져야 한다는 논의를 전개했다. 이 '마일'이 점점 줄어들면 던져진 물체는 운동을 멈추고 떨어지게 된다는 것이다. 이븐 시나의 논의를 수용하여 발전시킨 것은 12세기의 이슬람 자연철학자 아불 바라카트와 알 비트루지였다.

에기디우스 로마누스(c1243-1316)는 신플라톤주의자로, 아리스토텔레스주의에 크게 반대했다. 중세 유럽의 자연철학을 염두에 두면, 에기디우스가 관심을 가진 것은 바로 '물질의 양'이 어떤 상황에서도 그 총량이 변하지 않는다는 점이었다. 에기디우스는 기독교 신학자로서 매주 교회에서 일어나는 성체성사에 큰 관심을 가지고 있었고, 『예수 성체에 대한 정리들 *Theoremata de corpore Christi*』(1276)이라는 책을 냈다. 기독교의 성체성사에서는 빵을 먹으면서 이것이 우리를 위해 죽은 예수의 살이라 하고 포도주를 마시면서 이것이 우리를 위해 죽은 예수의 피라 말한다. 최후의 만찬을 기리는 것이다. 사제가 빵과 포도주에 축사를 하면 그것이 입으로 넘어가는 순간 이미 성자(예수 그리스도)의 살과 피로 바뀐다. 빵과 포도주를 무게와 부피로만 보면 이 과정은 도무지 납득이 가지 않는다. 이 과정을 이해하기 위해 에기디우스는 '물질의 양'이라 부르는 세 번째 양이 변하지 않는다는 새로운 생각을 펼쳤다.

이 생각은 14세기 프랑스 파리 대학교의 자연철학자 장 뷔리당(c1301-c1362)으로 이어진다. '뷔리당의 당나귀'라는 우화로 널리 알려져 있는 뷔리당은 운동을 유지하는 원천으로 필로포누스의 '호르메' 개념을 확장했는데, 이를 '임페투스'라 불렀다. 임페투스는 운동하는 물체가 빠를수록 더 큰 것으로 여겨졌는데, 뷔리당은 여기에 추가하여 '물질의 양'이 많을수록 임페투스도 크다고 보았다. 이때 '물질의 양'은 다름 아니라 에기디우스가 제안한 그 신학적 개념이었다. 활을 떠난 화살이 운동할 수 있는 것은 손에서 전달된 임페투스가 화살에 남아 있기 때문이라고 본 것인데, 공기저항 같은 게 없다면 그 임페투스 때문에 화살이 그대로 반듯하게 일정한 빠르기로 날아갈 수 있을 것이다. 공기저항 같은 요소 때문에 화살에 전달된 임페투스는 주변에 흩어져 버린다. 임페투스가 다 떨어지면 화살은 바닥으로 떨어져 버린다는 것이다.

뉴턴이 새로 정의한 '물질의 내재적 힘vis insita'은 14세기의 임페투스와 완전히 같은 개념은 아니지만 여러 면에서 그와 유사하다. 또 이 물질의 내재적 힘은 임페투스처럼 물질의 양에 비례한다. 바로 그 점 때문에 '물질의 양' 즉 '질량'은 일종의 '관성'으로 작동한다는 생각이 널리 퍼졌다. 20세기 중엽까지도 '질량'과 '관성'은 사실상 동의어처럼 사용되었다.

뉴턴은 행성의 운동이 타원 궤적을 그린다면 태양과 행성 사이에는 거리의 제곱에 반비례하는 힘이 작용해야 한다는 것을 수학적으로 증명했다. 도판 1-4에 있는 명제 11(문제 6)이 바로 그 증명을 담고 있다.

천체의 운동을 설명하기 위해 도입한 힘, 즉 태양이 행성에 미치는 가해진 힘vis impressa은 단지 태양으로부터의 거리의 제곱에 반비례한다. 그런데 여기에서는 이 힘이 '물질의 양'에 비례한다는 이야기는 따로 나오지 않는다.

현대의 물리학 교과서에 흔하게 나오는 $F = \frac{GMm}{r^2}$이라는 수식은 만유인력이라 흔히 부르는 보편중력이 거리의 제곱에 반비례하고 두 물체의 질량에 각각 비례한다고 말한다. 그러나 이 수식은 뉴턴이 만든 것이 아니었다. 『프린키피아』에는 이런 수식이 전혀 등장하지 않는다. 이와 관련된 가장 초기의 서술은 1798년 헨리 캐번디시(1731-1810)의 「지구의 밀도를 결정하기 위한 실험」이라는 제목의 논문이다.[19] 1785년 프랑스의 물리학자 샤를-오귀스탱 드 쿨롱이 정전기에서 보이는 힘이 거리의 제곱에 반비례하고 전기를 띠고 있는 두 물체의 전기의 양(전하량)에 각각 비례한다는 것을 비틀림 저울을 이용한 실험으로 밝히고 발표했다. 이를 $F = \frac{kqq'}{r^2}$처럼 쓸 수 있다. 이보다 앞서 영국의 자연철학자 존 미첼(1724-1793)은 1783년 두 물체 사이에 작용하는 중력이 정말 거리의 제곱에 반비례하는지 확인하기 위해 비틀림 저울을 이용한 정교한 실험을 고안했다. 그러나 이 실험을 실제로 하지 못한 채 1793년 세상

118 PHILOSOPHIÆ NATURALIS [Mot. Corpor.

SECTIO III.

De motu corporum in conicis sectionibus excentricis.

PROPOSITIO XI. PROBLEMA VI.

Revolvatur corpus in ellipsi: requiritur lex vis centripetæ tendentis ad umbilicum ellipseos.

Esto ellipseos umbilicus S. Agatur S P secans ellipseos tum diametrum D K in E, tum ordinatim applicatam Q v in x, et compleatur parallelogrammum Q x P R. Patet E P æqualem esse semiaxi majori A C, eo quod, actâ ab altero ellipseos umbilico H lineâ H I ipsi E C parallelâ, ob æquales C S, C H æquentur E S, E I, (g) adeo ut E P semi-summa sit ipsarum P S, P I, id est (ob parallelas H I, P R, et angulos æquales I P R, H P Z) ipsarum P S, P H, quæ conjunctim axem totum 2 A C adæquant. Ad S P demittatur perpendicularis Q T, et ellipseos latere recto principali (seu (h) $\frac{2\ B\ C\ quad.}{A\ C}$) dicto L, erit L × Q R ad L × P v ut Q R ad P v (i) id est, ut P E seu A C ad P C

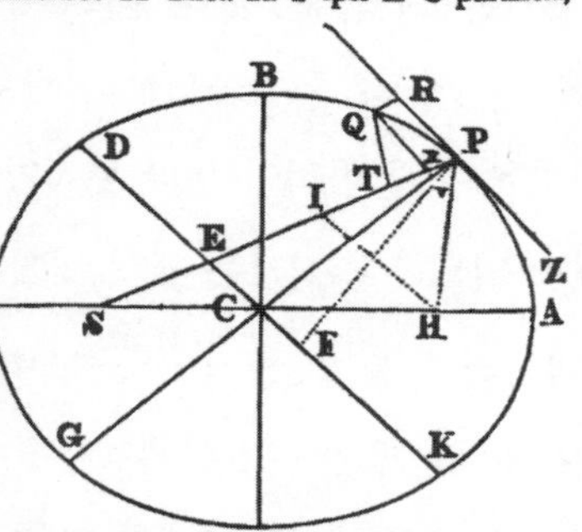

(g) 260. Quia (per Prop. 48. Lib. 3. Conic. Apoll. sup. Theor. IV. de Ellipsi) æquales sunt anguli quos rectæ P H, P S, constituunt cum tangente P R, et ob parallelas H I, P R, æquales quoque sunt anguli alterni P I H, P H I, æquales erunt rectæ P I, P H, adeóque E P = $\frac{P\ S + P\ H}{2}$ = A C, (Prop. 52. Lib. 3. Conic. Apoll. superius Theor. III. de Ellip.)

(h) 261. In Ellipsi et Hyperbolâ latus rectum principale $L = \frac{2\ B\ C^2}{A\ C}$ nam $2\ A\ C : 2\ B\ C = 2\ B\ C : L$, undè $L = \frac{4\ B\ C^2}{2\ A\ C} = \frac{2\ B\ C^2}{A\ C}$.

(i) Per constructionem Q R = P x, sed propter Triangula similia P x v, P E C, P x : P v = P E (A C) : P C, ergò Q R : P v = A C : P C.

1-4 『프린키피아』의 정리 11(문제 6) 역제곱 힘의 증명

을 떠났다. 오랜 벗을 대신하여 이 실험에 성공한 사람이 헨리 캐번디시이다.

$F = \frac{GMm}{r^2}$이라는 수식은 정전기력의 원천이 전하인 것처럼 중력의 원천이 질량이라는 믿음을 표현하고 있다. 현상적으로 물체와 물체 사이에 거리의 제곱에 반비례하는 힘이 작용하는 것이라 말할 수 있고, 또 이 힘은 물체의 '질량'에 비례한다고 말할 수 있지만, 실상 그 '질량'을 어떻게 알 수 있는지는 여전히 논쟁적이다. 정말로 중력의 원천이 질량, 즉 물질의 양인가, 그리고 왜 그러한가 하는 문제는 여전히 해결되지 않고 있다. 게다가 캐번디시가 도입한 수식에는 새로운 종류의 상수, 즉 뉴턴 상수 G가 처음으로 등장했다. 중력의 원천이 물질의 양인가 하는 철학적인 문제 못지않게 정량적으로 뉴턴 상수와 지구의 밀도를 측정하는 것이 새로운 과제가 되었다.

대개 수식을 $m_I g = \frac{GM_E m_G}{{R_E}^2}$ (M_E와 R_E는 각각 지구의 질량과 반지름)와 같이 써놓고 관성질량 m_I와 중력질량 m_G가 같기 때문에 지표면에서의 중력가속도는 $g = \frac{GM_E}{{R_E}^2}$ 으로 주어진다고 말하는 것을 쉽게 볼 수 있다. 지구에서의 무게와 달에서의 무게를 비교하는 1/6이란 숫자도 여기에서 유도된다. 달의 질량이 지구의 질량의 1/100쯤이고 반지름은 1/4쯤이므로, 이 값을 넣으면 중력가속도가 약 1/6임을 얻을 수 있다. 그러나 이런 서술은 지구가 타원체라는 것, 지구와 달의 크기와 질량을 결정하는 것이 매우 복잡하고 어렵다는 점, 그리고 뉴턴 상수를 확정하는 것이 쉽지 않음을 간과한 단순화이다.

특히 개념만으로 보면 애초에 상태 변화에 대해 버티는 내재적 힘(관성)과 중력이라는 힘을 만들어낸다는 물질의 양은 서로 무관하다고 보아야 하기 때문에 관성질량과 중력질량이 같다고 말하는 데 어폐가 있다. 이 문제를 이해하기 위해서는 일반상대성이론까지 거론하지 않을 수 없을 것이다. 무게를 관성질량과 중력가속도의 곱으로 볼 것인지, 아니면 중력질량과 중력가속도의 곱으로 볼 것인지도 선택의 여지가 있다.

그런 점에서 현대의 물리학 교과서에 "질량과 가속도의 곱이 힘과 같다"라는 주장이 고전 역학에서 가장 중요한 것으로 여겨지는 상황은 바람직하지 않은 면이 있다. 영국의 자연철학자 버클리는 뉴턴 자연철학에서 '힘'이라는 관념이 일상적 경험이나 감각으로 확인할 수 없는 가상적이고 사변적인 개념이라고 비판하면서, '힘'이라는 개념을 전혀 도입하지 않고 운동을 설명하려 애썼다. 이와 달리 18세기 크로아티아(달마시아) 지역 출신의 자연철학자 루제르 보슈코비치(1711-1787)는 1758년에 초판이 간행된 『자연에 존재하는 단일한 힘들의 법칙만으로 유도한 자연철학의 이론*Philosophiæ naturalis theoria redacta ad unicam legem virium in natura existentium*』에서 힘들 사이의 관계만으로 운동을 설명하려 했다. 독일의 철학자 이마누엘 칸트도 이를 계승하여 이와 관련된 논의를 전개했다.

에른스트 마흐가 1897년에 간행된 『역학의 발달*Die Mechanik in ihrer Entwickelung: historisch-kritisch dargestellt*』에서 질량을 새롭게 정의한 것은 이러한 흐름의 연장선이었다. 마흐는 정의가 모호하며 오랜 논쟁에 휘말렸던 '힘'이라는 개념을 사용하지 않고 역학의 체계를 세우려 했다. 그래서 작용-반작용의 법칙을 출발점으로 삼아 질량 개념으로 나아갔다. 그는 작용-반작용 관계에 있는 두 물체의 질량의 비 $m_{AB}=m_A/m_B$를 가속도의 비 $m_A/m_B=-a_B/a_A$로 정의하고 특정 물체를 질량의 기준으로 삼을 것을 제안했다. 그러나 이 과정에서 가속도가 직접 측정할 수 있는 양이 아니며 시간과 공간의 표준을 정하는 문제가 선행되어야 한다는 점을 고려하지 않았다. 또 이렇게 가속도의 비로 질량을 정의하는 것은 특수상대성이론과 일반상대성이론으로 가면 제대로 작동하지 않는다.

그러나 대부분의 물리학 교과서에서는 마흐의 논의를 단순화하여 질량 개념을 정의하고 있다. 특수상대성이론에서 질량 개념이 에너지 및 운동량과 직접 연결되어 좌표계의 선택과 무관하게 의미를 갖기 위해서는 $m=\sqrt{E^2/c^4-p^2/c^2}$ 와 같이 에너지의 제곱과 운동량의 제곱의 차로 정의해야 한다. 일반상대성이론에서는 중력장이 에너지를 갖기 때문에 질량을 모호함 없이 정의하기가 매우 어렵다.[20]

3장

공간이란 무엇일까?

뉴턴과 라이프니츠의 공간 논쟁

공간은 원래 있는 것일까? 아니면 물체들 사이의 관계일 뿐일까? 아이작 뉴턴은 근대과학의 시발점 역할을 한 『자연철학의 수학적 원리』에서 그전까지의 자연철학에서 거의 다루어지지 않은 전혀 새로운 '공간'과 '시간'의 개념을 제시한다. 『원리』는 당시의 표준적인 방법을 따라 기하학의 체계로 서술되어 있는데, 그 구성은 다음과 같다. 먼저 물질의 양, 운동의 양, 힘 등에 관한 일련의 정의를 나열한 뒤에, 전체의 공리Axiomata 또는 운동의 법칙Lex Leges Motûs으로서 세 개의 법칙을 제시하고, 다음으로 물체의 운동에 관한 일반론 및 각론을 다룬 제1권, 매질 속에서의 운동에 관한 논의를 다룬 제2권, 태양계를 다룬 제3권이 이어진다. 뉴턴의 시간과 공간에 관한 논의는 정의와 공리(법칙) 사이에 주석Scholium으로 제시되어 있다.

> 나는 시간, 공간, 장소, 운동 등을 정의하지 않는다. 이 모두가 잘 알려져 있기 때문이다. 다만 내가 지적하고자 하는 것은 보통의 사람들이 이러한 양들을 생각할 때, 감각할 수 있는 물체와의 관계 속에서만 이러한 개념들을 생각한다는 점이다. (…)
>
> I. 절대시간, 참된 시간, 수학적 시간은 그 자체로 그 본성으로부터 외부에 있는 어떤 것과 관계를 맺지 않고 균일하게 흐른다. 다른 이름으로 지속이라 한다. 상대시간, 겉보기 시간, 상식적 시간은 운동을 통해 감각적이고 외부적인(정확하든 불균일하든) 방식으로 지속을 측정하는 것이다. 보통 참된 시간 대신에 쓰인다. 시, 일, 년 등이 그것이다.
>
> II. 절대공간은 그 본성상 외부에 있는 어떤 것과도 관계를 맺지 않고 항상 똑같이 확고부동하다. 상대공간은 다소 변동될 수 있거나 절대공간의 측도이다. 상대공간은 우리 감각이 물체의 위치로부터 확정하는 것이며, 대개 확고부동한 공간으로 간주된다. 지상의 공간이나 공기 중의 공간이나

별 사이의 공간 등이 그것이며, 지구에 대한 그 위치로부터 정해진다. 절대공간과 상대공간은 모양과 크기 면에서 똑같지만, 숫자상으로도 똑같은 것은 아니다. 예를 들어 지구가 움직인다면, 지구에 대해 상대적으로 항상 정지해 있는 공기의 공간은 한때는 공기가 지나가는 절대공간의 한 부분이 되지만, 다른 시점에서는 다른 부분이 된다. 따라서 절대적으로 이해했을 때, 공기의 공간은 끊임없이 변할 것이다.

뉴턴이 『원리』에서 전개한 논의의 핵심은 아리스토텔레스주의의 경향에 따라 논의되고 있던 일반적 변화로서의 운동을 위치의 이동motus localis으로 국한시키고, 이 운동의 원인으로서 힘vis을 상정하여, 이 힘이 어떻게 운동의 양momentum을 변화시키는가를 밝힌 점에 있다. 그 과정에서 자연스럽게 물질의 양massa이 존재하는 일종의 그릇으로서 공간이 상정되었다.

공간이란 무엇인가라는 질문에 대한 철학자들의 답변은 크게 실체론substantivalism과 관계론relationalism으로 나눌 수 있다. 전자는 대략 말해서 어떠한 형태로든(선험적으로든 자연과학적이든 유물론적이든) 공간과 시간의 실재성을 주장하는 반면, 후자는 공간이나 시간의 문제를 마치 우정이나 사랑처럼 물체나 사건 간의 관계로 '환원'하고자 하는 입장이다. 전자의 관점을 대변하는 이로서 고대 그리스의 자연철학자들이나 데카르트,

스피노자, 뉴턴, 변증법적 유물론자 등을 들 수 있고, 후자는 플라톤, 아리스토텔레스, 라이프니츠, 마흐 등을 들 수 있으며, 그 중간 정도에 놓을 수 있는 철학자로서 칸트, 푸앵카레, 베르그손, 라이헨바흐, 그륀바움 등이 있다. 물론, 그 각자의 주장은 그렇게 쉽게 이분법적으로 분류하기에는 훨씬 미묘하기 마련이다. 예를 들어 칸트는 시간과 공간을 '선천적 순수직관형식'으로 설정한다. 우리의 순수이성이 대상을 인식할 때 물자체가 시간과 공간이라는 형식을 매개로 감각에 주어진 것으로부터 개념을 가지게 된다는 점에서 시간과 공간은 물자체의 속성이 아니지만, 경험으로부터 주어지지 않으며, 그 어떤 개념이나 범주와도 다르기 때문이라는 것이다.

사실 우리가 '공간'이라는 용어에서 직관적으로 상기하는 개념은 뉴턴이 제시한 절대공간의 개념이다. 우리가 흔히 상상하는 우주는 좌우, 앞뒤, 위아래로 무한히 펼쳐져 있는 허공 속에 외따로 떨어져 있는 별들이 다른 별들의 중력을 느끼며 쉬지 않고 움직이는 "허공과 별"의 우주다. 데카르트는 물질을 "공간을 차지하고 있는 것"으로 이해한다. 물질이 곧 공간이라는 주장이다. 그렇기에 데카르트는 물질이 존재하지 않는 공간, 즉 진공vacuum을 인정할 수 없었고, 그 대신 공간은 곧 충만plenum이라고 주장해야 했다. 그러나 뉴턴에게 물질과 공간은 같지 않다. 공간 속에 물질이 들어 있으며, 가장 이상화된 경우로서 전혀 부피를 차지하지 않는 물질(질점)을 상정할 수 있다는 것이 뉴턴의 생각이다. 물질을 대변해 주는 것은 단지 '물질의 양質量, quantity of matter, mass'일 뿐이며, 물질은 공간 속에 들어 있는 무엇이다.

뉴턴의 '텅 빈 절대공간'이라는 관념은 곧 라이프니츠로부터 공격을 받았다. 뉴턴의 제자 새뮤얼 클라크(1675-1729)와 고트프리트 빌헬름 라이프니츠(1646-1716)는 편지 교환을 통해 공간을 물질과 분리해 사고할 수 있는지 논쟁했다. 클라크는 영어로 저술된 뉴턴의 『광학』을 라틴어로 번역한 것으로도 잘 알려져 있다. 원래의 서신은 라이프니츠는 프랑스어로 쓰고 클라크는 영어로 썼는데, 출판된 책은 두 사람의 편지를 모두 상대방의 언어로 번역해서 실었다. 라이프니츠의 편지는 클라크가 직접 영어로 번역했고, 클라크의 편지는 드라로슈가 프랑스어로 번역했다. 책은 라이프니츠가 죽은 이듬해인 1717년에 『자연철학과 종교에 관하여 1715년과 1716년에 라이프니츠 씨와 클라크 박사가 교환한 논문 모음』이라는 제목으로 출판되었다.[21]

라이프니츠는 먼저 '시간'을 사건들의 '먼저'와 '나중'으로 이해해야 함을 지적했다. 물질적 존재들 사이에 나타나는 두 사건을 생각해 보자. 예를 들어 사람들이 꽉 차 있는 강의실과 어지럽게 글씨가 가득 차 있는 칠판 외에 아무도 없는 텅 빈 강의실을 떠올려 보면, 두 사건 사이의 선후 관계가 분명하다. 이처럼 사건들의 진행을 눈여겨본다면, 항상 먼저 발생하는 사건과 나중에 발생하는 사건을 구분할 수 있다. 이런 논리를 확장하면 모든 사건에 대해 일련의 순서를 정할 수 있을 것이다. 이 순서가 다름 아니라 시간이다. 시간은 이렇게 사건들의 선후를 가르는 기준으로 제시되는 것이다. 다시 말해 시간은 사건들 사이의 선후 관계를 모두 모은 것에 지나지 않는다. 따라서 물질이 없다면 사건이 없을 것이고, 사건이 없다면 그런 선후 관계도 없을 것이며, 결과적으로 시간이란 것을 말하는 것이 전혀 무의미하게 된다.

이제는 물체들이 절대적인 공간 속에서 모두 나란히 옆으로 옮겨지는 상황을 상상해 보자. 원래의 물체들의 배치를 '세계1'이라 하고, 모든 물체들이 나란히 옆으로 옮겨진 새로운 배치를 '세계2'라 하자. 모든 논증은 서로 동의하고 공유하는 전제를 필요로 한다. 클라크와 라이프니츠의 서신 교환에서는 (1) 모든 것에는 그래야 하는 필연적 이유가 있다는 원리(충분한 이유의 원리)와 (2) 구별할 수 없는 것은 동일하다는 원리가 그 공유된 전제였다.

이 두 원리에 비추어 '세계1'과 '세계2'를 비교해 보자. 우리는 '세계1'에 살고 있는 것일까, 아니면 '세계2'에 살고 있는 것일까? 모든 물체들이 나란히 옆으로 옮겨진 것이므로, 사실

1-5 **새뮤얼 클라크와 고트프리트 빌헬름 라이프니츠**

'세계1'인지 아니면 '세계2'인지 판가름할 수 있는 필연적 이유가 없다. 그리고 실질적으로 우리가 직접 공간을 볼 수 있는 것은 아니므로, 물체들만 보아서는 '세계1'과 '세계2'를 구별할 방법이 전혀 없다. 따라서 앞의 두 원리에 동의한다면, '세계1'과 '세계2'는 같은 것을 다른 이름으로 부르는 것에 지나지 않는다는 결론을 얻게 된다.

이렇게 해서 라이프니츠는 공간이란 사실상 물체들 사이의 관계일 뿐임을 명쾌하게 증명하는 데 성공한다. 그러므로 물질이 없다면 사건도 없고 '공간'도 없다. 텅 빈 채 어떤 물질이 채

워주길 기다리고 있는 그런 '공간'은 없다. 물질세계가 저기가 아니라 여기에 있다는 것을 경험적으로 알 수 있는 방법이 없으므로, 결국 텅 빈 절대공간이라는 관념은 무의미한 것이 된다.

얼핏 보면 공간에 대한 실체론과 관계론의 논쟁은 스콜라적인 것처럼 여겨질 수도 있다. 왜냐하면 어차피 실체론에서도 공간에 대해 어떤 방식으로든 눈에 보이게끔 공간을 인지할 수는 없다는 것을 인정하고 있기 때문이다. 경험적으로 확인되는 부분에 관한 한 실체론의 주장과 관계론의 주장은 똑같은 내용인 것으로 보인다. 그렇다면 두 쪽 다 공간에 대한 옳은 견해일까? 그런데 실체론과 관계론은 대등한 입장이 못 된다. 적어도 '오컴의 면도날'을 갖다 댄다면 명백하게 실체론이 더 불리한 입장에 있다. 굳이 공간을 실체라고 주장할 필요가 없는데도 실체로서의 공간을 가정하는 것은 불필요한 형이상학적(존재론적) 가정의 낭비일 것이다.

여기까지만 보아서는 분명히 라이프니츠가 논쟁의 승리자인 듯했다. 클라크의 반박은 잘못된 이해로 가득했고 논점도 불분명했다. 하지만 클라크의 스승인 뉴턴은 이미 1689년에 실체론을 옹호하는 강력한 논변을 제시했었다. 이른바 뉴턴의 양동이 논변이다. 회전하는 물체에 작용하는 원심력을 보면 그 운동이 절대적인 참된 운동인지 아닌지 알 수 있다는 것이 뉴턴의 주장이었다. 이른바 관성운동inertial motion의 경우에는 물체가 정지해 있는 경우와 일정한 속도로 반듯하게 움직이고 있는 경우를 판가름할 방법이 없는 것이 분명하다. 하지만, 회전과 같은 비관성운동non-inertial motion의 경우에는 무엇이 움직이는 것이고 무엇이 움직이지 않는 것인지 명료하게 말할 수 있다. 즉 회전한다는 사실로부터 절대적인 참된 운동과 물질들 사이의 상대적인 운동을 구분할 수 있으며, 이로부터 실체로서의 절대공간이 존재함을 추론할 수 있다. 절대적인 가속도는 절대공간의 존재를 보여준다는 것이다.

이 말을 더 알기 쉽게 설명하기 위해 뉴턴이 『원리』에서 말했던 '양동이의 사고실험'을 살짝 응용해서 살펴보자. 턴테이블이 있는 낡은 전축을 하나 끄집어내 보자. 우리는 음악을 들으려는 게 아니다. 손잡이가 없는 동그란 유리컵에 물을 반쯤 채워 턴테이블의 정확히 한가운데에 놓는다. 그리고 RPM을 느린 속도로 맞춘 뒤에 전축을 켠다. 조심스럽게 컵 속의 물 표면을 살펴본다. 무슨 일이 일어날까?

처음에 물 표면이 평평하리라는 것은 자명하다. 턴테이블이 돌기 시작하면 그 위에 있는 유리컵도 따라 도는데, 그에 따라 물도 마찬가지로 돌기 시작한다. 그러면 마치 유리컵이 물을 당기기라도 하는 듯이 물 표면은 오목하게 들어간다. 아니 물이 마치 컵을 기어오르기라도 할 것처럼 컵 벽을 따라 물이 올라가는 것처럼 보인다.

만일 전축을 끄면 턴테이블이 멈추고 컵도 멈추겠지만, 물은 아직 더 춤추고 싶다는 듯이 여전히 계속 더 돌아간다. 아마도 물이 멈출 때까지는 더 기다려야 할 것이다. 물이 멈출 때까지 오목하게 움푹 파인 물 표면은 점점 오목함이 작아지면서 점차 평평한 원래의 상태를 회복한다. 손잡이가 없는 유리컵을 쓰는 이유는 이상적인 경우를 생각하기 위한 것이다. 만일 물이 없다면 완전한 원 모양인 유리컵만 보고서는 도대체 유리컵이 돌고 있는지 아닌지를 판가름할 길이 없다. 돈다고는 하지만, 유리컵이 돌고 있는 게 아니라 내가 돌고 있는 것일 수도 있다. 하지만 유리컵 안에 물이 들어 있다면 얘기가 달라진다. 오목해진 물 표면은 물이 돌고 있음을 모호함 없이 말해 주며, 물 표면이 평평하다면 물은 운동하고 있지 않은 것이다.

운동이라고? 이제 우리는 어떤 운동이 절대적인 것인지 아니면 상대적인 것인지를 판단할 경험적 기준을 얻은 것이다. 물이 돌고 있는지 아니면 돌고 있지 않은지는 경험적으로 구분할 수 있다. 그런데 돌고 있다는 것은 무엇에 대해 돌고 있다는 것인가? 그 운동의 기준은 다름 아니라 움직이지 않는 것을 가리킨다. 따라서 그 기준은 바로 절대공간일 수밖에 없다. 뉴턴은 오목해진 물 표면을 설명할 수 있는 유일한 방법은 물이 공간 자체에 대해 돌고 있다고 생각하는 것이라고 보았다.

라이프니츠는 뉴턴의 논리를 제대로 반박하지 못하고 세상

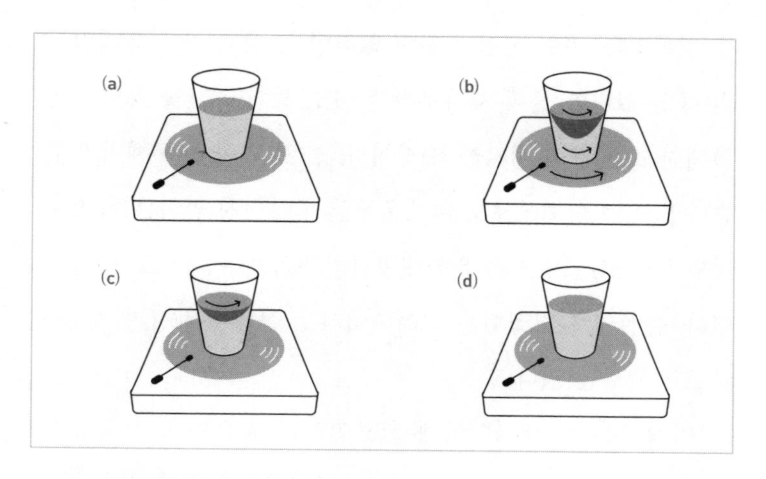

1-6 뉴턴의 양동이 사고실험

(a) 전축이 정지해 있을 때에는 물컵의 수면이 평평하다. (b) 전축이 회전하면 물도 따라서 회전하며 물컵의 수면이 아래쪽으로 오목해진다. (c) 전축의 회전이 멈추어도 물컵의 수면은 오목한 모양을 유지한다. (d) 시간이 지나면 수면은 다시 평평한 모양이 된다.

을 떠나고 말았다. 그런데 여기에서 한 가지 의문점이 남는다. 물이 돌고 있다는 것도 사실은 절대공간에 대한 것이 아니라 이른바 항성천구 내지는 매우 멀리 떨어져 있는 별들에 대해 돌고 있는 것이라고 보지 못할 까닭이 무엇인가?

이 질문에 답하기 위해서는 19세기 오스트리아로 훌쩍 넘어가서 에른스트 마흐의 논의를 검토하는 것이 필요하다. 마흐의 아이디어는 우주에 있는 멀리 떨어져 있는 별이나 은하들이 물에 모종의 힘을 작용하기 때문에 물 표면이 오목해진다는 것이었다. 만일 물질이 전혀 없다면, 그리고 단지 유리컵 속의 물만 있다면 물이 제아무리 돈다고 하더라도 물 표면은 오목해지지 않을 것이라는 주장이다. 물 표면이 오목해지지 않는다면 어떤 방법으로도 절대운동인지 아닌지 알아낼 수 있는 방법이 없고, 자연스럽게 절대공간의 유무에 대해서도 말할 수 없다. 뉴턴의 사고실험을 고려하더라도 실체론적 공간 개념을 양보할 필요는 없다.

이 문제는 상대성이론에서도 여전히 중요한 쟁점으로 다루어졌다. 특히 아인슈타인은 일반상대성이론의 사상적, 원리적 뿌리에 마흐가 있다고 말한 바 있다. 아인슈타인의 생각은 1952년에 출판된 『상대성: 특수 및 일반 이론*Über die spezielle und die allgemeine Relativitätstheorie*』의 15판 서문에서 잘 드러난다.

> 나는 이 개정판에 다섯 번째 부록으로 덧붙인 글에서 공간 일반의 문제와 상대성이론의 관점의 영향에서 비롯된 공간에 관한 우리 관념의 점진적인 변화에 대한 내 견해를 제시했다. 나는 시공간이 물리적 실재인 실제 물체들과 무관하게 독자적인 존재를 부여할 수 있는 어떤 것이어야만 하는 것이 아님을 보이려 했다. 물체는 공간 속에 있는 것이 아니라 물체들이 공간적으로 연장되어 있는 것이다. 이런 식으로 '텅 빈 공간'이란 개념은 그 의미를 잃어버린다.

아인슈타인은 뉴턴과 라이프니츠의 논쟁에 대해 라이프니츠의 편을 들고 있는 게 분명하다. 그런데 정말 일반상대성이론이 실체론이 아니라 관계론을 지지하는 것일까? 1980년대 이래 물리철학자들은 이 문제를 진지하게 살펴보면서 그것이 그리 간단하지 않음을 알아냈다.

아인슈타인과 가우스와 비유클리드 기하학

흔히 '기적의 해'라고 불리는 1905년에 아인슈타인은 획기적인 논문 다섯 편을 쓰는 기염을 토했지만, 그 자신도 특수상대성이론이 중력의 문제를 해결하지 못하는 불완전하고 어정쩡한 이론임을 잘 알았다. 1911년 모교 취리히 연방공과대학에서 교편을 잡게 된 아인슈타인은 어떻게 중력을 이 이론에 포함시킬 수 있을지 감을 전혀 잡지 못하고 있었다. 그가 나중에 '생애에서 가장 운 좋은 생각'이라고 회고한 1907년의 사고실험이 거의 전부였다. 이 사고실험에 따르면 지붕에서 떨어지는 사람에게서는 중력을 검출할 수 없다. 그렇다면 중력에 의한 효과와 관찰자가 속해 있는 좌표계의 가속에 의한 효과는 구별할 수 없고 사실상 동등하다. 효과를 구별할 수 없다면 이 둘은 같은 것이라고 볼 수 있다. 이것이 소위 등가원리이다. 그러나 이렇게 '운 좋은 아이디어'를 얻더라도 그로부터 의미 있는 실제 물리이론을 발전시키는 과정은 매우 험난하고 힘겹다.

많은 물리학 이론이 그렇듯이, 이론을 전개하기 위한 기본적인 아이디어를 얻었다 하더라도 이러한 원리적이고 직관적인 착상을 가장 적절한 수학적 형식으로 표현하지 못한다면 그 아이디어는 제대로 이론으로까지 발전하지 못한다. 일반상대성이론도 예외는 아니었다. 등가원리에 따르면, 시간과 위치를 나타내는 좌표계를 어떻게 선택하더라도 그 꼴이 달라지지 않는 물리법칙은 어떤 방식으로든 중력과 연관이 있을 게 틀림없었다. 문제는 그 중력을 나타내는 수학적 함수, 즉 중력 퍼텐셜에 대한 서술이었다. 이제까지 중력을 나타낸다고 생각해온 단순한 실수값 함수는 새로운 이론을 담기에 역부족이었다. 그렇다면 새 술을 담을 수 있는 새 가죽부대는 무엇일까?

그 새 가죽부대는 아인슈타인 대학 동창에게서 나왔다. 아인슈타인이 모교에서 교편을 잡게 되었을 때, 그의 대학 친구 마르셀 그로스만(1878-1936)이 수학과에 재직하고 있었다. 아인슈타인은 대학 시절 배운 가우스의 곡면이론이 중요하리라는 직관이 있었지만, 당시 가우스 이후의 미분기하학의 전개를 전혀 모르고 있었다. 아인슈타인이 그로스만에게 등가원리를 구현할 이론이 필요하다고 말하자, 그로스만은 그에게 리만과 크리스토펠과 리치-쿠르바스트로가 정돈한 리만 기하학이라는 새로운 미분기하학을 가르쳐주었던 것이다.

리만 기하학은 유클리드 기하학에 정면으로 맞서는 비유클리드 기하학이었다. 많은 사람들이 엄밀하고 올바른 지식 체계의 표준으로 삼았던 기하학적 질서의 모범은 에우클레이데스(유클리드)의 기하학이었다. 모두 13권으로 이루어진 에우클레이데스의 『기하원본』은 특이한 구성을 보여준다. 5개의 공리와 10개의 무정의용어로 이루어진 15개의 공준이 있고, 이로부터 엄격한 연역적 논증을 통해 465개의 정리들을 증명하는 형식으로 이루어져 있다.

정리로 제시된 주장들은 미리 주어진 공리와 공준을 받아들이는 한 확실하게 증명할 수 있는 지식이다. 즉 사람들이 충분히 수용할 수 있는 공리와 공준을 우선 옳다고 인정한다면 거기에서 유도되는 정리들은 그 참됨을 의심할 필요가 없는 옳은 지식이 되는 것이다.

하지만 유클리드 기하학에도 감추고 싶은 약점이 있었다. 유클리드 기하학은 다섯 개의 공리에서 출발한다. 그중 흔히 평행선 공리라고 부르는 다섯 번째 공리는 "한 직선과 그 직선 위에 있지 않은 한 점이 있을 때, 그 점을 지나면서 그 직선과 만나지 않는 직선은 오직 하나 존재한다"라는 긴 문장이다. "두 점을 모두 지나는 직선은 하나이다"라거나 "모든 직각은 똑같다"와 같은 다른 공리와 달리 이렇게 긴 문장은 공리가 아니라 정리일 것 같은 생각이 금세 들게 마련이다. 많은 수학자들이 평행선 공리를 다른 네 공리로부터 유도하려고 애썼다.

그들은 저마다 자신이 평행선 공리를 나머지 공리들로부터 유도하는 데 성공했다고 믿었지만, 사실은 증명의 과정에서 자신도 모르는 사이에 평행선 공리와 동등한 다른 암묵적인 주장을 포함시킨 것이었다. 가령 직접 평행선 공리를 가정하지는 않았지만, 삼각형의 세 내각의 합이 180도임을 이용하거나 원주의 길이와 지름의 비가 원주율 즉 3.141592…임을 이용했는데, 이것은 평행선 공리와 동등하다. 증명을 하는 과정에서 증명되어야 할 주장을 포함시켜 버린 것이기 때문에 이러한 증명은 타당한 증명이 아니다.

수많은 실패가 잇따르자 근본적으로 새로운 시도가 시작되었다. 다섯 번째 공리가 꼭 필요한 경우도 있지만 상당한 경우에 다섯 번째 공리가 다른 공리들과 역할이 다르다면 아예 네 가지 공리만 가지고 완결된 기하학의 체계를 만들 수 없을까 하는 것이었다.

이 이야기의 중심에는 위대한 독일의 수학자 카를 프리드리히 가우스(1777-1855)가 있다. 가우스는 정수론, 천체역학, 전기와 자기의 연구, 천문학, 함수론, 복소수론, 통계학 등 여러 분야에서 중요한 업적을 남겼지만, 특히 구면기하학을 깊이 연구했다. 구면 위의 기하학에서는 직선이 대원이 된다. 대원은 경도선처럼 구의 반지름과 같은 반지름의 원을 가리킨다. 이 경우 어느 직선 밖의 한 점을 지나는 직선은 모두 그 직선과 만날 수밖에 없기 때문에 평행선은 존재하지 않는다는 점에서 가우스의 곡면이론은 일종의 비유클리드 기하학으로 볼 수 있다.

가우스는 비유클리드 기하학의 가능성을 1800년대 초부터 탐구했을 것으로 짐작된다. 그 내용은 알 수 없지만 게를링이나 슈마허 같은 동료 수학자들에게 보낸 편지에서 이를 확인할 수 있다. 특히 괴팅겐 대학교 시절부터 우정을 지켜온 헝가리의 수학자 보여이 파르카시(1772-1856)와 주고받은 편지에서 이 문제를 자주 거론했다. 하지만 가우스는 그에 대해 아무런 논문도 발표하지 않았다. 여기에는 가우스의 일상도 큰 영향을 주었다. 1817년 가우스는 병환 중인 모친과 함께 살게 되면서 연구할 시간을 크게 뺏긴 상황이었다. 그 무렵 베를린 대학교에서 초청을 받았지만 변화를 싫어하던 성격의 가우스는 괴팅겐에 남고 싶어 했기 때문에 베를린으로 옮기길 바라는 가족들과 불화가 심해졌으며, 1831년에는 급기야 둘째 부인과 사별까지 했다.

가우스가 보여이 파르카시로부터 편지와 함께 그의 책 『텐타멘*Tentamen*』(1832)을 받은 것이 바로 그 무렵이었다. 보여이 파르카시는 르장드르처럼 평행선 공리를 나머지 네 공리들로부터 유도하는 일에 엄청난 열정을 갖고 있었다. 보여이의 책 『텐타멘』에는 흥미로운 26쪽짜리 증명이 부록으로 담겨 있다. 그의 아들 보여이 야노시(1802-1860)가 쓴 것이었는데, 평행선 공리가 다른 공리들과 독립된 것이며 평행선 공리가 없는 별도의 기하학 체계가 존재한다는 것을 증명하는 내용이었다. 보여이 파르카시는 아들의 연구를 충분히 이해하지는 못했던 것으로 보이지만, 그 내용에 대해 가우스에게 평가를 부탁했다. 이상한 것은 가우스가 이에 대해 일언반구의 언급도 하지 않았다는 것이다.

실상은 가우스 자신이 아주 일찍부터 평행선 공리에 관심을 갖기 시작했고 1817년에 올베르스에게 보낸 편지에는 "나

1-7 **보여이 야노시와 보여이 파르카시의 우표**

는 점점 더 유클리드 기하학의 필연성을 인간의 이성으로도 인간의 이성에 대해서도 증명할 수 없다는 확신을 얻게 되었습니다. 어쩌면 다른 세상에서는 공간의 본성에 대한 통찰을 얻게 될지 모르지만, 지금은 아닙니다"라고 쓰고 있다. 1824년 무렵에는 평행선 공리를 도입하지 않는 기하학이 완결될 수 있음을 이미 증명한 상태였던 것으로 추측된다. 하지만 이미 가장 저명한 수학자의 반열에 있던 가우스는 자신의 증명을 세상에 발표하지 않았다.

비유클리드 기하학을 공식적으로 가장 먼저 발표한 것은 러시아의 수학자 니콜라이 로바쳅스키(1792-1856)였다. 로바쳅스키는 1829년 비유클리드 기하학의 한 형태인 쌍곡선 기하학을 발표했는데, 러시아어로 쓴 이 논문은 거의 주목을 받지 못했다. 1840년에 독일어로 쓴 논저를 가우스에게 보낸 후에야 비로소 로바쳅스키의 새로운 연구가 학계의 관심을 끌기 시작했다.

이탈리아의 수학자 에우제니오 벨트라미(1835-1899)는 1868년 평행선 공리를 다른 공리들로부터 증명할 수 없다는 것을 증명하는 데 성공했다. 그래서 이제 평행선 공리를 가정하지 않아도 논리적으로 완결된 기하학 체계를 만들 수 있음이 받아들여지고 있다.

보여이와 로바쳅스키의 이론을 포함하여 비유클리드 기하학

1-8 **카를 프리드리히 가우스와 베른하르트 리만**

을 집대성한 것은 가우스의 제자인 독일의 수학자 베른하르트 리만(1826-1866)이다. 독일은 박사학위를 받은 뒤 다시 대학에서 강의할 수 있는 권한을 부여받는 교수인정학위를 더 받아야 한다. 이를 위한 발표를 흔히 하빌리타치온 논문 또는 교수인정학위 논문이라 부른다. 가우스가 세상을 떠나기 꼭 1년 전 제자 리만에게 교수인정학위로 부과한 주제는 기하학의 기초에 관한 것이었다. 1854년 28살의 리만은 괴팅겐 대학교에서 「기하학의 바탕에 있는 가설들에 관하여」란 제목으로 하빌리타치온 논문을 발표했다. 불과 마흔 살에 세상을 떠난 리만은 수학에서 많은 업적을 남겼지만, 바로 이 교수인정학위 논문에서 정리한 새로운 이론이 바로 리만 기하학이다. 독일의 수학자 엘빈 브루노 크리스토펠(1829-1900)은 리만 기하학을 더 확장했다. 이탈리아의 수학자 그레고리오 리치-쿠르바스트로(1853-1925)와 그의 제자 툴리오 레비-치비타(1873-1941)는 소위 절대미분해석학이라고도 불리는 텐서* 해석학을 만들어냈다. 1900년에 출판된 이 두 사람의 논문 「절대미분해석학의 방법과 그 응용」은 이후 텐서 해석학의 중요한 출발점이 되었다.

아인슈타인은 1912년 7월에서 8월 초에 이르는 시기 중력을 탐구하는 데 리만 기하학과 텐서 해석학을 직접 이용하기 시작했다. 유클리드 기하학에서는 두 점 사이의 거리가 이른바 피타고라스의 정리에 따라 정해지지만, 비유클리드 기하학에서는 거리라는 개념 자체를 새롭게 정의해야 한다. 리만 기하학에서 거리는 거리함수 텐서 또는 메트릭 텐서라 부르는 수학적인 양으로 정의된다. 따라서 비관성계에서만 나타나는 효과 또는 중력의 효과를 나타내는 수학적인 양은 틀림없이 이 거리함수 텐서와 관계될 것이라고 아인슈타인은 생각했다. 구

* 텐서(tensor)란 좌표변환에 대해 일정한 형식으로 변환되는 물리량을 지칭한다. 변환방식에 따라 텐서에 계수(rank)를 부여하여, 예를 들어 '2계 텐서'와 같은 용어를 사용한다. '0계 텐서'는 스칼라(scalar)라 하고, '1계 텐서'는 벡터(vector)라 한다.

면 위에서는 두 직선(대원)이 반드시 만나기 때문에 평행선의 공리가 성립하지 않는다. 리만 기하학과 같은 비유클리드 기하학에서는 대개 휘어진 곡면 또는 공간이 중심적인 개념이 된다. 일반상대성이론에서 흔히 등장하는 개념 중 하나가 다름 아니라 휘어진 시공간인 까닭은 바로 시간과 공간에서 평행선의 공리가 성립하지 않기 때문이다.

이제 드디어 일반상대성이론의 탄생이 눈앞에 다가오고 있었다. 과연 리만 기하학을 사용하면 등가원리를 잘 확립된 이론으로 끌어올릴 수 있을까? 리만 기하학을 탄탄하게 준비한 아인슈타인은 1915년에 어떻게 중력과 세계에 대한 가장 근본적인 이론을 만들어낼 수 있었을까? 이 질문에 답하기 전에 기적의 해라 불리는 1905년 무렵의 아인슈타인의 고민을 먼저 살펴보려 한다.

II

기적의 해와 시공간

4장

아인슈타인의 기적의 해 1905년

아인슈타인의 학창시절

흔히 기적의 해라 부르는 1905년, 알베르트 아인슈타인은 네 편의 논문을 발표했을 뿐 아니라 박사학위논문도 제출했다. 3월 18일에 투고한 논문 「발견법의 관점에서 본 빛의 생성과 변환」은 빛양자Lichtquanten 즉 빛알의 개념을 써서 냉광, 형광, 광전효과 등을 통일되게 설명하는 이론을 제시하고 있으며, 5월 11일에 투고한 논문 「열의 분자운동론에 따른 정지 유체 속 입자의 운동」은 기체분자운동론을 써서 브라운 운동을 해명하고 있다. 6월 30일에 투고한 논문 「움직이는 물체의 전기역학」과 9월 27일에 투고한 논문 「물체의 관성은 에너지 함량에 따라 달라지는가?」는 상대성이론의 기초를 마련했다. 8월 15일에 투고하여 1906년에 출간된 논문 「분자 크기의 새로운 결정」은 아인슈타인의 박사학위논문을 조금 수정한 것이었다.

아인슈타인이 다닌 대학은 취리히 폴리테히니쿰이었다. 테히니쿰technikum은 우리말로 대개 '공업전문학교'라고 번역되는데, 일제강점기의 '고등공업학교'와 유사하다. 테히니쿰의 가장 중요한 목적은 당시 한창 새롭게 확장되고 있던 전기공업과 화학공업 등에서 일할 기술자를 키워내는 동시에 관련된 과목을 가르치는 중등학교 교사를 양성하는 것이었다. 특히 아인슈타인이 등록했던 '수학 및 자연과학 분과'의 중심 목표는 수학과 자연과학을 가르치는 중등교사Fachlehrer를 훈련시키는 것이었다. Fachlehrer는 '전문교사'라고 번역할 수 있는데, 당시 독일어권 중등학교인 김나지움이 라틴어와 그리스어로 된 고전을 가르치는 데 중점을 두었던 것을 고려하면, 수학이나 자연과학 분야에서 전문적인 학문을 가르친다는 점에서 매우 새로운 자리였다. 영국이나 프랑스와 달리 산업혁명에서 뒤처져 있던 독일어권 나라들은 기술입국의 기치 아래 기술을 갖춘 노동자를 양성하는 데 많은 관심을 가지고 있었다.

19세기 말 스위스의 주요 대학은 다섯 곳으로 꼽을 수 있었다. 취리히 폴리테히니쿰은 대학의 위상을 높이기 위해 독일의 이론물리학자 루돌프 클라우지우스를 이론물리학 및 기술물리학 교수로 초빙했다. 그러나 클라우지우스는 10여 년 만에 취리히를 떠났고 그의 자리는 한참 동안 공석으로 남아 있었다. 1875년에 이 자리에 클라우지우스의 후임으로 온 사람이 바로 하인리히 프리드리히 베버(1843-1912)다. 베버는 실험물리학과 전기공학 연구를 계속했다. 그의 연구 주제 중에는 흑체복사, 저온에서의 고체 비열, 확산이론 등처럼 이론적인 것도 있었지만, 대부분은 전기전도나 열전도의 측정, 측정 장치의 개발 등과 같이 공학적인 것에 가까웠다.

베버는 예나 대학교에서, 광학으로 널리 알려진 에른스트 아베를 지도교수로 하여 빛의 회절에 관한 이론을 주제로 박사학위를 받은 뒤, 1871년부터 3년간 베를린에서 헤르만 폰 헬름홀츠의 조교로 일했다. 베버의 업무는 주로 실험실을 세우고 장비를 갖추는 일이었으며, 학생들을 위한 실험에서도 충실한 조교 역할을 했다. 베버는 헬름홀츠와 일하는 동안 열과 전기 분야에 깊은 관심을 갖게 되었고 1874년 호엔하임에 있는 왕립 뷔르템베르크 아카데미의 물리-수학 교수 자리를 얻었다. 이 별로 알려지지 않은 학교에서 열심히 강의와 교육에 전념하던 베버에게 어느 날 낯선 손님이 찾아왔다. 바로 1857년부터 취리히 폴리테히니쿰의 학장을 맡고 있던 카를 카펠러였다.

클라우지우스가 베를린으로 옮겨 간 이후로 그 후임을 열심히 찾고 있던 카펠러에게 헬름홀츠가 추천한 베버는 최적의 인물이었다. 베버의 연구주제는 광학, 열, 전기 분야였지만, 그는 언제나 경험적인 법칙을 이용하여 조명, 전신, 전기표준 등과 같이 실제적으로 응용 가능한 것에 관심을 두고 있었다. 취리히 폴리테히니쿰의 물리학연구소는 바로 베버와 같은 사람을 필요로 하고 있었다. 베버는 카펠러가 제안한 물리학연구소의 소장 겸 이론물리학 및 기술물리학 교수직을 응낙했다. 베버는 취리히 폴리테히니쿰에 있는 동안 거의 실용적인 연구에 전념했다. 가령 도시 간 전기에너지 수송, 교류를 사용하는 전기 선로, 저전압 및 고전압 장치에 관한 스위스 연방법 표준 등이 베버가 다루었던 주제다.

베버는 취리히 폴리테히니쿰에 부임하자마자 카펠러의 기획에 따라 물리학연구소를 세우는 일을 시작했다. 4층짜리 새 건물을 짓는 데에만 120만 스위스프랑이 들었다. 베버에게는 실험실의 장비와 기계 등을 구입할 비용으로 90만 스위스프랑 이상의 돈이 추가로 주어졌다. 이 연구소에는 42개의 실험실과 3개의 대형 강의실, 실험 장치를 보관하는 6개의 방, 도서관, 교수와 강사의 연구실 등 모든 것이 갖추어져 있었다. 당시 독일어권 대학 중에서 이렇게 훌륭한 물리학연구소가 드물다고 평가될 정도였다.

이 같은 배경을 보면 아인슈타인이 취리히 폴리테히니쿰에서 받은 교육이 실험물리학과 전기공학 위주였다는 것을 자연스럽게 알 수 있다. 아인슈타인이 이 대학에 다닐 무렵 등록한 학생의 수는 학기당 45~56명 정도였고, 아인슈타인이 입학한 1896년에 수학 및 과연과학 분과에 등록한 학생은 23명에 불과했다. 아인슈타인은 2년 뒤에 자격시험을 '$5^{1}/_{2}$'의 우수한 성적으로 통과했다. 당시 스위스의 성적평가는 1이 최하 성적이고 6이 최고 성적이었다. 현대 독일어권의 성적 체계는 최고 성적이 1이고 최하 성적이 5이기 때문에, 아인슈타인의 대학 시절 성적이 형편없었다는 잘못된 이야기가 퍼지기도 했다.

아인슈타인은 대학 시절 하인리히 베버의 실험실에 대단히 충실했다. "세련되고 동시에 정확한" 베버의 강의는 한번 들으면 "잊을 수 없는 감명"을 주었으며, 그의 강의를 들은 사람들에게 물리학은 일종의 계시처럼 다가온다는 평가를 받기도 했다. 아인슈타인이 베버 교수의 강의 시간에 필기한 노트가 남아 있는데, 이 노트를 보면 아인슈타인이 베버 교수의 수업을 얼마나 좋아했는지 여실히 드러난다.

아인슈타인이 취리히 폴리테히니쿰에서 수강한 교과목은 크게 두 가지로 나누어볼 수 있다. 첫 번째는 수학 또는 수리물리학 부류인데, 아인슈타인은 여기에 해당하는 과목들을 무척 싫어했다. 취리히 폴리테히니쿰에는 아인슈타인이 속한 분과의 과장을 맡고 있던 아돌프 후르비츠라든가 나중에 상대성이론의 기하학적 의미를 명료하게 밝혀주었던 수학자 헤르만 민코프스키 등과 같이 널리 알려진 권위 있는 수학자들이 있었다. 하지만 물리학에 필요한 수학은 미적분학이면 족하다고 생각했던 아인슈타인은 현실과 유리된 것처럼 보이는 고급수학엔 흥미를 전혀 느끼지 못했고, 그 때문에 강의에 빠지는 일이 많았다.

두 번째 부류는 베버의 강의와 실험실로 대표되는 실험물리학 과정이다. 아인슈타인이 수강한 베버의 강의는 통년과목 4개, 단학기 과목 7개이다. 무려 15강좌를 수강한 것이다. 게다가 성적도 5가 세 번, $5\frac{1}{2}$이 한 번, 6이 두 번으로 대단히 우수했다. 아인슈타인이 싫어했던 다른 교수 장 페르네의 강의는 단 한 강좌를 수강했을 뿐 아니라 성적도 '1'이었던 것과 비교하면, 아인슈타인이 베버를 특별히 좋아했음이 역력하다.

베버와 아인슈타인의 인연은 아인슈타인이 1895년 취리히 폴리테히니쿰에 지원할 때부터 시작되었다. 멋대로 뮌헨의 김나지움을 그만두고 졸업장도 없이 가족이 있는 밀라노로 돌아온 아인슈타인은 김나지움 졸업장이 없어도 입학할 수 있는 취리히 폴리테히니쿰에 입학지원 서류를 제출했다. 하지만 다른 지원자들보다 두 살이나 어린 아인슈타인은 입학시험에 낙방하고 말았다. 이때 아인슈타인의 천재성을 알아본 것이 바로 베버다. 베버는 아인슈타인이 물리학에서 상당한 재능을 보인다는 것을 간파했고, 아인슈타인에게 자신의 강의를 청강해도 좋다고 허락했다.

아인슈타인의 박사학위논문

취리히 폴리테히니쿰은 1909년 취리히 공과대학으로 되었다가 1911년 스위스 연방공과대학으로 승격했다. 그러나 아인슈타인이 졸업할 무렵 취리히 폴리테히니쿰은 박사학위를 수여할 권한이 없었다. 대신 취리히 대학교와 특별 협정을 맺고 있었기 때문에 폴리테히니쿰의 학생들 중 관심과 능력을 갖춘 학생들은 취리히 대학교에서 박사학위를 취득할 수 있었다.

아인슈타인이 박사학위논문을 시작한 것은 1900년 10월경이었다. 대학을 갓 졸업한 아인슈타인은 학위논문의 주제로 열전기 톰슨 효과를 택했다. 그러나 아인슈타인의 계획은 베버 교수와의 불화로 인해 무산되고 말았다. 당시 독일어권 대학에서 박사학위논문은 사실상 대부분 지도교수가 학생에게 연구주제를 주는 것이 관례였고, 연구주제는 주로 지도교수가 관심을 가지고 연구하는 문제였다. 베버가 지도학생에게 준 연구주제는 주로 전도도를 측정할 수 있는 장치의 개발이나 전도도의 측정법 등이었다.

그런 베버에게 아인슈타인이 스스로 연구주제를 선택하여 들고 온 것이었다. 평소 베버가 보기에 아인슈타인은 자만심으로 가득 찬 무례한 학생이었다. 다른 학생들은 모두 베버를 "베버 교수님Herr Professor Weber"이라고 불렀지만, 아인슈타인은 베버를 그냥 "베버 씨Herr Weber"라고 부르곤 했다. 독일어권에서는 박사학위를 받은 뒤 교수인정학위를 받은 사람에게 추가로 Professor라는 호칭을 부여하기 때문에, 아인슈타인이 베버를 "베버 씨"라고 부른 것은 매우 예외적인 일이었다. 베

2-1 스위스 취리히 연방공과대학의 물리학과 건물 구옥

2-2 1898년의 아인슈타인과 하인리히 프리드리히 베버

버는 아인슈타인에게 "자네는 정말 똑똑한 학생이야. 하지만 자네에겐 심각한 결점이 있어. 다른 사람 말을 도무지 듣지 않는다는 거지"라고 말하기도 했다.

아인슈타인은 자신이 존경해 마지않는 베버의 논문지도 허락을 받지 못했지만, 취리히 폴리테히니쿰의 물리학 교수는 베버와 페르네밖에 없었다. 페르네의 경우는 아인슈타인이 대학에 입학한 첫 학기에 수강한 물리학실험입문에서 낙제점에 가까운 1이라는 점수를 얻은 것만 보더라도 대안이 될 가능성은 전혀 없었다. 아인슈타인으로서는 난감한 입장에 처한 셈이었다. 물론 어차피 취리히 폴리테히니쿰은 박사학위를 수여할 권한이 없었기 때문에 남은 방법은 취리히 대학교에서 지도교수를 찾아보는 것이었다. 취리히 대학교는 당시 스위스의 주요 대학들과 달리 물리학 교수가 실험물리학자 알프레트 클라이너 단 한 명이었다. 클라이너도 베버와 마찬가지로 계측장치 개발이 주요 연구주제였지만, 베버와 달리 물리학의 기초를 다루는 문제들에도 관심이 없지는 않았다.

1901년 11월에 아인슈타인은 학위논문 초고를 들고 클라이너를 찾아갔다. 11월 28일에 동급생이자 연인인 밀레바 마리치에게 보낸 편지에 "클라이너 교수가 감히 내 논문을 퇴짜 놓을 수 없을 거야"라고 쓴 것으로 보아 논문의 완성도에 상당히 자신이 있었던 것 같다. 그러나 아인슈타인의 자신감에도 불구하고 클라이너는 논문의 내용을 뒷받침할 실험적 증거가 모호하기 때문에 논문을 승인할 수 없다고 응답했다. 이 논문의 초고는 남아 있지 않기 때문에 그 내용은 상세히 알 수 없다. 다만 1901년 4월에 아인슈타인이 밀레바 마리치에게 보낸 편지로 그 주제를 대강 짐작해 볼 따름이다. 이 편지에서 아인슈타인은 볼츠만의 기체이론 중 한 주제로 기체분자들 사이의 힘을 계산하는 논문을 썼다고 말하고 있다. 클라이너는 당시 심각한 논쟁의 대상이었던 볼츠만의 이론을 신뢰할 수 없다고 보았다.

결국 1902년 2월 아인슈타인은 어쩔 수 없이 논문을 철회

했다. 이 사실은 1902년 2월 1일 자로 발행된 논문심사비 납부 영수증에 근거를 둔 것이다. 아인슈타인은 굳이 박사학위를 받아야 하는가 하는 근본적인 회의에 빠졌다. 당시 아인슈타인의 심경이 어땠는지는 1903년 1월 22일 동료인 미켈레 베소(1873-1955)에게 보낸 편지에 잘 드러난다. "나는 박사학위는 따지 않을 거야. 나한테 별로 도움이 안 될 테니까. 그리고 이 모든 놀음이 지긋지긋해졌어"라고 쓰고 있다.

박사학위를 받기 위한 '지긋지긋한 놀음'은 안정된 직장을 얻으면서 다시 시작되었다. 동생 마야 아인슈타인의 증언에 따르면 아인슈타인은 1905년 6월에 학술지에 발표된 상대성이론 논문, 즉 「움직이는 물체의 전기역학」의 초고를 학위논문으로 제출했다. 그러나 심사위원들이 보기에 이 논문은 좀 "괴상했기" 때문에 또다시 퇴짜를 맞았다. 특히 실험물리학이 주도권을 쥐고 있던 취리히 대학교에서 실험과는 전혀 연결되지 않는 것처럼 보이는 이론물리학 논문을 학위논문으로 받아줄 리 만무했다.

하지만 아인슈타인은 실망하지 않고 새 논문을 구상했다. 그것은 유체역학의 방정식을 이용하여 특정 부피 안에 분자가 몇 개 있는지, 그리고 그 분자는 얼마나 큰지 결정할 수 있다는 것이었다. 유체역학을 써서 분자의 크기를 구할 수 있다는 생각이 아인슈타인에게 떠오른 것은 1903년의 일이었다.

1903년 3월 17일에 아인슈타인이 베소에게 보낸 편지에는 다음과 같은 내용이 나온다.

> 혹시 이온의 절대적인 크기를 계산해 본 적이 있어? 이온이 공 모양이고 충분히 커서 점성이 있는 유체에 대한 유체역학의 방정식들을 적용할 수 있다는 가정 아래 말이야. 전하의 크기에 대한 우리의 지식에 비추어 볼 때 이 계산은 아주 쉬울 거야. 내가 그 계산을 해보았지만, 참고할 거리도 부족하고 시간도 부족해. 용액 속에 있는 중성 소금 분자에 관한 정보를 얻기 위해 확산을 이용할 수도 있을 거야.

이 아이디어는 결국 박사학위논문으로 연결되었다. 아인슈타인의 박사학위논문에는 따로 참고문헌이 없고 각주만 4개 있다. 그 각주 중 3개는 모두 키르히호프의 『역학강의』를 인용하고 있고,[1] 네 번째 각주는 이 학위논문이 《물리학 연보*Annalen der Physik*》에 실릴 예정이라는 정보를 담고 있다. 쉽게 말해서 이 박사학위논문에는 참고문헌이 단 하나이다.

아인슈타인은 실험교육만을 중시하던 취리히 폴리테히니쿰에서 제대로 된 이론물리학을 배울 수 없었다. 고전물리학에는 탁월한 능력을 과시하던 강의의 귀재 베버 교수만 해도 맥스웰의 전자기이론을 전혀 언급조차 하지 않았고 아인슈타인을 비롯하여 수많은 학생에게 실망감을 안겨주었을 뿐이었다. '수리물리학'이라고 부르는 강의들이 있었지만, 사실은 순수 수학에 더 가까웠고, 아인슈타인이 필요로 하던 이론물리학과는 거리가 먼 편이었다. 결국 아인슈타인은 대부분의 이론물리학을 당대의 권위 있는 물리학자들이 쓴 책으로 혼자 공부할 수밖에 없었다. 그중 하나가 바로 키르히호프의 책이었다. 아인슈타인이 인용한 부분은 이 책의 제26강으로 유체역학을 다룬 장이다.

아인슈타인의 박사학위논문을 제대로 이해하기 위해서는 조금 불편하지만 약간의 계산을 해보아야 한다. 여기에서 제시하는 것은 논문에 있는 그대로의 내용이 아니라 직관적으로 받아들이기 쉬운 방식으로 재구성한 것이다. 따라서 이 계산에는 약간의 속임수가 있고, 정확하지는 않다. 그 대신 논문에 담긴 모든 복잡한 지식을 전제하지 않기 때문에 쉽게 계산을 따라갈 수 있을 것이다.

먼저 설탕물과 맹물의 점성계수에 대해 생각해 보자. 아주 진한 설탕물을 숟가락으로 젓는 것은 당연히 맹물을 젓는 것보다 힘이 더 들어간다. 유체의 점성이라는 것은 실질적으로 유체를 구성하는 분자들이 숟가락의 운동을 가로막는 현상을 가리킨다. 그런 점에서 '점성'은 유체의 마찰력과 마찬가지다.

설탕물이 진한 정도를 나타내는 개념이 농도이고, 따라서 진한 설탕물의 경우는 "농도가 크다"고 표현한다. 쉽게 짐작할 수 있는 것은 농도가 클수록 점성이 크리라는 사실이다. 맹물의 경우에도 분명히 점성이 있다. 단지 설탕물처럼 농도가 진한 경우보다 점성이 작을 뿐이다.

물론 일반적으로 점성을 농도의 함수로 나타내는 것은 대단히 힘들다. 아인슈타인이 학위논문에서 다룬 내용도 점성을 농도의 함수로 나타내는 엄청난 작업이 아니었다. 아인슈타인은 약삭빠르게도 단지 설탕물의 점성계수와 맹물의 점성계수를 비교했을 뿐이다. 그 결과 아인슈타인이 얻은 방정식을 일상적인 용어로 다음과 같이 나타낼 수 있다.

$$\frac{\text{설탕물의 점성계수}}{\text{맹물의 점성계수}} = 1 + \text{설탕물의 농도}$$

설탕물의 농도가 0이라면 당연히 이 식의 왼편은 1이 될 것이다. 따라서 식의 오른편은 1로 시작하며, 거기에 설탕물의 농도를 더한 값이 되리라 짐작할 수 있다. 한편 설탕물의 농도는 여러 가지 방식으로 나타낼 수 있다. 아인슈타인이 택한 것은 농도를 부피의 비로 나타내는 것이었다. 즉,

$$\text{설탕물의농도} = \frac{\text{설탕분자의 전체부피}}{\text{설탕물의 부피}}$$

이라는 것이다. 그런데 설탕분자의 전체 부피는 다음과 같이 나타낼 수 있다.

설탕분자의전체부피
= (설탕분자의 수) × (설탕분자 하나의 부피)

따라서 아래와 같다.

$$설탕물의농도 = \frac{설탕분자의\ 수}{설탕물의\ 부피} \times 설탕분자\ 하나의\ 부피$$

화학에서 물질의 양을 말하는 표준으로 정한 것으로 몰mole이라는 개념이 있다. 이것은 분자량과 같은 질량의 물질 속에 들어 있는 분자의 개수로 정의된다. 주기율표에서 맨 먼저 나오는 수소는 분자량이 1 정도 되고, 그 다음에 나오는 헬륨의 분자량은 4에 가깝다. 6번째에 있는 탄소의 경우 분자량은 12.0000이다. 다른 원소의 분자량은 정확히 정수가 아닌데 탄소만 정확히 12가 되는 까닭은 분자량을 정의하는 데 탄소를 기준으로 삼았기 때문이다. 순수한 탄소를 정확히 12그램 집어낸 것이 1몰이다. 1몰의 탄소에 들어 있는 탄소분자가 모두 몇 개인지 세본다면, 그 값이 바로 아보가드로의 수다. 아보가드로(1776-1856)는 온도와 압력이 일정할 때 특정 부피 안의 기체

분자의 수는 기체의 종류와 무관하게 언제나 같다는 것을 밝힌 이탈리아의 화학자이다. 이것을 아보가드로의 법칙이라 한다.

실제로 탄소 12그램에 들어 있는 탄소분자는 대단히 많은데, 지수표기법을 이용하면 현대적으로 아보가드로의 수는 대략 $N=6\times10^{23}$이 된다.* 이 수는 0℃, 1기압이라는 표준적인 온도와 압력에서 22.4 리터의 기체 안에 있는 분자의 수와 같다.

설탕물에 들어 있는 설탕분자의 수는 표준이 되는 아보가드로수에 질량의 비를 곱한 것과 같다. 즉

$$\text{설탕분자의수} = (\text{아보가드로수}) \times \frac{\text{설탕의질량}}{\text{설탕의분자량}}$$

질량은 설탕의 밀도와 설탕물의 부피를 곱한 값과 같으므로

$$\text{설탕분자의수} = (\text{아보가드로수}) \times \frac{\text{설탕의밀도}}{\text{설탕의분자량}} \times \text{설탕물의부피}$$

가 되고, 따라서

$$\frac{\text{설탕분자의수}}{\text{설탕물의부피}} = (\text{아보가드로수}) \times \frac{\text{설탕의밀도}}{\text{설탕의분자량}}$$

* 2019년에 아보가드로수는 정확히 $6.022\ 140\ 76\times10^{23}$으로 정의되었다.

이다. 만일 설탕분자가 공 모양이라고 가정하고, 그 반지름이 P라고 하면, 설탕분자 하나의 부피는 $\frac{4\pi}{3}P^3$이 된다.

이 식들을 모두 모아보자. 설탕의 밀도와 설탕의 분자량은 아주 정확하게 알고 있는 값이고, 설탕물의 점성계수와 맹물의 점성계수는 정밀하게 측정하면 알 수 있는 값이다. 남은 것은 1몰의 분자 수(즉 아보가드로 수) N과 설탕분자 하나의 반지름 P이다.

설탕물의 점성은 맹물의 점성보다 얼마나 더 클까? 아인슈타인이 인용하고 있는 란돌트와 뵈른슈타인의 물성표에 따르면 20℃에서 농도가 1%인 설탕물의 점성은 맹물보다 1.0245배 더 크다. 이 표는 특히 설탕 용액에 대해 아주 상세한 데이터를 표로 제시하고 있는데 1894년에 처음 출판되었고, 1905년에 개정판이 나왔다. 아인슈타인이 찾아본 것은 1894년판이다. 아인슈타인이 란돌트와 뵈른슈타인의 물성표에 익숙했던 이유는 취리히 폴리테히니쿰의 교육이 실험 위주였으며 아인슈타인이 베른의 특허국에 취직해 있었기 때문일 것이다.

란돌트와 뵈른슈타인의 물성표에는 설탕과 설탕물에 대한 상세한 측정값이 있다. 알려진 값을 이용하면 설탕물의 경우 다음 식을 얻을 수 있다.

$$N \times P^3 = 200$$

이제 이 두 값을 구하기 위해서는 또 다른 방정식이 있어야 한다. 연립방정식 이론에 따르면 미지수가 두 개인 경우는 두 개의 방정식이 있어야 미지수를 구할 수 있기 때문이다. 아인슈타인이 선택한 또 다른 방정식은 확산계수에 대한 것이었다. 만일 설탕물의 농도가 그릇 안에서 완전히 균일하다면 설탕물은 전혀 움직이지 않을 것이다. 하지만 그릇 안에서 어떻게든 농도가 여기저기에서 다르다면, 농도가 높은 곳으로부터 낮은 곳으로 설탕분자가 옮겨 가려 할 것이다. 이것이 확산이며, 확산의 정도를 나타내는 양이 확산계수이다.

그렇다면 설탕분자의 수나 크기가 어떻게 이 확산계수와 연관될까? 아인슈타인의 아이디어는 단순히 유체에 관한 스토크스의 법칙과 삼투압에 관한 판트호프의 법칙을 결합하는 것이었다. 스토크스는 공 모양의 물체가 유체 안에 있을 때 이 물체에 작용하는 힘과 물체가 얻게 되는 속도 사이의 관계를 말해 주는 방정식을 유도했다. 이 방정식에는 물체의 반지름과 유체의 점성이 포함된다.

그러면 이 공 모양의 물체에 작용하는 힘은 어떻게 생겨나는 것일까? 아인슈타인이 주목한 것은 삼투압이었다. 그릇 한가운데에 반투막을 놓고 한 쪽에는 진한 설탕물을 넣고, 다른 한쪽에는 맹물을 넣는다고 상상해 보자. 물 분자는 반투막을 통과하지만 설탕 분자는 통과하지 못한다. 이것을 가만히 놓아 두면 맹물이 있는 쪽에서 설탕물이 있는 쪽으로 물이 흐를 것이다. 이렇게 물이 흐를 때 반투막에는 압력이 작용하는데, 이것이 삼투압이다. 결국 공 모양의 설탕분자에 힘이 작용하는 것은 바로 이 삼투압 때문이다. 더 정확히 말하면 그릇 안의 위치에 따라 삼투압의 크기가 다르기 때문에 삼투압의 차이 때문에 설탕분자에 힘이 작용한다.

판트호프는 삼투압에 대해 여러 가지 실험을 하고, 이로부터 판트호프의 삼투압 법칙이라 알려진 방정식을 얻었다. 이에 따르면,

$$\text{삼투압} = \text{기체상수} \times \frac{\text{설탕물의 밀도}}{\text{설탕의 분자량}} \times \text{온도}$$

이다. 삼투압이 그릇 안의 위치에 따라 달라지는 것은 설탕물의 농도가 위치에 따라 다르기 때문이며, 이것은 곧 설탕물의 밀도가 위치에 따라 다르다는 것이다. 확산계수는

$$\text{밀도} \times \text{속도} = -\text{확산계수} \times (\text{농도의 위치변화})$$

또는

$$밀도 \times 속도 = -확산계수 \times (밀도의 위치변화)$$

로 정의된다. 쉽게 알 수 있는 것은 설탕분자가 많을수록 농도가 높겠지만 일정 부피 안에 있는 분자의 수는 일정하다는 것이다. 그렇기 때문에 결국 설탕물의 확산계수는 설탕분자의 수와도 관련되고 동시에 스토크스의 법칙에 따라 설탕분자의 크기와도 관련된다. 이 방정식들을 모두 모은 뒤, 설탕물의 확산계수라든가 설탕의 분자량이라든가 기체상수라든가 온도 등 알고 있는 값을 모두 대입하고 나면 다음 식을 얻을 수 있다.

$$N \times P = 2.08 \times 10^{16}$$

이렇게 해서 우리는 두 개의 미지수 N과 P에 대하여 두 개의 방정식을 얻었다. 하나는 설탕물의 점성계수와 맹물의 점성계수를 비교하여 얻은 식이고, 다른 하나는 설탕물의 확산계수 등을 써서 얻은 식이다. 앞의 것은 아인슈타인이 유도한 것이고, 뒤의 것은 스토크스의 법칙과 판트호프의 법칙으로부터 도출된 것이다. 이 두 방정식을 연립방정식으로 풀면, 두 개의 미지수를 구할 수 있다. 그렇게 얻은 값은 다음과 같다.

$$P = 9.9 \times 10^{-8}\text{ccm}$$

$$N = 2.1 \times 10^{23}$$

즉 설탕분자의 크기는 대략 1천만분의 1cm이고, 1몰에 들어 있는 설탕분자는 10^{23}개 정도이다. 그런데 눈치 빠른 독자는 아보가드로의 수가 익숙한 값과 다르다는 것을 알아챘을 것이다. 아보가드로의 수는 대략 $N = 6.022 \times 10^{23}$이다. 아인슈타인이 구한 값은 차수는 같지만 앞에 있는 유효숫자가 다르다. 정밀도를 중요하게 여기던 당시 분위기를 생각해 보면 이것은 심각한 불일치다.

이와 같은 불일치는 어디에서 비롯한 것일까? 가장 쉬운 대답은 데이터가 정확하지 않기 때문이라는 것이다. 실제로 아인슈타인이 사용한 란돌트-뵈른슈타인 물성표의 값은 1905년의 것이 아니라 1894년의 것이었다. 그러나 1905년에 나온 개정판의 값을 쓰더라도 상황이 그렇게 나아지지는 않았다.

그사이에 취리히 대학교에 교수 자리를 얻은 아인슈타인은 1910년 자신의 수업을 듣던 루트비히 호프에게 1906년 논문에 잘못이 없는지 다시 확인하도록 시킨다. 호프는 아인슈타인이 알아채지 못한 중대한 오류를 찾아냈다. 방정식 하나에서 플러스 부호가 되어야 할 것이 마이너스 부호로 되어 있었던 것이다. 이를 고치고 나니 방정식 전체의 값이 조금씩 모두 수

정되었다. 앞에서 말한

$$\frac{\text{설탕물의 점성계수}}{\text{맹물의 점성계수}} = 1 + \text{설탕물의농도}$$

라는 식은

$$\frac{\text{설탕물의 점성계수}}{\text{맹물의 점성계수}} = 1 + (2.5 \times \text{설탕물의농도})$$

로 바뀌었다. 그 결과 얻은 아보가드로수는 $N = 6.56 \times 10^{23}$가 되었다. 아인슈타인은 호프와 함께 두 편의 논문을 썼으며, 1911년에 이 값을 1906년의 논문에 대한 '오자 교정'으로 발표했다.

아인슈타인이 이 학위논문의 초고를 완성한 것은 4월 30일이었지만, 7월 20일에야 비로소 제출했는데, 7월 24일에 바로 심사를 통과했다. 아인슈타인은 나중에 회고하면서, 클라이너에게 논문 초고를 들고 갔더니 너무 짧다고 퇴짜 놓았지만, 그 뒤 딱 한 문장을 더 써서 다시 들고 가니까 군소리 없이 받아 주었다고 말하기도 했다.

아인슈타인은 박사학위논문을 완성한 며칠 뒤에 볼츠만의 이론을 직접 사용하여 브라운 운동을 설명하는 논문 「열의 분자운동론에 따른 정지 유체 속 입자의 운동」을 투고했지만, 실험 데이터가 부족한 상태에서 이론적 작업에 그치고 말았다.

브라운 운동을 이용하여 분자의 크기와 아보가드로수를 정하는 실험을 대단히 정교하게 수행한 사람은 프랑스의 장 페랭(1870-1942)이었다. 그는 원자의 존재를 결정적으로 증명한 공로로 1926년에 노벨물리학상을 받았다. 처음에는 아인슈타인의 연구를 모른 채 연구를 시작하여 1908년에 처음 연구 결과를 발표했다. 프랑스 고등사범학교에서 엘리트 교육을 받았고 파리 대학교에서 1897년 박사학위를 취득한 페랭은 음극선 및 원자물리학과 관련된 실험연구에서 매우 앞서 있던 실험물리학자였다. 1913년 패랭이 발표한 유명한 리뷰 논문「원자」에는 1908년에 발표된 아인슈타인의 브라운 운동 이론을 다루고 있지만, 아인슈타인의 박사학위논문과 거기에서 유도된 아보가드로수에 대한 언급은 전혀 없다.

5장

1908년, 절대세계의 가설

민코프스키의 「공간과 시간」

아인슈타인이 취리히 폴리테히니쿰에 입학한 해에 새로 수학과 교수로 부임한 사람이 있었다. 그의 이름은 헤르만 민코프스키(1864-1909). 민코프스키는 1864년 러시아 제국의 폴란드 왕국의 작은 도시 알렉소타스(지금은 리투아니아)에서 태어났는데, 여덟 살 때 가족 전체가 프로이센 제국의 쾨니히스베르크로 이주했다. 민코프스키는 김나지움 시절부터 이미 수학에 매우 뛰어난 재능을 보여 열다섯 살에 쾨니히스베르크 대학교에 입학 자격을 얻었고, 프랑스 파리의 과학학술원에서 개최한 수학경시대회에 응시하여 대상을 받을 만큼 우수한 학생이었다.

민코프스키가 대학에서 수학을 공부하기 시작한 1880년, 같은 대학에 입학한 이가 바로 다비트 힐베르트(1862-1943)였다. 두 사람은 평생의 벗으로 서로 매우 가깝게 지내면서 영향을 주었다. 이 둘에게는 몇 가지 공통점이 있다. 쾨니히스베르크에서 태어나지 않았지만 어릴 적부터 거기에서 살았고, 같은 해에 대학에 입학했다. 두 사람 모두 1885년 쾨니히스베르크 대학교에서 수학 분야의 박사학위를 받았다. 지도교수 역시 둘 다 페르디난트 폰 린데만(1852-1939)이었다. 린데만은 원주율 π의 값이 초한수임을 증명한 것으로 유명하다. 초한수는 다항식 방정식의 근이 될 수 없는 수이다.

힐베르트는 박사학위를 받은 뒤 파리로 가서 프랑스의 수학자들과 교류하는 한편 라이프치히 대학교에서 교수인정학위를 받았다. 그 후 힐베르트는 쾨니히스베르크 대학교에 사강사로 취직했으나, 민코프스키는 본 대학교에서 교편을 잡게 된다. 늘 민코프스키를 그리워하던 힐베르트는 1893년 정교수에 취임하자 바로 민코프스키를 다시 쾨니히스베르크 대학교로 초빙했다. 하지만 1895년 펠릭스 클라인의 종용으로 힐베르트가 괴팅겐 대학교로 옮겨 가면서 두 사람의 삶의 궤적은 다시 달라졌다.

쾨니히스베르크 대학교에서 민코프스키와 힐베르트를 가르쳤고 이후 두 사람과 평생 우정을 나누었던 아돌프 후르비츠(1859-1919)는 1892년부터 취리히 폴리테히니쿰에서 교편을 잡고 있었다. 후르비츠의 강력한 요청으로 민코프스키는 결국 1896년에 취리히 폴리테히니쿰에 가게 되었는데, 바로 그 해에 아인슈타인이 입학한 것이었다. 이제 또 다른 삶의 궤적들이 만나기 시작했다.

아인슈타인은 민코프스키의 강의 중 〈기하수론〉, 〈함수이론〉, 〈퍼텐셜 이론〉, 〈타원함수론〉, 〈해석역학〉, 〈변분해석학〉, 〈대수학〉, 〈편미분방정식〉, 〈해석역학의 응용〉을 수강했다. 그러나 기록상으로만 그러하고 실제로는 거의 수업을 듣지 않았다. 그래서 민코프스키는 아인슈타인을 "타고난 게으름뱅이"라 부르면서 "그 친구는 수학에 전혀 관심이 없었다"라고 회고하기도 했다. 아인슈타인이 1900년에 취리히 폴리테히니쿰을 졸업하면서 민코프스키와 아인슈타인의 인연은 끝난 것 같았다.

민코프스키의 뛰어난 실력을 늘 존경하던 힐베르트는 드디어 1902년 민코프스키를 괴팅겐 대학교로 불러오는 데 성공했다. 괴팅겐 대학교는 프리드리히 가우스, 베른하르트 리만, 펠릭스 클라인을 비롯하여 견실한 수학 연구의 전통을 가지고 있는 대학이었다. 민코프스키는 정수기하학, 불변이론, 미분기하학 등을 연구해 왔는데, 괴팅겐 대학교에서 수리물리학 분야

2-3 **헤르만 민코프스키와 다비트 힐베르트**

를 가르치면서 전기역학에 관심을 갖기 시작했다.

민코프스키는 1905년에 발표된 아인슈타인의 논문 「움직이는 물체의 전기역학」을 보고 깜짝 놀랐다. 자신이 가지고 있던 생각과 거의 같은 내용이었기 때문이었다. 수학자로서 아이디어만으로 논문이 될 수는 없다고 믿었기 때문에 잘 갖추어진 논문을 만들기 위해 논문 출판을 미루고 있었다. 민코프스키는 「운동하는 물체의 전자기 과정에 대한 기본 방정식」이라는 제목의 논문을 1907년 12월 21일 괴팅겐 학술원 수학-물리학 분과에서 발표했다. 1908년 4월에 정식 출간된 이 논문에서 역사상 처음으로 4차원 벡터와 전자기장 텐서가 도입되었다.

이어 1908년 9월 21일 독일 쾰른에서 열린 독일 과학자 및 의학자 학술대회에서 민코프스키는 「공간과 시간」이란 제목의 논문을 발표했다. 이 논문에서 '상대성원리' 대신 '절대세계의 가설'이라 부르자고 제안하고 있고, 또 시공간 도표를 처음 제시하고 세계점, 세계선, 시간적 간격, 공간적 간격 등의 용어를 처음 정의했다. 시공간 도표는 시간과 공간을 한꺼번에 도표로 나타낸 것으로서, 이 시공간 도표의 한 점이 세계점이다. 즉 세계점은 특정 시간과 특정 위치를 한번에 그림으로 나타낸 것이며, 세계선은 세계점이 연결된 곡선이다.

이 논문은 다음과 같은 유명한 구절로 시작된다.

> 제가 여러분 앞에 제시하려는 공간과 시간에 대한 관점은 실험물리학에서 유래합니다. 이 관점의 강점은 여기에 있습니다. 이 관점의 성격은 급진적입니다. 앞으로 공간 자체 및 시간 자체는 마치 그림자처럼 사라질 것이고, 오직 그 둘의 합체만이 독립적인 실체로 남을 것입니다.

이 논문을 발표하고 4개월이 채 지나지 않은 1909년 1월 12일 민코프스키는 충수염 수술을 받다가 불과 마흔네 살의 나이로 유명을 달리했다.

1908년 민코프스키가 시간과 공간을 합한 시공간 개념을 처음 제시한 이후 그와 관련한 여러 다양한 자연철학적 주제들이 널리 다루어졌다.

민코프스키는 수학자로서 과감한 주장을 한다. 물체의 운동이 곧 세계선과 같다는 것이다. 세계선은 스틸 사진들을 붙여놓은 것과는 다르다. 당시 영화, 즉 활동사진이라는 것이 나온 지 얼마 되지 않아서 사람들은 그러한 변화와 움직임을 개념화하는 일에 큰 관심을 갖고 있었다. 1911년에 출간된 프랑스 철학자 앙리 베르그손의 책 『창조적 진화*L'Évolution créatrice*』의 마지막 장이 활동사진에 대한 이야기라는 점도 주목할 만하다.

세계선과 운동을 등치시킨다는 것이 새로운 주장은 아니다. 어차피 수학자나 물리학자의 눈으로 보면 그래프로 표현된 것과 그래프는 사실상 같은 것이라 볼 수 있기 때문이다. 하지만 이렇게 시간을 네 번째 차원으로 받아들이고 나면, 놀랍게도 변화라는 것이 있을 수 없게 된다. 3차원 공간과 1차원 시간을 구분하면 이곳에 있던 물체가 저곳으로 옮겨가고 그 동안 유한한 시간이 흐르는 '운동'이라는 것이 일상적인 일이 된다. 그러나 4차원 시공간에서는 그 모든 운동이 그냥 세계선이라는 고정된 선과 정확히 같다. 4차원 시공간을 볼 수 있는 사람의 관점에서는 4차원 세계란 많은 세계선들이 얼어붙어 있

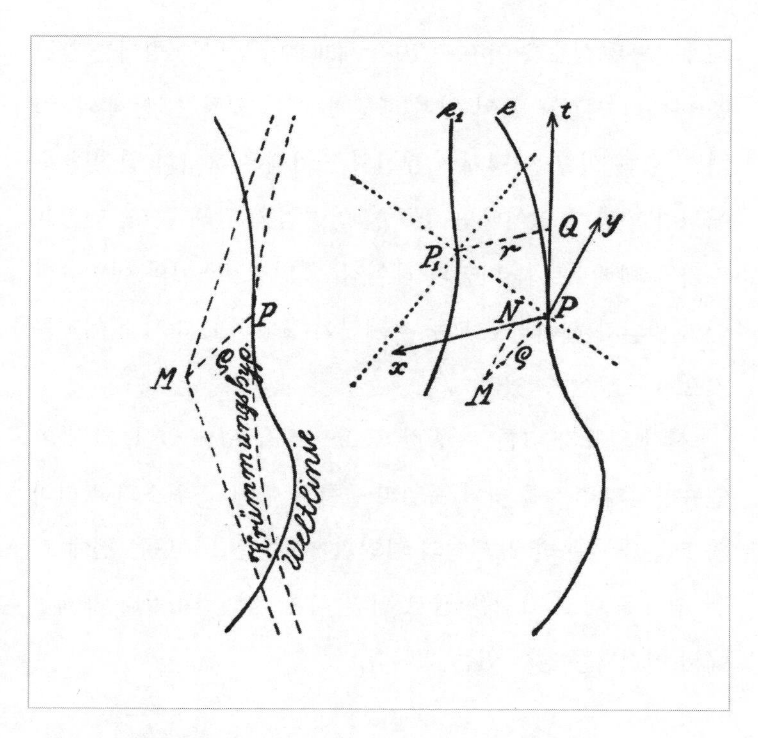

2-4 **민코프스키의 세계선.**[2]

는 모습이다. 세계선들이 교차할 수도 있는데, 그것은 특정 시간 특정 위치에서 두 물체가 만난다는 것을 의미한다. 세계선이 직선이라는 것은 가속이 없음을 의미한다. 이와 달리 세계선이 곡선이면 가속이 있다는 뜻이다. 이렇게 세계선으로 세상을 보면 곧 세계선들의 모음이 된다.

어떤 세계선들은 서로 만났다가 헤어지기도 하지만, 어떤 세계선들은 서로 멀어지고 있다. 세계선이 만나는 점에는 공간뿐 아니라 시간도 들어 있기 때문에, 이런 교차는 '언제'와 '어디'가 함께 있고, 이렇게 세계선의 교차점은 복잡한 인연들 속에서의 만남이 일어나는 소중한 인연임을 말해 준다. 민코프스키와 힐베르트의 만남과 헤어짐도, 민코프스키와 아인슈타인의 만남과 헤어짐도 모두 세계선이 교차하고 다시 흩어지는 것으로 표상할 수 있다.

시간 좌표가 다른 채 공간 좌표만 같을 수도 있다. 가령 아인슈타인의 흔적을 찾아 독일의 울름과 뮌헨, 스위스의 취리히와 베른을 방문한 21세기의 자연철학자들은 100년쯤 전에 그런 생각을 하고 그것을 글로 남긴 다른 자연철학자와 세계선에서 연결되는 점이 있는 셈이다.

세계선과 지속성 논쟁

이렇게 우주의 모든 역사가 세계선들의 복잡한 얽힘으로 대치된다. 그러면 이 세계선들을 만들어내는 사물에 대한 궁금증이 생겨난다. 이는 사물의 지속성persistence과 관련된 문제다. 1986년 저명한 미국의 분석철학자 데이비드 루이스의 다음 말로부터 지속성 논쟁이 시작되었다.

사물이 지속한다는 것persist에는 두 가지 방식이 있다. 사물이 연장지속한다는 것perdure은 사물이 시간적 부분들을 가지면서 시간 전체에 대해 지속한다는 것이며, 이와 달리 사물이 이동지속한다는 것endure은 매 시간 순간적으로 사물 전체가 지속하되, 시간이 흐름에 따라 움직여 간다는 말이다.

조금 쉽게 말하자면, 지금 내가 보고 있는 저 산이 어제 있던 그 산인지, 그리고 내일도 그 산으로 있을지 근거를 찾아보자는 이야기가 지속성의 문제다. 내일은 내일의 태양이 뜰지, 오늘의 태양이 어제의 태양과 같은 것인지 아닌지를 따져 묻는 것이다. 이런 종류의 질문은 철학자들이나 하는 사변적인 물음 같지만, 사실은 물리학에서 가장 핵심적인 논제이기도 하다. 윤리학적 맥락에서도 어제의 나와 지금의 나와 내일의 나가 동일한 것인지 근거를 확보하는 일이 무척 중요하다. 법정에서도 맨 처음 하는 일은 지금 재판을 받거나 증언을 하는 사람이 바로 실제로 부른 사람과 동일한가 여부를 확정하는 일이다.

아인슈타인을 예로 들면 1879년 독일 울름에서 태어난 아기 아인슈타인, 1897년 취리히 폴리테히니쿰을 다니는 대학생 아인슈타인, 1905년 스위스 베른의 특허국 3등 심사관 아인슈타인, 1915년 베를린 대학교 교수 아인슈타인, 1935년 미국 고등연구원 교수 아인슈타인이 동일한 사람임을 어떻게 알 수 있는가 하는 문제이다.

사물의 지속성에 대해 연장지속론자perdurantist의 주장은 다음과 같다. 일정한 연장延長, extension을 지닌 물체가 있다고 해 보자. 여기에서 연장이란 표현은 공간 속에서 어느 정도의 부피를 차지하고 있다는 뜻이다. 데카르트가 '연장적 실체res extensa'를 '사유하는 실체res cogitans'와 대비했을 때의 그 '연장'과 같은 의미이다.

예를 들어 지리산은 하동, 함양, 산청, 구례, 남원 이렇게 다섯 지역에 걸쳐 있다. 하동 쪽 지리산과 남원 쪽 지리산은 멀리 떨어져 있지만, 어느 한 부분만 가지고 전체 지리산이라고 하지 않는다. 하동 쪽 지리산부터 남원 쪽 지리산까지 모두 합해야 비로소 전체 지리산이 된다. 이와 마찬가지로 시간상으로도 물체가 지속한다는 것은 각 시점마다 시간적 부분을 가지고 있다고 보자는 것이다. 1897년의 취리히의 대학생 아인슈타인, 1905년 베른의 특허국 직원 아인슈타인, 1935년 미국 고등연구원의 교수 아인슈타인이 다 각각 시간 전체에 걸친 아인슈타인의 시간적 부분이라고 보는 것이다. 연장지속론은 관속론貫續論이라 부르기도 한다.

이와 달리 이동지속론자endurantist는 물체가 각각의 시간에 전체로서 존재함을 주장한다. 1897년의 아인슈타인은 그 자체로 완결된 전체로서의 아인슈타인이고, 1905년의 아인슈타인도 그러하다. 시간이 흐름에 따라 각각의 시각을 하나하나 통과하는 것이라는 믿음이다. 이동지속론은 내속론內續論이라 부르기도 한다. 이동지속론은 우리의 일상적 직관과 아주 잘 맞아떨어진다. 어제의 태양은 어제 완결된 전체로서의 태양이고, 오늘의 태양이나 내일의 태양도 그러하다고 믿을 수 있기 때문이다.

연장지속론(관속론)이나 이동지속론(내속론)이란 이름이 낯설다면, 21세기 들어와서 더 많이 사용되는 이름을 써도 된다. 연장지속론의 다른 이름은 4차원주의이고 이동지속론의 다른 이름은 3차원주의이다.

직관에 잘 맞는 것처럼 보이던 이동지속론의 믿음에 균열이 생기기 시작한 것은 다름 아니라 민코프스키의 시공간 개념 때문이었다. 시간과 공간을 대등한 것으로 본다면, 공간에 대해 이곳과 저곳에서 물체(대상)의 전체가 다 있는 것이 아니고 물체의 각 부분만 놓이는 것과 마찬가지로 시간에 대해 이때와 저때에 물체의 전체가 다 있지 않고 부분만 놓인다고 보는 것이 자연스럽다.

특히 4차원 시공간에서 세계선을 그리게 되면 연장지속론 또는 4차원주의가 더 설득력 있음을 금방 알 수 있다. 세계선으로 표현된 곡선 전체가 물체의 참된 모습이다. 그래서 이것을

'시공간 벌레space-time worm'나 '시공간 관space-time tube'이라는 새로운 이름으로 부르기도 한다. 세계선은 움직이지 않는다. 과거로부터 미래까지 물체의 시간적 부분들을 다 나타내 준다.

아래의 도판에서 오른쪽 그림을 보면 시간축 방향으로 연장된 길쭉한 사각형 둘이 있다. 이런 길쭉한 사각형이 바로 시공간 벌레 또는 시공간 관이다. 더 깊이 들어가면 또 여러 다양하고 흥미로운 이야기가 많이 있지만, 여하간 상대성이론, 특히 민코프스키의 시공간 해석에서는 이동지속론보다는 연장지속론을 옹호하는 것이 비교적 분명해 보인다.

그 논리적 연결고리에 있는 것이 영원주의와 현재주의의 논쟁이다. 영원주의Eternalism는 대략 결정론을 염두에 두고 과

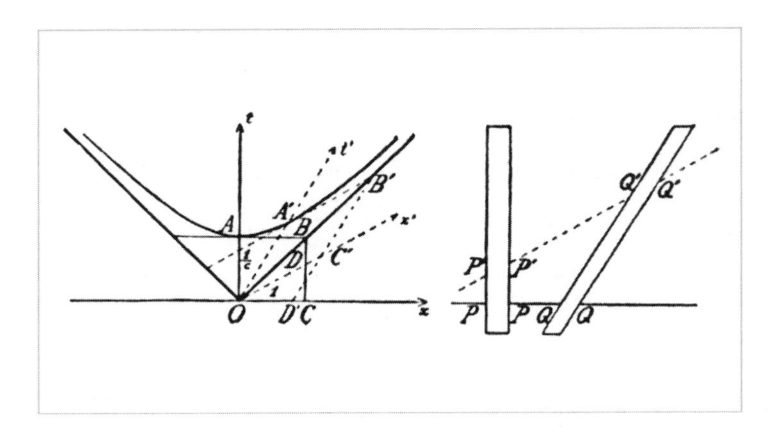

2-5 **시공간 도표와 시공간 관**[3]

거로부터 미래까지 모든 사건들이 하나의 블록(벽돌)처럼 모두 존재한다는 믿음이다. 이와 달리 현재주의Presentism는 과거는 더 이상 존재하지 않고 미래는 아직 존재하지 않는 것이기 때문에 오직 현재만이 존재한다고 주장한다. 분석형이상학이라 부르는 영역에서의 이런 논쟁은 다소 사변적이고 상아탑 속의 논쟁처럼 보이긴 하지만, 의미심장한 부분도 있다.

상대성이론을 자연철학적으로 이해하기 위해서는 영원주의-현재주의 논쟁과 연장지속론-이동지속론 논쟁에서 어느 하나를 선택할 필요가 있다. 만일 상대성이론을 민코프스키 시공간 해석으로 받아들인다면, 상대성이론이 현재주의보다는 영원주의를 지지한다고 말할 수 있다. 상대성이론에서는 동시 개념이 상대적이기 때문에 현재주의를 더 밀고 가면 극심한 유아론唯我論, solipsism에 빠지기 쉽다. 이와 달리 시공간 이해는 영원주의를 아주 매끄럽게 옹호하는 듯이 보인다. 그리고 이를 더 확장하면, 이동지속론(3차원주의)이 아니라 연장지속론(4차원주의)이 옳다고 말해야 할 것이다.

약간의 차이가 있긴 하지만, 대략 말하면 연장지속론이 영원주의와 맞물리고, 이동지속론이 현재주의와 맞물린다. 영원주의는 과거로부터 미래까지 모든 것이 이미 다 확정되어 마치 벽돌처럼 굳어 있다는 관념과 연결된다. 이를 흔히 블록 우주라 부른다. 여기에는 결정론이 근본적으로 연결된다. 그런데 그렇게 보면 이런 결정론적 우주에서 변화라는 것은 겉보기일 뿐 진짜 변화는 존재하지 않는다. 민코프스키가 4차원 시공간을 도입하고 세계선이라는 개념을 만들 때에도 마찬가지의 사유를 한 것으로 평가된다. 세계선은 어떤 종류의 운동을 기록한 것이 아니라 과거로부터 미래까지 운동 전체를 한꺼번에 서술한다. 그런 점에서 세계선에는 운동이 없다는 아이러니가 생긴다.

물론 언제나 고전의 해석은 논란을 불러일으킨다. 민코프스키는 불과 44세에 충수염 수술을 받다가 갑자기 세상을 떠났기 때문에 남긴 저작이 많지 않다. 활달한 성격이 아니어서 다른 사람들과 편지를 많이 주고받은 것도 아니다 보니 발표된 논문만으로는 민코프스키의 생각을 온전히 추적할 수 없는 면이 있다. 민코프스키의 논문들에서도 100퍼센트 연장지속론과 영원주의를 가정했다고 말할 수 없는 구절들이 보인다. 이 같은 과학사적 접근이 아니라 그냥 민코프스키 시공간과 세계선 개념을 놓고 초역사적으로 생각을 펼쳐보더라도 조금 더 상황이 복잡한 면이 있다.

그래서 가령 하스랑거 같은 물리철학자는 연장지속과 이동지속과 조금 다른 단계지속exdurance이라는 개념을 제안했다. 단계지속론은 거칠게 말하면, 연장지속론과 이동지속론의 장점만 가져다가 짜깁기를 한 느낌도 있다. 과거로부터 미래까지 모든 것이 한꺼번에 주어지지만 각 시간에는 부분만 있다는 연장

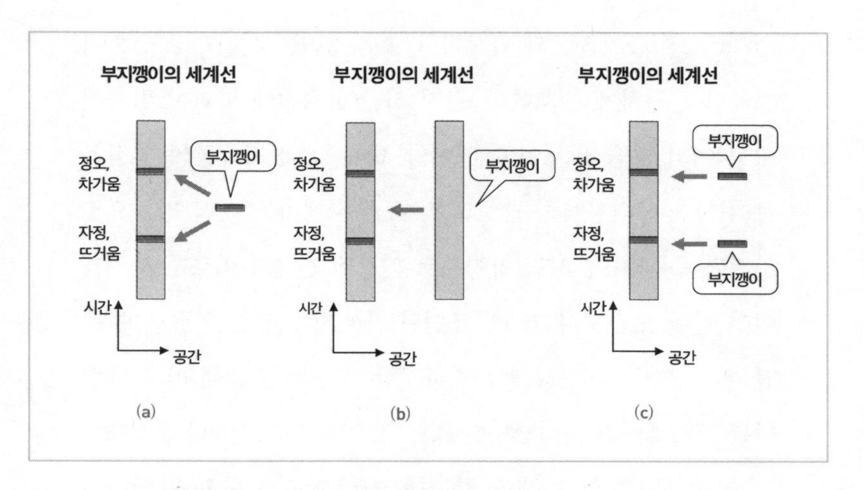

2-6 (a) **이동지속, (b) 연장지속, (c) 단계지속**[4]

지속론과 달리 매 시간 온전한 대상의 존재를 허용한다. 그러나 이동지속론과 달리 시간의 흐름에 따른 단계를 인정한다. 도판 2-6이 이 세 입장의 차이를 보여준다.

흔히 볼 수 있는 부지깽이 같은 것을 생각해 보자. 한밤중에는 아주 뜨겁게 달구어져 있다. 한낮에는 식어서 차갑다. 위의 그림에서 수평축은 공간을, 수직축은 시간을 나타내고 진한 색으로 된 수평 방향의 선분은 부지깽이를 가리킨다. 연하게 칠해져 있는 길쭉한 사각형은 그 부지깽이가 그리는 세계선들을 모아놓은 것이다. 부지깽이는 점이 아니라 길이가 있기 때문에 세계선들을 모으면 일종의 세계면 비슷한 모양이 된다.

(a)는 이동지속론의 입장이다. 부지깽이는 시간을 초월하여 언제나 온전하게 존재한다. 단지 시간이 흐름에 따라 스틸사진처럼 여러 모습을 보여줄 뿐이다. (b)는 연장지속론의 입장을 보여준다. 상대성이론을 고려할 때 부지깽이는 시간 방향으로도 연장을 가지며, 시간 방향으로 연장된 전체가 비로소 부지깽이의 참된 모습이다. (c)에 표현된 단계지속론의 주장은 매 시간 부지깽이는 온전하게 존재하지만, 시간이 흐름에 따라 매번 다른 부지깽이가 나타난다는 것이다. 이를 단계stage라 부른다.

철학자들은 늘 논쟁을 하는데, 지금도 이동지속론, 연장지속론, 단계지속론 사이의 논쟁은 끝나지 않았다. 어떤 면에서 이 논쟁은 계속 끝나지 않고 점점 더 정교해질 것이다. 다만 상대성이론을 고려하면 아무래도 연장지속론과 영원주의의 가능성이 커 보인다고 할 수 있다. 철학과 과학이 만나서 서로를 강화하는 좋은 예다.

직관적으로 보면 현재주의-3차원주의-이동지속론은 상대성이론의 등장과 더불어 큰 타격을 받은 듯하다. 이에 비해 영원주의-4차원주의-연장지속론은 상대성이론 덕분에 상당히 지지세력이 넓어진 것처럼 보인다. 그런데 여기에서 철학자들은 새로운 이야기를 꺼낸다. 상대성이론이 등장하여 시간과 공간이 분리되어 있지 않고 시공간으로 연결되어 있다는 새로운 관념이 실험이나 이론을 통해 확인된 올바른 과학이론임을 인정하더라도 시간과 공간의 차이를 송두리째 버려야만 하는 것은 아니라는 것이다.

시간과 공간에 대한 존재론적 관념과 그에 대한 논의는 자연과학의 주장에서 단순하게 유도되는 것이 아니기 때문이다. 굳이 말하자면, 시간-공간에 대한 존재론적 관념은 자연과학이 최종적인 답을 준다기보다는 자연과학의 최신 결과와 충돌하지 않게 덧붙여지는 것이라고 봐야 한다. 심지어 자연과학과 충돌하더라도 존재론적 관념을 폐기해야 하는 것이 아니기도 하다. 물리학 이론에서 어떤 새로운 주장을 하고 그것이 실험을 통해 입증되었다고 하더라도, 마음속에서는 시간과 공간이 동등하지 않다는 느낌이 분명하게 있기 때문이다. 그리고 다행스럽게도 시간과 공간에 대한 철학적 논의는 상대성이론을 통해 종결되지 않는다. 그래서 여전히 현재주의-이동지속론을 상대성이론과 충돌하지 않는 방향으로 수정하고 개선하는 노력이 계속되고 있다.

6장

운동질량과 우주선 사고실험*

질량이 정말 속도에 따라 달라질까?

기적의 해 1905년에 아인슈타인이 발표한 논문 중 9월 27일에 투고한 「물체의 관성은 에너지 함량에 따라 달라지는가?」는 $E=mc^2$이라는 식으로 널리 알려진 이야기를 다룬다. 흔히 질량이 속도에 따라 달라진다는 말을 많이 하고, 이를 '운동질량' 또는 '상대론적 질량'이라 말한다.

* 이 장에서는 내용상 수식이 많이 나온다. 다른 장과 독립되어 있으므로, 수학이 익숙하지 않은 독자는 건너뛰어도 무방하다.

이를 수식으로 쓰면 다음과 같다.

$$m = \frac{m_0}{\sqrt{1 - v^2/c^2}}$$

그런데 사실 이 문제는 좀 미묘한 토론거리이다. 질량이 속도에 따라 달라지는 것이 아니라, 단지 운동량이

$$p = \frac{m_0 v}{\sqrt{1 - v^2/c^2}}$$

와 같이 속도에 따라 달라진다고 이해하는 게 좋다. 원래 운동량은 속도에 따라 달라지는 게 자연스럽다. 질량이 속도에 따라 달라지는 것이 아니라는 의미다.

이와 관련하여 일반상대성이론 전문가인 칼 아들러가 1987년에 쓴 짧은 글이 있다.[5] 아들러의 아들이 고등학교에 입학하여 물리학을 처음 수강하게 되었는데, 수업시간에 질량이 속도에 따라 달라진다는 말을 듣고 물리학자 아버지에게 물었다. "아빠, 정말로 질량이 속도에 따라 달라져?"

아들러는 "아니! 그렇지 않아"라고 대답했다가 조금 뒤 "아, 맞아"라고 했다가 다시 조금 뒤 "아니, 실상은 그렇지 않아. 선생님한테는 얘기하지 마라"였다. 안타깝게도 아들러의 아들은 이튿날 물리학 수강을 취소하고 말았다.

질량이 변한다는 말은 상당히 위험한 주장일 수 있다. 대상의 특성이 상태에 따라 달라진다는 의미이기 때문이다. 그래서 대상의 특성을 규정하는 양을 '정지질량'이라 부른다. 물체가 정지해 있을 때의 질량인 정지질량을 m_0이라고 흔히 표기한다.

운동질량이라는 말은 물체가 움직이고 있다면 질량이 변한다는 뜻이다. 상대성이론이 이를 뒷받침한다고 말한다.

이 개념 구별이 상대성이론에서 가장 유명한 공식 $E = mc^2$과 관련된다. 누구나 어디에선가 이 공식을 본 적이 있지만, 그 의미를 깊이 생각해 볼 기회는 그리 많지 않을 것이다.

러시아 출신의 물리학자 레프 오쿤의 퀴즈를 살펴보자.[6]

$E = mc^2$의 의미는 다음 중 어느 것일까?

(a) $E_0 = mc^2$
(b) $E = mc^2$
(c) $E_0 = m_0c^2$
(d) $E = m_0c^2$

여기에서 첨자 0이 붙은 것은 '정지'라는 의미이다. (a)는 정지에너지가 질량에 광속 제곱을 곱한 것이라는 뜻이고, (b)는 질량이 있으면 거기에 광속 제곱을 곱한 값이 모두 에너지가 된다는 뜻이다. (c)는 정지에너지와 정지질량 사이의 관계로 보는 것이고 (d)는 정지질량에 광속 제곱을 곱한 것이 에너지가 된다는 의미이다.

상대성이론을 해설한다는 대부분의 초급 대중서에 압도적으로 나오는 것은 (b)이다. 아예 제목으로 이 공식을 내세운 책도 있다. 그런데 물리학자의 논문이나 전문적인 연구에서 (b)와 (c)의 의미로 사용되는 경우는 발견하기 어렵다.

특히 입자물리학자의 경우에는 거의 대부분 (a)의 의미로만 사용한다. 질량이 곧 에너지가 아니라 질량을 정지에너지 개념으로 이해할 수 있다는 것이다. 핵분열과 핵융합에서 질량의 차이가 엄청난 에너지로 바뀐다고 말할 때에는 항상

$$\Delta E_0 = (\Delta m)c^2$$

라는 의미로 사용된다. 질량의 차이가 정지에너지의 차이가 되어서 그것이 엄청난 효과를 낸다는 것이다.

아인슈타인은 1948년 6월 19일 자로 미국의 작가 링컨 바넷에게 보낸 편지에서 다음과 같이 썼다.

> 움직이는 물체에 대해 $M = \frac{m}{\sqrt{1-v^2/c^2}}$ 이라는 질량 개념을 도입하지 않는 것이 좋겠습니다. 그에 대해 명확한 정의를 줄 수

없기 때문입니다. 정지 질량 m 이외에는 아무런 다른 질량도 도입하지 않는 것이 바람직합니다. M을 도입하기보다는 움직이는 물체의 운동량과 에너지에 대한 표현을 언급하는 것이 더 좋습니다.

아인슈타인이 말하는 운동량과 에너지의 표현은 무엇일까? 4차원 시공간을 도입하는 것은 운동량과 에너지를 4차원 벡터(4-벡터)로 보는 것과 같다. 여기에서 중요한 개념이 로런츠 불변량이다. 멈춰 있거나 일정한 속도로 반듯이 나아가는 좌표계를 관성계慣性係, inertial frame라 부르는데, 공간이나 시간의 좌표는 어느 관성계를 기준으로 보는가에 따라 그 값이 달라지기 때문에 절대적인 의미를 갖지 않는다. 대신 4차원 시공간에

Lieber geehrter Herr Barnett! Ich fand Ihre Schrift unvergleichlich
Es sind mir aber einige kleinere Mängel aufgefallen, die ich
Ihnen hier mitteilen möchte

1) Es ist nicht gut von der Masse $M = \frac{m}{\sqrt{1-\frac{v^2}{c^2}}}$ eines bewegten
Körpers zu sprechen, da für M keine klare Definition
gegeben werden kann. Man beschränkt sich besser
auf die „Ruhe-Masse" m. Daneben kann man ja
den Ausdruck für momentum und Energie geben,
wenn man das Trägheitsverhalten rasch bewegter
Körper angeben will.

2) S. 528 Der Satz: „It is also inertia which causes
the locomotive to whizz ..." ist nicht zutreffend.
Abgesehen von der Beschleunigungsphase leistet

2-7 아인슈타인이 링컨 바넷에게 쓴 편지

서 정의된 시공간 간격은 어느 관성계에서 보더라도 똑같다.

마찬가지로 운동량과 에너지도 어느 관성계에서 재는가에 따라 그 값이 달라지지만, 4차원 시공간 간격과 유사한 양은 어느 관성계에서 보더라도 불변이다. 그것이 바로 질량이다. 속도에 따라 변하는 질량이라는 이상한 개념은 로런츠 대칭성 속에 들어올 수가 없다. 마치 시간 늦어짐이나 길이 줄어듦이라는 신비한 예측이 4차원 시공간을 가정하고 나면 당연한 것으로 보이는 것처럼, 4차원 개념을 굳게 유지하면 질량은 관성계가 달라져도 항상 같은 값을 갖는 로런츠 불변량으로 보아야 한다. 움직이는 관성계의 시간이 늘어난 것으로 관측되고 길이가 줄어든 것으로 관측되지만 4차원 간격이 똑같듯이, 에너지와 운동량의 값이 달라져도 질량은 모든 관성계에 대해 똑같다.

질량이 속도에 따라 달라진다고 할 때 가장 심각한 문제는 '속도'라는 개념이 어느 관성계에 있는가에 따라 상대적으로 항상 달라진다는 점에 있다. 물론 운동질량의 수식에서 '속도'는 언제나 '상대속도'라고 새롭게 규정하여 이 난점을 피할 수도 있겠지만, 여하간 어느 관성계에서 보는가에 따라 질량의 값이 달라진다면, 대상을 규정하는 근본적인 동역학적 특성으로서 자격을 의심하지 않을 수 없다.

무엇보다도 앞에서 (a)라 표시한 식과 (b)라 표시한 식은 의미가 크게 다르다. 가령 빛알은 빛을 양자이론으로 이해할 때 필요한 '빛양자'이다. 플랑크에 따르면 빛알 하나는 hv의 에너지를 갖는다. 만일 (b)가 옳다면, $hv = mc^2$이 되므로, 빛알은 $m = hv/c^2$ 이라는 질량을 가져야 한다. 그러나 빛알은 질량이 없다.

물체의 운동에너지는 전체에너지에서 정지에너지를 제외한 부분으로 정의한다.

$$E_K = m_0 c^2 \left(\frac{m}{\sqrt{1 - v^2/c^2}} - 1 \right)$$

이 식은 v가 c보다 매우 작으면 $E_K = \frac{1}{2} m_0 c^2$이라는 익숙한 표현으로 근사된다.

이러한 접근은 특수상대성이론에서 가장 권위를 인정받고 있는 에드윈 테일러와 존 아치볼드 휠러의 책에서도 확인할 수 있다. 테일러와 휠러는 "질량 개념의 사용과 오용"이라는 특별한 질의응답을 마련했다. 그중 중요한 부분을 인용하면 다음과 같다.[7]

질문: 움직이는 물체의 질량이 그 물체가 정지해 있을 때의 질량보다 큰가요?

대답: 아닙니다. 물체가 정지해 있거나 움직이고 있거나 상관없이 질량은 똑같습니다. 모든 좌표계에서 똑같습니다.

질문: 정말요? 자유롭게 움직이는 입자들의 모임의 질량 M은 각 구성요소들의 질량 m_i들의 합이 아니라 에너지들 E_i의 합(단 계의 전체 운동량이 0이 되는 계에서만)으로 주어지는 게 아닌가요? 그렇다면 E_i에 새로운 이름을 주어 개별 입자의 '상대론적 질량'이라 부르면 안 되나요?

대답: 저런! '상대론적 질량'이란 개념은 오해를 불러일으키는 주제입니다. 그렇기 때문에 그 개념을 쓰지 않습니다. 첫째, (4차원 벡터의 크기에 속하는) 질량이란 이름을 (4차원 벡터의 시간 성분인) 전혀 다른 개념에 적용하는 것이 됩니다. 둘째, 그 개념대로라면 물체의 속도나 운동량이 커짐에 따른 에너지의 증가가 마치 물체의 내부 구조 속에서 모종의 변화와 연결되는 것처럼 보이게 만듭니다. 실재상으로 속도에 따른 에너지의 증가는 물체에서 비롯되는 것이 아니라 시공간 자체의 기하학적 속성에서 비롯되는 것입니다.

결론적으로 질량은 $m = \sqrt{E^2/c^4 - p^2/c^2}$ 으로 정의되며, 이 정의는 어느 관성계에서 보더라도 똑같은 의미를 지닌다. 운동 질량이나 상대론적 질량이란 개념은 불필요할 뿐 아니라 오해를 불러일으키는 부적절한 개념이므로 문헌에서 모두 제거하는 것이 바람직하다.

최근에는 물리학 교육에서 운동질량이라든가 상대론적 질량이란 개념을 도입하는 것이 초심자에게 혼동을 주고 잘못된 개념을 심어주기 쉽다면서, 적극적으로 그 개념을 모든 교과서에서 삭제해야 한다는 주장도 있다.[8] 다행히 요즘 나오는 교과서에는 이 '상대론적 질량' 또는 '운동 질량'과 같은 용어가 전혀 등장하지 않고 있다. 더 고급 단계의 책에서는 진작 그 용어가 사라졌다.

드원-베란-벨 우주선 사고실험[9]

벨 부등식으로 유명한 아일랜드 출신의 물리학자 존 벨은 다음과 같은 사고실험을 통해 특수상대성이론의 의미를 재조명했다.[10] 도판 2-8의 (a)처럼 세 우주선 A, B, C가 서로 간의 거리를 유지하고 있었다고 하자. 우주선 A는 나머지 두 우주선 B, C와 같은 거리에 있다. (b)처럼 어느 순간 A가 동시

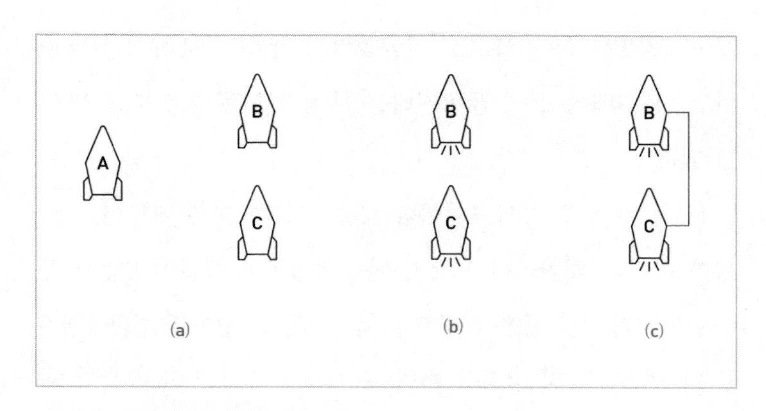

2-8 **드원-베란-벨의 우주선 사고실험**

에 B와 C에 신호를 보내면 두 우주선이 발진 장치를 켜서 순간적으로 똑같이 일정한 속도를 얻게 만든다. 만일 (c)처럼 우주선 B와 C 사이에 끊어질 수 있는 실을 팽팽하게 연결해 두었다면, 로런츠-피츠제럴드 수축 때문에 실의 길이가 짧아져서 결국 실이 끊어지게 된다. 로런츠-피츠제럴드 수축은 물체가 움직일 때, 정지해 있을 때에 비해 물리적으로 길이가 줄어든다는 가설을 의미한다.

벨은 이 문제를 가지고 유럽 핵입자물리학 연구소CERN의 구내식당에서 어느 저명한 실험물리학자와 이야기를 했는데, 그 실험물리학자는 실이 끊어지지 않을 것이라고 주장하면서 벨이 특수상대성이론을 잘못 이해하고 있다고 말했다. 다시 이론 부서로 가서 여러 사람에게 의견을 구했는데 대부분 실이 끊어지지 않는다는 쪽으로 기울었다가, 벨이 상세하게 설명을 하고 난 뒤에야 실이 끊어진다는 데에 동의했다고 벨은 말하고 있다.

사실 이 우주선 사고실험을 처음 고안한 것은 에드먼드 드원과 마이클 베란이다.[11] 정지 좌표계 **S**에서 똑같이 만들어진 우주선 B와 C를 같은 방향으로 놓은 뒤, 동시에(정지 좌표계 **S**를 기준으로) 발진 장치를 켜면 두 우주선의 운동이 똑같기 때문에 두 우주선 사이에는 상대운동이 없고 따라서 두 우주선 사이의 거리는 일정하다. 이제 두 우주선 사이에 가느다란 실이 팽팽하게 연결되어 있다고 하자. 실은 우주선의 운동에 영향을 주지 않는다고 가정한다. 두 우주선의 발진 장치가 켜지면 실은 정지 좌표계 **S**를 기준으로 운동하게 되고 일정한 속도를 얻게 되므로, 정지 좌표계 **S**에서 측정할 때 실의 길이는 로런츠 수축만큼 줄어들게 된다. 두 우주선 사이의 거리는 일정한데, 실의 길이는 줄어들기 때문에 어느 한계를 넘어서면 결국 실은 끊어지게 된다.

드원과 베란이 이 사고실험의 논변을 위해서 강조하는 것은 (1) 두 우주선을 연결하는 실의 양 끝 사이의 거리와 (2) 서로 연결되지 않은 채로 독립적으로 동시에 정지 좌표계에 대하여 같은 속도로 움직이는 두 물체 사이의 거리가 같지 않다는 점이다. 이를 설명하는 드원과 베란의 근거는 다음과 같다.

만일 우주선들이 가속되어 일정한 속도를 얻은 뒤에 두 우주선 사이의 거리가 줄어든다면, 정지 좌표계 **S**를 기준으로 두 우주선의 속도가 다르다는 것을 의미한다. 그러나 두 우주선은 똑같게 만들어졌다고 했고 동시에 가속을 시작했으므로, 두 우주선 사이의 상대속도가 0이 아니라는 것은 두 우주선의 속도의 변화율이 다르다는 것을 의미하므로 모순이 된다.

이와 달리 두 우주선 사이에 실이 연결되어 있다면 실은 로런츠 수축을 일으키게 된다. 드원과 베란에 따르면, "실이 수축하는 이유는 실의 양 끝 사이의 거리가 '고유 로런츠 좌표계'에 대하여 정의되기 때문이다. 실이 상대론적 의미에서 '강체'라고 가정하면 일정하게 유지되어야 하는 것은 바로 이 거리다. 이는 실을 기준으로 움직이는 좌표계에서 측정이 이루어진다면 수축이 일어난다는 것을 의미한다. 실이 우주선에 연결되어 있다는 사실 때문에 실의 정지 길이를 정의할 수 있는 가능성이 허용된다. 미리 규정된 방식으로 관성좌표계에 대하여 움직이는 두 물체가 연결되어 있지 않다면 순간 정지좌표계에 대해 정의된 속박조건을 충족시킬 필요가 없다."

그런데 이 논변은 직관적으로 받아들이기가 힘들다. 왜냐하면 특수상대성이론에서 로런츠 수축은 물체에서만이 아니라 공간 전체의 길이가 줄어드는 것이고, 관찰자가 있는 관성계와 관찰대상이 있는 관성계 사이에 상대속도가 있다면 언제나 있어야 하는 것이기 때문이다. (우주선들이 잠시 가속되긴 하지만 발진 장치의 가속이 끝난 뒤에는 다시 우주선의 속도가 일정하므로 관성계가 되고 가속이 일어나는 방식이 매 순간 순간적으로 관성계로 간주할 수 있도록 일어난다고 가정해도 좋다.) 정지 좌표계 S에서 볼 때 두 우주선을 연결하고 있는 실이 로런츠 수축되는 것과 마찬가지로 두 우주선이 놓여 있는 공간도 로런츠 수축되므로 정지 좌표계 S에서 두 우주선 사이의 거리도 로런츠 수축만큼 줄어들어서 실은 끊어지지 않는다. 게다가 실이 끊어지게 만드는 변형력은 상대성이론에서 잘 정의되는 개념으로서, 어느 한 관성계에서 변형력이 0이라면 다른 관성계에서도 그래야 하므로, 관성계의 차이만으로 변형력이 생긴다는 것은 있기 힘든 일이다.

드윈-베란의 논문이 나온 직후에 아서 에벳과 로알드 왕스니스는 드윈-베란 논변에 몇 가지 세세한 잘못이 있음을 지적하기도 했고, 폴 노로키는 드윈과 베란의 논변이 상대성이론에서 시작해서 상대성이론과 충돌하는 결론으로 이어졌다고 비판했다.

드윈-베란-벨의 사고실험을 정확하게 보기 위해 상황을 조금 바꾸어보자. 가령 정지 좌표계 S에서 멈춰 있는 세 우주선 A, B, C를 생각하자. 우주선 B와 우주선 C 사이에는 가느다란 실이 연결되어 있다. 우주선 A는 정지 좌표계 S에서 여전히 멈춰 있으므로, 그림 (a)에서는 우주선이 아니라 우주정거장이라고 해도 좋다. 이 상황은 131쪽의 도판 2-8의 경우와 완전히 같다.

이번에는 아래 그림 (b)와 같이 우주선 B와 C가 멈춰 있는 상태에서 우주선 A의 발진 장치를 켜서 일정한 속도를 얻는다고 하자. (a)의 경우처럼 B와 C를 우주정거장이라고 해도 좋다. 정지 좌표계 **S**에서 보면 우주선 B와 우주선 C는 정지해 있고 그 사이의 거리도 달라질 이유가 없으므로 연결된 실에는 아무 일도 일어나지 않는다. 그러나 우주선 A에 타고 있는 관찰자에게는 우주선 B와 우주선 C를 연결한 실이 로런츠 수축된 것으로 보이기 때문에, 만일 드원-베란-벨의 설명처럼 우주선 B와 우주선 C 사이의 거리가 그대로 유지된다면 그 실이 끊어지게 된다. 우주선 B와 우주선 C는 아무것도 하지 않았는데,

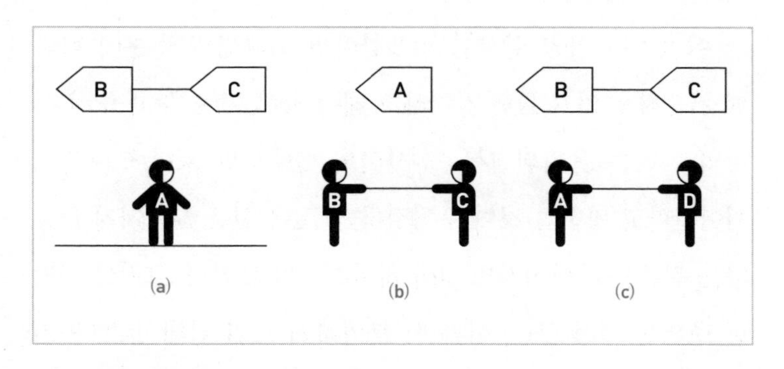

2-9 **벨 우주선 사고실험의 확장**

우주선 A의 발진 장치가 켜져서 일정한 속도를 얻는 것만으로 그 실이 끊어진다는 이해할 수 없는 일이 일어난다.

다음으로 그림 (c)와 같이 우주선 A 옆에 우주선 D가 있고 그 사이에 가느다란 실을 팽팽하게 연결해 두었다고 하자. 우주선 A와 우주선 D는 정지 좌표계 **S**를 기준으로 정지해 있고, 정지 좌표계에서 동시에 신호를 주어 우주선 B와 C가 동시에 추진하여 일정한 속도를 얻는 상황을 생각하자. 드원-베란-벨의 설명을 따른다면, 우주선 A와 우주선 D에서 보기에, 우주선 B와 우주선 C 사이의 거리는 일정한데, 이 둘을 연결한 실은 로런츠 수축을 일으켜서 짧아지므로 실이 끊어진다. 정확히 같은 논리로 우주선 B와 우주선 C에서 볼 때에도 우주선 A와 우주선 D를 연결한 실은 끊어진다고 할 것이다. 그러나 이것은 이해할 수 없는 놀라운 일이다. 우주선 A와 우주선 D는 아무것도 하지 않았기 때문이다.

이런 역설적인 상황이 발생한다면 귀류법의 추론에 따라 맨 처음의 논의가 틀린 것이라고 해야 할 것이다. 두 우주선 사이의 거리는 유지되면서 그 사이의 실에서만 로런츠 수축이 일어난다고 말하는 것이 부적절하며, 결국 실은 끊어지지 않는다는 결론으로 이어지는 것이 자연스러워 보인다. 그러나 이러한 추론은 옳지 않다. 이를 더 분명하게 보기 위해 마츠다-기노시타의 논의를 원용하여 상세하게 상황을 살펴보자.

물체의 길이만을 본다면 상대속도 V인 두 관성계에서는 서로 상대방의 길이를 로런츠 수축된 $L' = L\sqrt{1-(V/c^2)}$ 로 볼 것이다. 관건은 두 우주선 사이의 거리에 대해서도 로런츠 수축이 일어날 것인가 하는 점이다. 이를 명료하게 보기 위해서는 민코프스키 시공간 도표를 이용하는 것이 편리하다. 두 개의 좌표계를 생각하자. 좌표계 **S**는 두 우주선 B와 C가 발진하기 전에 세 우주선이 모두 정지해 있는 관성계이며, 좌표계 **S′**은 좌표계 **S**를 기준으로 왼쪽으로 일정한 속도 V로 움직이는 관성계이다. 논의의 편의를 위해 두 우주선이 발진하여 일정한 속도 V를 얻는 과정이 매우 짧다고 가정하자.

도판 2-10의 그림 (a)의 녹색 선들(BB′ B″B‴과 AA′ A″A‴)은 좌표계 **S**에서 본 두 우주선의 세계선을 나타낸다. 좌표계 **S**에서 $t=0$인 순간에 동시에 두 우주선이 발진하는 것은 두 시공간 점(즉 사건) A′ 과 B′ 에서이다. 발진하기 전에 좌표계 **S**에서 본 두 우주선 사이의 거리를 L이라 하면, 발진 이후 좌표계 **S**에서 본 두 우주선 사이의 거리는 A″B‴으로서 여전히 L이다. 그러나 좌표계 **S′** 에서는 동시선(동시면)이 축과 평행하므로 두 우주선 사이의 거리가 A″B″ = B′ A″가 된다.

불변쌍곡선 $x^2 - c^2 t^2 = x'^2 - c^2 t'^2 = L^2$를 이용하여 비교하면, 좌표계 **S**에서의 길이 L과 좌표계 **S′** 에서의 같은 길이는 B′ C″이다. 즉 두 우주선 B와 C를 연결한 실의 길이는 B′ C″으로 로런츠 수축된다. 두 우주선을 동시에 발진시킴으로써 좌표계 **S**에서 일정한 거리를 유지하게 만들었다면, 좌표계 **S′** 에서 두 우주선 사이의 거리가 B′A″이므로 실의 길이 B′C″보다 길다. 따라서 실은 끊어지게 된다.

이번에는 그림 (b)와 같이 좌표계 **S′** 을 기준으로 상황을 다시 살펴보자. 두 우주선의 세계선은 앞에서처럼 녹색 선들 BB′B″B‴과 AA′A″A‴로 주어진다. 좌표계 **S′** 에서는 두 우주선이 발진하기 전까지는 일정한 속도로 반대 방향으로 움직이는 것으로 보이다가 $t=0$인 순간에 동시에 발진한다. 여기에서 중요한 차이점이 드러나는데, 발진 신호를 동시에 보낸 관성계가 좌표계 **S′** 이 아니라 좌표계 **S**이므로, $t=0$인 순간과 $t'=0$인 순간이 다르다. 따라서 세계선 AA′A″A‴을 따라가는 우주선 C는 사건 A′에서 발진을 시작하여 순간적으로 정지 상태가 되지만, 좌표계 **S′** 에서 볼 때 세계선 BB′B″B‴을 따라가는 우주선 B는 아직 발진하지 않고 원래의 속도(즉 반대 방향의 속도 $-V$)를 유지한다. 좌표계 **S′** 에서는 사건 B′에 이르러야 비로소 우주선 B가 발진을 시작한다. 따라서 두 우주선 사이의 거리가 늘어난다는 점이 분명하게 보인다. 이는 불변쌍곡선 $x^2-c^2t^2=x'^2-c^2t'^2=L^2$를 이용하여 비교하면 더 명백하다. 발진 이전의 두 우주선 사이의 길이를 좌표계 **S**에서 잰 값은 AB=A′B′=C″B′이며, 이 값은 발진 이후의 두 우

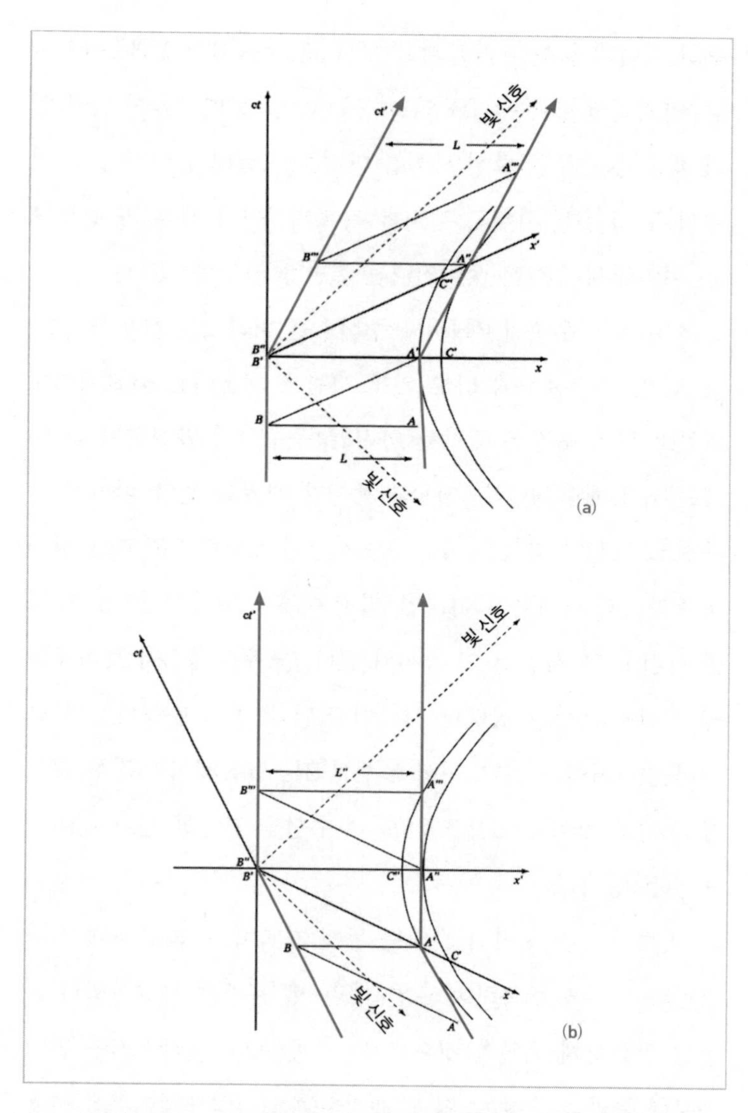

2-10 (a) 좌표계 S에서 본 우주선들의 세계선과 (b) 좌표계 S′에서 본 우주선들의 세계선[12]

주선 사이의 길이를 좌표계 **S′** 에서 잰 값 A″B″ = A‴B‴보다 짧다. 여기에서 A′B′ = C″B′ 인 이유는 C″이 불변쌍곡선 위에 있기 때문이다. 두 우주선 사이를 연결하는 실의 길이가 발진 이전의 두 우주선 사이의 길이를 좌표계 **S**에서 잰 값과 같으므로, 여기에서도 실은 끊어진다는 결론을 얻을 수 있다.

이번에는 우주선 B에서 우주선 C를 바라보는 상황을 생각해 보자. 우주선 B에 타고 있는 사람은 처음에는 좌표계 **S**에 있는 사람과 똑같은 관찰을 하지만, 우주선이 발진하고 난 뒤에는 좌표계 **S′** 에 있는 사람과 똑같은 관찰을 한다. 따라서 우주선 B 자신이 발진을 시작하는 시공간 점(사건) B′ 과 동시인 우주선 C의 사건은 A′ 이지만, 발진 이후의 고유시간으로 따지면 사건 B′ 과 사건 A″이 동시가 된다. 즉 우주선 B가 보기에는 발진 신호를 받고 상당한 시간이 지난 뒤에야 우주선 C가 발진하는 것처럼 보인다. 이미 우주선 B는 발진해서 일정한 속도를 얻어 움직이고 있으므로, 두 우주선을 연결한 실이 끊어지는 것은 당연하다.

마츠다-기노시타의 논의는 동시 개념이 두 좌표계에서 달라진다는 점에 주목하여 드윈-베란-벨 우주선 사고실험의 난점을 깔끔하게 해결한 것으로 볼 수 있으나, 갑작스러운 발진 때문에 불만을 가질 수 있다. 레지치는 일반상대성이론을 사용하여 이 문제를 해결했다. 레지치는 우주선들이 잠시 가속되어서 일정한 속도는 얻는 경우를 분석하여 "민코프스키 세계에서는 똑같은 사건에 해당하는 물리적 실재가 좌표계 S와 좌표계 S′에서 우스꽝스러울 만큼 다를 수 있다. S는 실이 끊어지는 이유를 피츠제럴드-로런츠 수축 때문이라고 하는 반면, S′은 동시성의 부족으로 인해 우주선 사이에 상대속도가 생기기 때문이라고 말할 것이다"라는 결론을 얻었다.

이제까지의 논의를 요약해 보자. 드원-베란-벨의 우주선 사고실험에서는 공간의 로런츠 수축은 받아들이지 않은 채 우주선을 연결한 실의 로런츠 수축만을 가지고 실이 끊어진다는 결론을 얻었는데, 이는 특수상대성이론의 주장과 상충하며 개념적으로 모순을 일으키기 때문에 귀류법 추론을 통해 실이 끊어지지 않는다는 주장을 할 수도 있다. 그러나 민코프스키 시공간 도표를 이용하여 세세하게 특수상대성이론에 부합하도록 상황을 살펴봄으로써, 우주선 사이의 거리를 일정하게 유지한다는 조건 때문에 두 우주선을 연결한 실이 끊어짐을 보였다.

그렇다면 드원-베란과 벨의 논의는 어떤 의미를 가질까? 벨은 왜 그리고 어떻게 드원-베란의 사고실험을 재구성하고 다루었을까? 벨이 우주선 사이의 공간이 아니라 두 우주선을 연결하는 실에만 로런츠 수축이 일어난다고 설명한 것은 상대성이론에 대한 잘못된 이해 때문이었을까?

사실 벨의 논의에서 가장 핵심이 되는 부분은 조지 피츠제럴드의 아이디어이다. 피츠제럴드에 따르면 "물체가 에테르를 관통하거나 지나가면서 움직임에 따라, 물체의 길이가 물체의 속도와 빛의 속도의 비의 제곱에 따라 달라지는 양만큼 변한다는 가설"만이 마이컬슨과 몰리의 실험 결과를 설명할 수 있다.[13]

1881년 미국의 물리학자 앨버트 마이컬슨은 빛의 속도를 더 정밀하게 측정하기 위해 간섭현상을 이용한 장치를 만들었다. 당시 이론에 따르면, 빛은 전자기장의 파동으로 에테르를 매질로 하기 때문에 빛이 지구의 공전 방향 쪽으로 진행할 때와 그 반대 방향으로 진행할 때와 거기에 수직인 방향으로 진행할 때의 광속이 달라진다. 그러나 마이컬슨이 고안한 간섭계가 매우 정밀함에도 불구하고 에테르의 효과는 전혀 검출되지 않았다. 1885년부터 마이컬슨은 에드워드 몰리와 공동연구를 진행하여 1887년 훨씬 더 정교한 장치를 써서 주변 온도의 영향과 간섭계의 세밀한 운동을 모두 고려한 결과를 발표했다. 역시 안타깝게도 에테르의 끌림 효과는 전혀 검출되지 않았다.

후대에 "가장 유명한 실패한 시험"이라는 오명까지 얻게 된 마이컬슨-몰리 실험을 제대로 설명하는 문제가 당시 초미의 관심사가 되었다. 이것은 특수상대성이론의 표준적인 해석과는 다른 관점이다. 피츠제럴드 수축이 가설로서 제안된 것은 경험적인 근거에서였다. 벨에 따르면, "미시적인 전기력이 물질의 구조에서 중요하기 때문에 빠르게 움직이는 입자의 전기장이 체계적으로 뒤틀리면 빠르게 움직이는 물질의 내적 평형을 변형시킬 것이다. 따라서 빠르게 움직이는 물체의 모양도 달라질 것이라고 예상할 수 있다." 이것이 피츠제럴드 수축이며, 실질적으로 두 우주선을 연결하는 실에 대한 벨의 논의는 아인슈타인의 접근이 아니라 피츠제럴드-라머-로런츠-푸앵카레의 접근을 따르고 있다. 따라서 벨의 논의에서는 공간은 수축을 하지 않고 실과 우주선만이 수축을 한다.

벨이 보기에, 로런츠의 접근과 아인슈타인의 접근은 한쪽이 옳고 다른 쪽이 틀린 것이 아니라 서로 다른 것에 지나지 않는다. 아인슈타인은 경험적으로 두 관성계 중 어느 쪽이 정지해 있는지 결정할 수 없기 때문에 상대운동만이 실재적이라고 선언한 반면, 로런츠는 그래도 실재로서 정지 상태에 있는 관성계가 있고 그것이 바로 에테르의 정지 좌표계라고 보았다. 아인슈타인과 로런츠의 차이는 물리학적인 것이 아니라 철학적인 것이다. 로런츠가 이미 알려져 있거나 추측되고 있는 물리학 법칙들에서 출발하여 일정한 속도로 움직이는 관찰자의 경험을 추론하려고 했다면, 아인슈타인은 그냥 일정한 속도로 움직이는 관찰자들에게는 법칙들이 똑같이 보일 거라는 가설에서 출발한 것이다. 로런츠가 증명하려고 했던 것을 아인슈타인은 그냥 가정했을 뿐이며, 이것은 스타일의 차이이지 물리학의 차이가 아니다. 벨은 피츠제럴드-라머-로런츠-푸앵카레의 기나긴 도보여행이 상대성이론을 배우는 사람들에게 불필요한 일이 아님을 강조한다.

III

일반상대성이론의 탄생

7장

베른에서 베를린까지

"생애에서 가장 운 좋은 생각"

1915년 11월 25일 프로이센 과학학술원 물리학-수학 분과에서 「중력장 방정식」이라는 제목의 논문이 발표되었고, 1916년 3월 20일에 「일반상대성이론의 기초」라는 제목의 논문이 《물리학 연보》에 접수되었다. 저자는 다름 아닌 아인슈타인이었다. 중력과 우주의 모든 것을 말해 주는 가장 근본적인 이론인 일반상대성이론은 어떤 경로를 거치면서 만들어졌을까?

1907년에 아인슈타인은 《방사성 및 전자학 연보*Jahrbuch der*

Radioaktivität und Elektronik》라는 학술지의 편집장이었던 물리학자 슈타르크의 원고청탁을 받고 자신이 1905년에 제안했던 새로운 이론, 즉 나중에 '특수상대성이론'이라고 불리게 된 이론에 대한 해설 논문을 준비하다가 불현듯 '생애에서 가장 운 좋은 생각'을 떠올리는 행운을 얻었다.[1] 앞서 말했듯 그는 지붕에서 떨어지는 사람에게서는 중력을 검출할 수 없다는 데 착안했다. 중력에 의한 효과와 관찰자가 속해 있는 좌표계의 가속에 의한 효과를 구별할 수 없다면, 이 둘은 같은 것이라고 볼 수 있다.

이것이 소위 등가원리인데, 당시 아인슈타인은 이런 생각을 정확하게 표현할 수학적 언어를 갖고 있지 못했다. 1912년에 비로소 중력장은 비유클리드 기하학인 4차원 리만 기하학의 거리함수 텐서로 표현된다는 인식을 얻게 되었다. 하지만 중력장의 원천과 거리함수 텐서를 연결하는 중력장 방정식의 최종 형태를 유도하기까지는 아직 멀었다. 이 아름다운 이론의 탄생을 이해하기 위해 1915년까지 아인슈타인의 사고의 여정과 인생의 여정을 함께 살펴보기로 하자.

「움직이는 물체의 전기역학」이라는 제목의 1905년 논문은 처음에 그리 큰 반향을 얻지 못했다. 당시에 독일 물리학계의 태두였던 막스 플랑크가 이 논문을 크게 칭찬하자 도대체 이런 논문을 쓴 이가 어떤 사람인지 궁금해하는 몇몇 물리학자들이 베른 특허국을 찾아가 아인슈타인이라는 이름의 젊은이를 찾았다. 자유주의자 같은 옷차림의 젊은 특허국 심사관은 다소 헝클어진 머리카락을 쓸어 올리면서 이들을 맞았다. 이 젊은 재야 물리학자는 자신의 논문에 대한 어떤 질문에도 모두 답을 해낼 만큼 자신감 있고 자기 주제를 명료하게 이해하고 있었다.

하지만 논문이 가져다준 명성만으로는 따분하고 분주한 특허국 일을 그만둘 수 없었기 때문에, 2년 뒤 아인슈타인은 드디어 베른 대학교에 자신의 박사학위논문과 17편의 출판된 논문들과 이력서를 동봉하여 제출했다. 공부를 계속하기 위해서는 대학으로 가야 했다. 박사학위논문이 통과된 지 얼마 되지 않은 젊은 물리학자가 17편의 논문을 출판한다는 것은 결코 쉬운 일이 아니었고, 그만큼 아인슈타인의 능력은 독보적이었지만, 규칙은 규칙이었다. 교수직을 얻기 위해서는 어디에도 출판된 적 없는 독창적인 내용을 담은 교수자격학위논문이 통과되어야 했다.

1908년 스물아홉 살의 아인슈타인은 드디어 교수자격학위를 땄고 이제야 비로소 가르칠 수 있는 자격을 얻었다. 학자로서의 경력은 베른 대학교의 사강사로 시작되었다. 아직은 하루 종일 꼬박 특허국에서 일해야 하는 아인슈타인의 강의는 이상한 시간에 이루어졌다. 열의 분자운동이론을 다루었던 첫 강의는 토요일과 일요일 아침 7시부터 8시까지였다. 수강자는 단 세 명이었는데, 그중 하나는 아인슈타인의 절친한 수학자 친구 미켈레 베소였다. 그해 겨울학기의 둘째 강의는 매주 수요일 저녁 6시에서 7시까지 네 명의 수강자 앞에서 진행되었다.

그러던 중 취리히 대학교에서 1867년 클라우지우스가 떠난 뒤 중단되었던 이론물리학 부교수 자리를 채울 사람을 채용하기 위한 공고가 났다. 아인슈타인이 여기에 지원한 것은 당연한 일이었다. 심사위원 중 한 명이었던 알프레트 클라이너의 추천사가 흥미롭다.

> 아인슈타인은 오늘날 가장 중요한 이론물리학자의 한 사람입니다. 특히 그의 비상하게 예리한 통찰력과 개념의 탐구능력과 명쾌함, 무엇보다도 매우 엄밀한 필치는 상대성원리에 관한 그의 연구를 통해 널리 인정되어 왔습니다.

1909년 3월 비밀투표에서 아인슈타인은 취리히 대학교의 이론물리학 부교수로 선출되었고, 그해 7월 6일 특허국을 사임한 아인슈타인은 10월 15일부터 정식 대학교수로서의 삶을 시작했다. 1911년 3월 프라하의 카를 페르디난트 대학교 정교수가 되기까지 취리히 대학교에 있었던 1년 반 동안 아인슈타인은 10여 편의 논문을 발표했다. 이 논문들 가운데 중력이론에 관한 것은 전혀 없었지만, 프라하로 옮겨 간 뒤 아인슈타인은 중력에 관한 논문을 여러 편 발표했다. 그중「빛의 진행에 중력이 미치는 영향에 관하여」라는 제목의 논문에서 태양의 중력 때문에 별빛이 휘어져 보일 수 있음을 계산하고, 그 편차를 0.83초(1초는 3600분의 1도)로 예측하기도 했다.(아인슈타인은 1915년에 이 값의 두 배인 1.6초가 올바른 값이라고 수정했다.)

1912년 가을 아인슈타인은 모교 취리히 연방공과대학의 정교수가 되었다. 아인슈타인은 대학시절부터 오랜 친구였던 마르셀 그로스만과 함께 특수상대성이론을 일반화한 이론을 만들기 위한 본격적인 연구에 착수했다. 프라하에 있는 동안에도 새로운 중력이론을 향한 노력을 쉬지 않았지만, 그의 연구에 불을 붙인 것은 분명히 그로스만과의 공동연구였다. 1913년 아인슈타인과 그로스만의 공동논문이 출판되었다.「일반화된 상대성이론 및 중력 이론의 개요」라는 제목의 이 논문은 기존의 상대성이론을 일반화할 필요성과 방법을 다루고, 이를 다시 중력의 이론과 연결시키려는 전체적인 틀을 보여주는 매우 중요한 연구결과다.

하지만 이 논문에서 제시된 중력장 방정식은 애초의 의도와는 달리 일반공변이 아니었다. 제대로 된 중력이론이라면 선형변환만이 아니라 일반적인 어떤 좌표변환에 대해서도 중력장 방정식이 똑같은 모습을 띠어야 한다. 이것이 일반공변이다. 아인슈타인과 그로스만은 일반공변인 중력장 방정식 대신 선형변환에 대해서만 형식 불변인 방정식을 제안했다. 아인슈타인-그로스만의 새로운 이론은 특수상대성이론보다는 더 일반적이었지만, 아직은 일반상대성이론이라 불릴 수는 없었다. 1913년 8월 로런츠에게 보낸 편지를 보면, 아인슈타인이 이런 타협에 대해 얼마나 불만족스러워했는지 쉽게 짐작할 수 있다.

> 이 이론에 대한 제 믿음은 여전히 흔들리고 있습니다. (…) 우리가 얻은 중력장 방정식은 일반좌표변환에 대한 공변성을 갖고 있지 않습니다. 단지 선형변환에 대한 공변성만 확인되었을 뿐입니다. 그렇지만 이 이론의 전체적인 믿음은 바로 좌표계의 가속이 중력장과 동등하다는 확신에 바탕을 두고 있습니다. 따라서 이론의 방정식들에서 선형변환 외의 다른 변환이 허용되지 않는다면, 이 이론은 바로 그 출발점과 모순을 일으키며, 그렇기 때문에 모든 것이 공중에 떠버린 셈입니다.

이 무렵 아인슈타인은 자신의 새로운 생각들을 강의나 논문지도와 같은 귀찮은 업무에 시달리지 않으면서 자유롭게 전개할 수 있는 자리를 갈망하고 있었다. 1913년 봄에 막스 플랑크가 취리히를 찾아왔다. 플랑크는 아인슈타인에게 베를린으로 올 의향이 있는지 물었다. 플랑크가 제안한 자리는 세 가지가 복합된 것이었다.

첫째는 특별급여가 지급되는 프로이센 과학학술원의 정회원이 되는 것이었고, 다른 하나는 베를린 대학교의 정교수 직으로서 강의의 권리는 있지만 의무는 없는 자리였다. 셋째는 기초과학의 연구를 위해 1911년에 건립된 카이저 빌헬름 물리학 연구소의 소장 자리였다.

아인슈타인으로서는 천재일우의 기회였다. 강의나 그 밖의 잡무에 시달리지 않고 연구에 몰두할 수 있다는 것은 아인슈타인처럼 새로운 것을 만들기 좋아하는 물리학자로서는 최적의 조건이었다. 아인슈타인으로서는 이를 사양할 아무런 이유가 없었다. 드디어 1914년 3월 말에 아인슈타인은 취리히를 떠나 베를린으로 갔다. 베를린에서 아인슈타인은 그 누구보다 행복한 생활을 하며 연구에 몰두했다.

하지만 세상은 복잡했다. 모처럼 찾아온 자유로운 학문의 기회는 1914년 7월 28일에 오스트리아가 세르비아에 선전포고를 하면서 흔들리기 시작했다. 그해 10월 프로이센 과학학술원에서 아인슈타인은 그로스만과의 공동연구의 방법과 결과에 대한 더 체계적이고 상세한 논의를 담은 논문을 발표했지만, 결과적으로 보았을 때 물리적 논변도 틀려 있었다. 게다가 그로스만과의 공동연구가 끝난 상태에서 텐서 해석학의 기본을 이해하지 못하고 있었다. 나중에 일반상대성이론의 정립에 매우 중요한 역할을 하게 된 비앙키 항등식에 대해 아인슈타인은 무지했다. 그는 여전히 선형변환에만 불변인 중력장 방정식에서 벗어나지 못하고 있었다.

1914년 겨울 무렵의 아인슈타인은 사람들의 선망 속에 새로 얻은 일자리에서 기대에 제대로 미치지 못하는 오류투성이의 논문을 궁여지책으로 발표하는 평범한 교수에 지나지 않아 보였다. 다행히 당시로서는 아인슈타인의 접근이 오류투성이라는 것을 알고 있는 사람은 아인슈타인을 포함하여 아무도 없었고, 그 오류투성이를 처음 알아낸 것은 바로 그 자신이었다.

물론 그렇게 쉽게 포기할 아인슈타인이 아니었다. 몇 달 동안 새로운 도시에서의 삶에 적응하는 기간이 지나자, 아인슈타인은 바로 다시 자신의 문제로 복귀했다. 마침 1915년 6월 28일 힐베르트가 볼프스켈 재단의 후원을 받아 아인슈타인을 괴팅겐 대학교로 초빙해 세미나를 하게 했는데, 이는 아인슈타인이 일반상대성이론의 확립으로 나아가는 데 매우 중요한 계기가 되었다. 아인슈타인은 7월 7일에 친구에게 보낸 편지에서 괴팅겐 대학교에서의 강연을 "이미 매우 확실한 중력이론"이라고 자신만만하게 묘사했다.

그러나 아인슈타인은 1915년 7월에서 10월 사이에 자신의 생각을 큰 폭으로 수정했다.

11월 4일 아인슈타인은 그로스만과의 공동연구에서 얻었던 이전의 중력장 방정식을 과감히 버렸다. 중력장 방정식이 선형변환에 대해 불변이어야 한다는 요건을 포기하고 일반공변성을 강하게 움켜잡았다. 연구는 순조로웠다. 1915년 11월 18일 아인슈타인은 새로운 중력 이론의 두 가지 관측 결과에 대한 논문을 발표했다. 수성의 근일점의 세차운동이 100년 동안 43초임(아인슈타인이 인용한 관측치는 45±5초)을 유도했고, 중력장에서 빛의 휘어짐을 이전에 자신이 계산했던 것(0.83초)의 2배(1.6초)로 고친 것이 이때였다. 드디어 11월 25일 프로이센 과학학술원 물리학-수학 분과에서는 아인슈타인의 「중력장 방정식」 논문이 발표되었고, 이듬해인 1916년 3월 20일에는 「일반상대성이론의 기초」라는 제목의 논문이 《물리학 연보》에 접수되었다.

아인슈타인과 힐베르트의 표절 논쟁

1915년 괴팅겐에 방문연구를 갔던 아인슈타인이 중력장 방정식의 최종 형식을 얻게 된 것은 다비트 힐베르트의 직접적인 공로였다. 아인슈타인과 달리 힐베르트는 과감하게 중력장 방정식을 최소작용의 원리로 끌어올릴 것을 제안했고,

실제로 힐베르트 자신이 그러한 중력의 작용량을 유도했다. 최소작용의 원리는 뉴턴 역학이나 전자기학을 비롯하여 모든 동역학이론을 작용량이라 부르는 수학적 함수로부터 도출할 수 있는 근본적인 원리다. 작용량을 유도할 수만 있다면 동역학의 기본방정식을 정확하게 얻을 수 있다.

중력장 방정식이 포함된 일반상대성이론을 아인슈타인이 프로이센 학술원 학술대회에서 발표한 논문은 12월 2일에 출판되었다. 하지만 아인슈타인의 방정식과 정확히 같은 방정식이 담긴 힐베르트의 논문이 투고된 것은 1915년 11월 20일이다. 이 논문이 출판된 것은 1916년 3월 31일이지만, 아인슈타인의 논문이 프로이센 과학학술원에서 발표된 것이 1915년 11월 25일이니까 분명히 아인슈타인보다 5일 빠르다. 더 흥미로운 것은 아인슈타인이 중력장 방정식을 유도하는 과정에서 힐베르트와 직접적으로 경쟁하고 있었고, 힐베르트가 아인슈타인에게 11월 18일에 보낸 편지에 포함된 초고가 상당한 영향을 끼쳤으리라는 점이다.

겸손한 수학자 힐베르트는 이 유도과정에서 굳이 자신의 기여를 주장하지 않고, 오히려 스위스에서 온 젊은 물리학자에게 공로를 양보했다. 어쩌면 수학계에서 거장으로 널리 존경받고 있던 힐베르트로서는 굳이 새로운 치적을 주장할 필요도 없었을 것이다. 그러나 독일 정부로부터 파격적인 대우를 받으며 베를린에 가게 된 아인슈타인으로서는 그런 양보의 마음이 생기기 힘들었을지도 모른다.

아인슈타인의 전기를 쓴 알브레히트 푈징은 아인슈타인이 동료의 연구를 "공용의 것으로 만들었다nostrifiziert"라고 말한다. 원래 이 표현은 아인슈타인이 괴팅겐의 수학자들에 대해 사용한 표현이다. 이것이 아인슈타인이 힐베르트가 유도한 방정식을 표절했다거나 훔쳤다는 의미는 아니지만, 그래도 아인슈타인 혼자 이루어낸 업적이 아니라는 점에서 '힐베르트-아인슈타인 중력장 방정식'이라고 부르는 게 정당할 것이다.

8장

도대체 일반상대성이론이 무엇일까?

일반상대성이론의 기초

일반상대성이론에 대해 더 이야기를 풀어가기 위해서는 넘어서야 할 매우 중요한 관문이 있다. 그것은 다름 아니라 일반상대성이론이라는 거창한 이름의 이론이 도대체 무엇인가 하는 것이다. 상대성이론, 특히 일반상대성이론은 시간과 공간, 물질과 중력에 관한 보편적 법칙을 말해 주는 물리학 이론 중 하나이다. 물리학 이론은 처음부터 수학의 언어로 서술되며 뉴턴 역학이든, 상대성이론이든, 유체역학이든, 우주론이든 그 물리학 이론을 이해하고자 하는 사람에게 가장 큰 걸림

돌은 그 이론을 서술하는 수학의 언어를 이해하는 일이다. 그 중에서도 일반상대성이론은 일반공변원리니 동등성원리(등가원리)니 국소관성계니 하는 낯선 개념과 원리뿐 아니라 난해하기로 소문난 비유클리드 기하학을 잘 알고 있어야만 비로소 파악할 수 있는 이론이다.

이제까지 수없이 많은 책과 글에서 이 어렵고 복잡한 이론이 무엇인지 쉽게 설명하려고 애를 써왔다. 트램펄린 비유나 원심력과의 비교나 여러 다양한 영상을 통해 일반상대성이론이 도대체 어떤 것인지 짐작할 수 있는 도구가 많이 개발되어 있다. 그러나 그렇게 쉬운 이해를 돕는 설명들은 대체로 일반상대성이론의 핵심을 있는 그대로 보여주지 않는다는 점을 염두에 둘 필요가 있다.

이 책에서는 지금까지 역사적 전개에 중점을 두는 방식으로 상대성이론에 접근하려 했다. 하지만 그러다 보니 일반상대성이론 그 자체를 말하기보다는 일반상대성이론이 발전해 온 배경 이야기에 초점이 맞추어진 것이 사실이다. 이제 역사적 전개를 통해 일반상대성이론을 말하기 위한 가장 좋은 선택은 다름 아니라 아인슈타인의 1916년 논문을 살펴보는 것이다.

그때껏 없었던 새로운 이론을 제시한 탁월한 물리학자가 자신의 관념을 최대한 정리해 놓은 것이 바로 1916년 논문이다. 물론 이 논문은 전문적인 다른 물리학자들을 독자로 하여 새로운 주장을 펼치는 것이므로, 이 논문을 곧이곧대로 읽어나가는 것은 일반 독자에게 매우 힘든 일임이 틀림없다. 그럼에도 일반상대성이론이 도대체 무엇인지 알기 위해서 바로 그 첫 번째 논문의 개요를 살펴보는 것은 나름의 유익함이 있다.

1916년 《물리학 연보》에 발표된 아인슈타인의 논문은 「일반상대성이론의 기초」라는 제목이다. 여기에서 '기초'라고 번역된 독일어 단어는 '토대' 혹은 '기반'이란 의미가 있는 Grundlage로 건물의 기초나 구조물의 뼈대와 비슷한 면이 있다. 초급 수준의 설명이라기보다는 가장 핵심적인 것을 제시하겠다는 저자의 생각을 엿볼 수 있다.

상세한 목차는 다음과 같다.

A. 상대성의 가설에 대한 원리적 고찰

1. 특수상대성이론에 대한 논평
2. 상대성 가설을 확장해야 할 이유
3. 시공간 연속체. 일반적인 자연법칙을 나타내는 방정식의 일반공변성 요건
4. 중력장의 해석학적 표현

B. 일반공변 방정식을 구성하기 위한 수학적 보조도구

5. 공변 4-벡터와 역공변 4-벡터

1916. № 7.

ANNALEN DER PHYSIK.

VIERTE FOLGE. BAND 49.

1. ***Die Grundlage der allgemeinen Relativitätstheorie; von A. Einstein.***

Die im nachfolgenden dargelegte Theorie bildet die denkbar weitgehendste Verallgemeinerung der heute allgemein als „Relativitätstheorie" bezeichneten Theorie; die letztere nenne ich im folgenden zur Unterscheidung von der ersteren „spezielle Relativitätstheorie" und setze sie als bekannt voraus. Die Verallgemeinerung der Relativitätstheorie wurde sehr erleichtert durch die Gestalt, welche der speziellen Relativitätstheorie durch Minkowski gegeben wurde, welcher Mathematiker zuerst die formale Gleichwertigkeit der räumlichen Koordinaten und der Zeitkoordinate klar erkannte und für den Aufbau der Theorie nutzbar machte. Die für die allgemeine Relativitätstheorie nötigen mathematischen Hilfsmittel lagen fertig bereit in dem „absoluten Differentialkalkül", welcher auf den Forschungen von Gauss, Riemann und Christoffel über nichteuklidische Mannigfaltigkeiten ruht und von Ricci und Levi-Civita in ein System gebracht und bereits auf Probleme der theoretischen Physik angewendet wurde. Ich habe im Abschnitt B der vorliegenden Abhandlung alle für uns nötigen, bei dem Physiker nicht als bekannt vorauszusetzenden mathematischen Hilfsmittel in möglichst einfacher und durchsichtiger Weise entwickelt, so daß ein Studium mathematischer Literatur für das Verständnis der vorliegenden Abhandlung nicht erforderlich ist. Endlich sei an dieser Stelle dankbar meines Freundes, des Mathematikers Grossmann, gedacht, der mir durch seine Hilfe nicht nur das Studium der einschlägigen mathematischen Literatur ersparte, sondern mich auch beim Suchen nach den Feldgleichungen der Gravitation unterstützte.

3-1 《물리학 연보》에 실린 「일반상대성이론의 기초」(1916)

6. 2계 이상의 텐서

7. 텐서들의 곱

8. 기본 텐서 $g_{\mu\nu}$

9. 측지선 방정식 또는 질점의 운동

10. 미분에 의한 텐서

11. 특별히 중요한 몇 가지 경우

12. 리만-크리스토펠 텐서

C. 중력장이론

13. 중력장 안에서 질점의 운동방정식

14. 물질이 없을 때 중력의 마당방정식

15. 중력장의 해밀턴 함수

16. 중력장 방정식의 일반적 의미

17. 일반적인 경우의 보존법칙

18. 마당방정식의 결과에 따른 질점의 에너지 운동량 법칙

D. '물질적' 사건

19. 오일러 방정식

20. 진공에 대한 전자기장 맥스웰 방정식

21. 일차 근사로서의 뉴턴 이론

22. 중력 시간지연, 빛의 휘어짐, 수성 근일점 이동

이제부터 이 논문의 주요 내용을 간략하게 살펴보자. 논문은 네 부분으로 나뉘어 있는데, 먼저 'A. 상대성의 가설에 대한 원리적 고찰'에서는 특수상대성이론에서 확립한 상대성원리를 일반적인 경우로 확장해야 하는 이유를 해명한다. 그러면서 일반적인 자연법칙을 나타내는 방정식은 일반공변성 요건을 충족시켜야 함을 주장한다. 나아가 중력장을 어떤 수학적 함수로 나타내는 것이 좋은지 논의한다. 다음 부분에서는 일반공변성을 충족시키는 수학적인 양으로서 텐서를 상세하게 설명하고 특히 아인슈타인이 '기본 텐서'라 부르는 거리함수 텐서를 도입한 뒤, 이와 관련된 수학적 도구를 상세하게 논의한다. 다음 'C. 중력장이론'에서는 중력장 안에서 질점의 운동방정식이 측지선 방정식으로 주어지는 것, 물질이 없을 때 중력의 마당방정식의 형태를 다루고, 일반적인 중력장 방정식을 변분원리로부터 유도하여 제시하고, 그 의미를 논의한다. D 부분에서는 유체나 전기와 자기가 있는 경우까지 확장하여 물질이 있는 상황에서 중력장 방정식이 근사적 형태가 뉴턴 이론의 수정으로 나타냄을 보인 뒤, 이를 가지고 중력 시간지연, 빛의 휘어짐, 수성 근일점 이동을 구체적으로 계산함으로써 끝을 맺는다.

상대성원리, 동등성원리, 중력장 방정식

일반상대성이론은 무엇을 위한 이론이며 어떤 이론인가? 상대성이론이 특수상대성이론과 일반상대성이론으로 나뉜다는 사실을 잘 알지 못하는 사람이라 하더라도, 일반상대성이론이 특수상대성이론보다 더 '일반적'인 이론이라는 점은 이름에서 쉽게 눈치챌 수 있을 것이다. 따라서 일반상대성이론이 특수상대성이론보다 어떤 점에서 더 '일반적'인지를 분명하게 이해하면 일반상대성이론의 핵심을 이해한 셈이다.

'상대적relative'이란 말과 '절대적absolute'이란 말의 구분에 대해 생각해 보자. 우리가 관심을 갖는 것은 물질(어떤 것) 또는 그 밖에 어떤 대상이 갖는 성질 중에서 상대적인 것과 절대적인 것을 구분하는 일이다. 절대적인 성질이란 그 물질 또는 그 대상에 완전히 붙박여 있어서 외부의 상황이나 환경에 전혀 영향받지 않는 것을 가리킨다. 특히 흔히 하는 말로 "누가 보더라도" 똑같은 성질이 곧 그것의 절대적 성질이다.

이에 비해 상대적인 성질이란 보는 이에 따라 다르게 보이는 것이고 누구에게나 보편적으로 적용되는 기준을 말할 수 없다는 의미이다. 어떤 면에서 상대적/절대적 성질의 구분은 주관적/객관적 성질의 구분과도 통한다. 상대성이론이라는 이름에서 짐작할 수 있는 점은 아마도 이 이론이 상대적인 무엇에 대한 이론이리라는 정도일 것이다.

상대성이론의 출발점 중 하나는 고전 역학이 형성된 시기에 이미 상당히 논의된 바 있는 '상대성relativity'이라는 관념이다. 갈릴레오, 하위헌스, 라이프니츠 등은 배 안에서의 역학과 배 밖에서의 역학이 같다는 점에 주목했다. 갈릴레오의 말을 들어보자.

> 당신이 어떤 큰 배의 선실에 친구와 함께 있다고 해봅시다. 선실에는 파리와 나비가 날아다니고, 금붕어가 들어 있는 어항도 있고, 병이 하나 매달려 있고 그 밑에 큰 그릇이 있는데, 병에서 물이 한 방울씩 떨어지고 있다고 해봅시다. 배가 멈춰 있을 때에 주의 깊게 살펴보면, 파리나 나비는 어느 방향이나 비슷한 속도로 날아다니고, 금붕어는 어항 속에서 한가롭게 헤엄칩니다. 병에서 떨어지는 물방울은 정확히 밑에 있는 그릇으로 떨어집니다. 친구한테 물건을 던진다고 할 때, 이쪽 방향으로 던지는 것과 그 반대 방향으로 던지는 것 사이에 차이를 둘 필요는 없습니다. 자, 이제 배가 일정한 속도로 곧바로 움직이고 있다고 해봅시다. 주의 깊게 살펴본다면, 이 모든 것이 하나도 달라지지 않음을 알게 될 겁니다. 심지어 당신은 지금 움직이는 배 안에 있는지 아니면 멈춘 배 안에 있는지도 구별하기 힘들 겁니다.[2]

갈릴레오의 말을 더 정확하게 설명하자면, 배가 등속직선 운동하고 있는 한, 역학법칙이 달라지지는 않는다는 뜻이다. 시속 700km로 날아가는 비행기 안이라고 하더라도 승무원은 지상에 있는 레스토랑에서처럼 우아하게 포도주를 따를 수 있다. 물론 이륙할 때나 착륙할 때, 즉 속도가 변하는 비행기 안에서도 그런 건 아니다. 아인슈타인은 배나 비행기 대신에 기차의 예를 들었고, 요즘 같으면 우주선을 예로 드는 것이 더 자연스러워 보이지만, 모두 마찬가지다.

만일 역학법칙이 비행기 안에 있을 때와 공항에 있을 때 각각 다르다고 해보자. 이 얼마나 황당한 상황이 될까? 100개의 비행기(배, 기차, 우주선)가 있을 때 100개의 역학법칙이 있어야 한다는 건 정말 당황스러운 일이다. 도대체 이런 것을 어떻게 감히 '자연법칙natural law'이라는 이름으로 부를 수 있겠는가? 사회 법규social law도 100명에게 모두 다르게 적용되는 법규는 법규도 아니지 않은가?

이렇게 보면 '상대성'이라는 관념은 필연적으로 법칙의 '절대성'을 동전의 앞뒷면처럼 함께 갖고 다닌다. 상대성(상대성 원리)이라는 관념은 곧 '배 안'과 '배 밖'의 역학법칙이 같다는 것이며, 이는 운동방정식이 똑같은 꼴이 된다는 것이다. 이를 거룩하게 표현하면 '형식불변form-invariant'이라고 한다. '불변'이란 말 대신 '대칭성'이란 표현을 쓰기도 한다.

특수상대성이론에서는 자주 '기차 안'과 '기차 밖'의 두 관측자가 등장한다. 이것은 상대성이론이 서로 상대적으로 운동하고 있는 두 관측자가 보는 물리법칙에 대한 고찰에서 출발하기 때문이다. 그러나 특수상대성이론에서 얘기되는 '상대성'은 항상 '절대성'과 함께 다닌다는 점을 늘 기억해야 한다. 즉, '길이'라든가 '시간'이라든가 '위치' 등은 관측자가 '기차 안'에 있는가 아니면 '기차 밖'에 있는가에 따라 달라지지만, 이는 곧 어느 관측자에게나 물리법칙(역학 법칙과 전자기 법칙)이 모두 똑같다는 한 단계 위의 '절대성'을 통해서 비로소 그 의미를 확보하게 된다. 사실 상대성이론은 상대성에 대해 말한다기보다는 4차원 시공간의 절대성 내지 기차 안과 기차 밖 사이의 법칙 절대성(좀 더 정확하게 표현하면 '형식의 불변성')을 말하고 있는 것이다. 멈춰 있거나 일정한 속도로 반듯이 나아가는 좌표계를 관성계라 부른다면, 상대성의 가설 내지 특수상대성원리는 다음과 같은 주장을 의미한다.

특수상대성원리:
물리법칙은 모든 관성계에서 똑같은 꼴로 표현된다.

뉴턴의 운동방정식이 옳다면, 기차 안에 사는 이와 기차 밖에 사는 이가 의사소통하기 위해 사용하게 될 '사전'은 갈릴레오 변환일 것이다. 하지만, 전자기 현상을 기술하는 맥스웰의 방정식은 갈릴레오 변환이라는 사전과는 도무지 사이가 좋지 않다. 맥스웰의 방정식이 옳다면, 기차 안에 사는 이와 기차 밖에 사는 이가 의사소통을 위해 꺼내야 할 사전은 로런츠 변환이다. 그런데 이번에는 로런츠 변환이 뉴턴의 운동방정식과 사이가 안 좋다. 아인슈타인이 택한 해결책은 단순했다. 뉴턴의 운동방정식이 틀렸다는 것이다. 물론 더 정확하게 말하자면 뉴턴의 운동방정식이 새빨간 거짓말은 아니다. 로런츠 변환과 사이좋게 지낼 수 있는 올바른 운동방정식은 기차의 속력이 광속보다 대단히 작다면 원래의 뉴턴 방정식으로 돌아가기 때문이다. 뉴턴 방정식은 정확한 방정식의 어림近似, approximation이다.

하지만 왜 굳이 기차가 일정한 속도로 반듯이 나아가는 경우만으로 얘기를 국한해야 하는 걸까? 확실히 특수상대성이론은 좀 유별나거나 특수한 이론이다. 설사 기차가 가속하고 있거나 아무렇게나 움직이더라도 물리법칙이 달라질 것 같지 않기 때문이다. 1905년에 「움직이는 물체의 전기역학에 관하여」라는 논문에서 뉴턴의 고전 역학과 맥스웰의 전자기학 사이에 나타나는 충돌을 성공적으로 해결한 아인슈타인이 고민한 것은 바로 이 문제였다. 굳이 '관성계'에 국한되지 않고 어떤 좌표계에서든 물리법칙이 똑같은 꼴로 쓰일 수 있다면 좋겠구나 하는 것이 아인슈타인의 바람이었다. '관성계'라는 특수한 좌표계에 국한되지 않는다는 점에서 이것은 매우 일반적인 이론이 될 것이기에 이름도 '일반상대성원리'가 되었다.

일반상대성원리:
물리법칙은 모든 좌표계에서 똑같은 꼴로 표현된다.

더 전문적인 측면에서 보면 '상대성원리'는 사실 '상대성'에 대해 말하고 있는 것이 아니기 때문에 더 적절한 이름은 '특수공변성원리Principle of Special Covariance'나 '일반공변성원리Principle of General Covariance'가 될 것이다.*

하지만 가속되고 있는 기차나 비행기에서는 분명히 힘 같은 것이 느껴진다. 곡선 철로를 따라 둘러가는 기차에서는 컵에 담긴 커피를 쏟아 낭패를 겪는 일이 곧잘 생긴다. 운동의 방향이 바뀌는 것도 일종의 가속이기 때문에, 더 포괄적으로 말

* '공변성(共變性, covariance)'은 좌표변환과 같은 꼴로 변환된다는 의미이다. 예를 들어 비상대론적 역학에서 속도는 위치와 꼭 같은 방식으로 변환된다. 즉, 위치를 나타내기 위한 좌표축의 원점을 바꾸거나 좌표축의 방향을 바꿀 때 속도도 위치가 변환되는 방식과 똑같은 방식으로 변환된다. 특수공변성이란 여기에 덧붙여 로런츠 변환에 대해서도 공변한다는 것을 의미하며, 일반공변성이란 임의의 일반적인 좌표변환에 대해 똑같은 방식으로 변환된다는 것을 뜻한다.

한다면 가속되는 좌표계에서는 별도의 힘이 작용한다고 생각해야 할 것 같다. 그런데 별도의 힘이 있다면 얘기는 복잡해진다. 과감하게 말하자면, 특수상대성이론이 제안한 것은 뉴턴의 운동방정식에서 왼편에 있는 모양을 갈릴레오 변환이라는 '사전' 대신에 로런츠 변환이라는 '사전'과 잘 걸맞도록 바꾸자는 것이었다. 하지만 뉴턴의 운동방정식 $F=ma$의 왼쪽에 있는 항, 즉 '힘'을 바꾸지는 않았었다.

1907년에 아인슈타인은 《방사성 및 전자학 연보》지의 원고 청탁을 받고 논문을 준비하던 중 문득 "생애에서 가장 운 좋은 생각"을 떠올렸다. 그 내용을 가상으로 각색해 보면 다음과 같다.

안나 카라마조프는 아름다운 절벽을 바라보다 괜스레 지구의 중력을 느껴보고 싶은 충동에 사로잡혔다. 그 절벽이 너무나 아름다웠기 때문에 안나 카라마조프는 몸을 휙 낭떠러지 아래로 던졌다. 아마도 그것은 안나 카라마조프라는 가련한 여인의 화려한(?) 마감이 될 뻔했다. 그런데 한참 떨어지고 있던 안나 카라마조프는 여러 해 전 아픈 실연의 상처를 안겨주었던 알렉세이 빅토르가 마지막 선물로 준 은반지가 자신의 손가락에 끼워져 있음을 깨달았다. 끝내 마음을 정리하지 못하고 있던 안나는 너무나 자유스러운 마음으로 몇 년 만에 처음으로 그 은반지를 손가락에서 뽑아냈다. 그래, 이젠 모두 잊어버리는 거야. 살며시 은반지를 놓는다. 그런데 이게 웬 조화인가? 은반지는 그녀를 결코 떠날 수 없다는 듯 안나의 곁에서 함께 똑같은 가속도로 떨어지는 게 아닌가? 순간 안나 카라마조프는 확실히 깨달았다. 자유낙하하는 물체의 가속도는 모두 똑같다는 사실을! 내가 떨어지는 동안 은반지도 똑같이 함께 떨어진다는 것을 아주 오래전 이미 피사 대학교의 어느 수학자 교수가 기울어진 탑에서 실험으로 증명했다는 얘기가 생각나자, 안나 카라마조프는 갑자기 살고 싶다는 강력한 의지를 뼛속에서부터 느꼈다. 구사일생으로 살아난 안나 카라마조프는 자신의 깨달음을 스위스의 베른 특허국에서 일하는 한 청년에게 자랑처럼 얘기했던 것이다.

자유낙하하는 모든 물체가 똑같은 가속도로 떨어진다면, 자유낙하하는 좌표계, 즉 흔히 줄이 끊어진 엘리베이터로 표현되는 좌표계 안에서는 아무것도 떨어지지 않는다. 즉 무중력 공간에서 엘리베이터가 $9.8m/s^2$의 가속도로 움직이게끔 위로 당기면, 창문도 없는 엘리베이터 안에 있는 물리학자는 분명히 아래쪽으로 중력이 작용한다고 실험노트에 쓸 것이다. 제트기 조종사들이 받는 힘든 훈련 중 하나가 갑작스러운 가속에서 정신을 잃지 않고 버텨내는 훈련이다. 평범한 사람들은 3G만 되더라도 기절해 버리지만, 특수훈련을 받은 제트기 조종사

3-2 **등가원리**

들은 6G까지도 견딜 수 있다고 한다.

여기에서 G라는 단위는 무엇일까? 다름 아니라 지상에서의 중력가속도 9.8m/s²이다. 실제의 훈련에서는 비행기 모양의 장치를 빙빙 돌려서 제트기 조종사가 가속도를 느끼게 하는데, 장치 속에 있는 조종사에게는 이 장치의 가속도와 실제의 중력을 구분할 수 있는 방법이 아무것도 없다. 제트기가 갑작스럽게 상승하거나 하강할 때 받는 가속도는 제트기 조종사에게 본질적으로 중력과 똑같게 느껴진다. 이것이 아인슈타인이 '동등성원리(등가원리Equivalence Principle)'라고 불렀던 것의 내용이다.

동등성원리:

가속되는 좌표계가 만들어내는 효과는 중력이 만들어내는 효과와 구별되지 않는다.

중력은 질량에 비례하며, 관성질량과 중력질량이 같다면 모든 물체는 중력장 안에서 똑같은 가속도로 떨어진다. 그렇다면 자유낙하하는 승강기(우주선) 안에서는 중력이 사라질 것이다. 중력장 속에 있는 정지계와 중력이 작용하지 않는 공간에서 중력가속도의 크기로 가속되는 좌표계에서 나타나는 역학현상은 동등할 것이다. 이것이 '등가원리'이다. 중력은 원심력이나 코리올리힘처럼 비관성계를 관성계인 양 기술하기 위해 덧붙여지는 '가짜 힘'이다. 쉽게 말해, 중력은 롤러코스터처럼 이미 '휘어진'(이 말은 원심력과 같은 '가짜 힘'에 대한 직관적 표현의 하나로 도입된 듯하다) 시공간에서 나타나는 '가짜 힘'이다. 따라서 중력에 대한 자연스러운 기하학 표현은 시공간의 곡률*이다.

* 곡률(curvature)이란 공간의 휘어진 정도를 나타내는 수학적인 양으로서, 2차원 공간의 예를 보면 알기 쉽다. 평면(2차원 유클리드 공간)의 곡률은 0이 되게 정의하며, 구면 즉 공의 표면은 곡률이 양의 값이 되고, 안장면이나 나팔면은 곡률이 음의 값이 되도록 정의한다.

그렇다면 이러한 시공간의 휘어짐(곡률)을 어떻게 정할 수 있을까? 이 질문에 답하기 위해서는 고전적인 물리학 이론에서 중력이 어떻게 결정되는가를 상기할 필요가 있다. 뉴턴은 행성의 운동을 설명하기 위해 보편중력(또는 만유인력)의 법칙을 도입했다. 두 물체 사이에는 거리의 제곱에 반비례하는 힘이 작용한다는 것이 그것이다. 하지만, 이 두 물체가 어떻게 상대방의 존재를 '느낄' 수 있을까? 이 문제는 전기력이나 자기력에서도 똑같이 제기되는 문제이다.

전기와 자기의 경우에는 19세기의 위대한 물리학자 패러데이가 대단히 훌륭한 대답을 제시했다. '마당場, field'이라는 개념을 도입한 것이다. 상품과 상품 사이를 시장市場이 매개하듯이, 전하와 전하 사이를 매개하는 것이 전기장電氣場이며, 이와 비슷하게 자기장磁氣場의 개념을 도입할 수 있다. 중력의 경우에도 마찬가지이며, 그것이 바로 중력장重力場이다. 즉, 질량 M인 물체는 그 주변에 중력장을 만들어내며, 질량 m인 다른 물체는 중력장을 만들어낸 물체를 '느끼는' 대신에, 자신이 놓여 있는 공간에 이미 만들어져 있는 마당을 '느끼는' 것이다. 그러나 20세기에 들어서면서 이 고전적인 중력이론이 여러 면에서 문제점을 안고 있다는 점이 여러 사람에게서 지적되기 시작했다.

아인슈타인은 이 고전적인 중력이론을 어떻게 극복하고 넘어설 수 있을지 온통 고민에 휩싸였다. 다시 행운이 찾아왔다.

1912년 가을, 꿈에 그리던 모교 취리히 연방공과대학에서 교편을 잡은 아인슈타인을 반갑게 맞아준 것은 학부 시절 시험 때마다 노트를 빌려주곤 했던 수학자 그로스만이었다. 아인슈타인의 설명을 들은 그로스만은 대번에 "그건 리치와 리만의 기하학을 쓰면 될 거야"라고 대답했다. 하지만 천재 아인슈타인도 이번에는 상당히 고전을 면치 못했다. 3년 동안의 다양한 시도 끝에 결국 베를린에 가서야 비로소 스스로 만족스러운 답을 찾아낼 수 있었다. 이것이 바로 아인슈타인의 중력장 방정식이다. 아인슈타인의 마당방정식은 시공간의 곡률과 물질의 분포(정확히는 에너지-운동량 등)를 연관 짓는 방정식이다. 이는 다음과 같이 쓸 수 있다.

아인슈타인 중력장 방정식:

(시공간의 곡률) = (중력상수) × (물질의 분포)

아인슈타인 중력장 방정식의 오른편은 물질의 분포를 나타내며, 왼편은 시공간의 거리함수에 대한 2계도함수를 나타낸다. 고전 중력 이론인 뉴턴-푸아송 이론에서는 중력현상을 기술하기 위해 중력장에 해당하는 양으로서 단 하나의 스칼라 함수(중력 퍼텐셜)만을 사용한다. 반면에, 일반상대성이론은 거리함수(메트릭)라는 텐서를 사용한다. 거리함수 텐서를 확정하려면 10개의 함수를 구해야 한다. 아인슈타인의 중력장 방정식은 중력이 매우 약한 경우에 뉴턴-푸아송 이론과 똑같은 모습이 된다.

요컨대 일반상대성이론은 일반상대성원리(또는 일반공변성원리), 동등성원리(등가원리), 아인슈타인 중력장 방정식에 바탕을 둔 중력이론이며, 중력장을 시공간의 휘어짐(곡률)과 같다고 보는 이론이다. 일반상대성이론은 어디에나 보편적으로 존재하는 중력에 대한 가장 올바른 이론으로 여겨지고 있으며, 중력장을 시공간과 연결함으로써 시간과 공간에 대한 새로운 성찰을 가져온 시공간의 이론이기도 하다.

일반상대성이론이 탄생하기까지

1916년에 완성된 일반상대성이론이 발표되기까지 아인슈타인은 오랜 여정을 걸어야 했다. 1916년 아인슈타인은 상대성이론을 다룬 프로인틀리히의 책을 위해 마련한 노트에서, 일반상대성이론이 탄생하기까지의 주요한 세 계기를 이야기했다.[3]

1907년 일반상대성이론의 기초 개념을 확립함.

1912년 거리함수의 비유클리드적인 성질과 이를 중력에 의해 물리적으로 결정하는 것을 인식함.

1915년 중력장 방정식. 수성의 근일점 이동에 대한 설명.

이는 일반상대성이론의 발전을 다음 세 단계로 나누는 것과 같다.

(a) 중력의 상대론적인 이론에서 등가(동등성)원리가 갖는 의미를 이해한 것.(1907)

(b) 중력장은 4차원 리만 기하학의 거리함수 텐서로 표현된다는 인식.(1912)

(c) 중력장의 샘과 거리함수 텐서를 연관 짓는 중력장 방정식의 최종형태를 유도한 것.(1915)

지금부터 일반상대성이론이 완성되기까지의 역사적 국면들을 이 세 단계로 나누어 살펴보기로 하자.

사실 일반상대성이론이라는 위대한 작품이 탄생하기 위한 씨앗은 이미 1907년에 아인슈타인의 머릿속에 뿌려져 있었다. 1921년 2월 17일에 발행된 《네이처*Nature*》는 한 호 전체를 상대성이론을 다루는 데 할애했다. 아인슈타인은 이 호를 위해 「상대성이론의 기초 개념과 방법들의 전개」라는 제목의 초고를 작성했다. 하지만, 이 글은《네이처》에 싣기에는 너무 길었고, 이후에도 끝내 출판되지 않았다. 다행히 이 초고는 보존되어 뉴욕의 피어폰트 모건 도서관에 소장되었다. 이 원고에서 아인슈타인은 다음과 같이 말한다.

> 1907년에 내가《방사성 및 전자학 연보》에 특수상대성이론을 해설하는 논문을 쓰고 있을 때 나는 뉴턴의 중력이론을 특수상대성이론에 걸맞게끔 고치려 하고 있었다. 이 방향의 시도는 그것이 가능하다는 것은 보여주었지만, 물리적 토대가 없는 가설에 바탕을 두고 있었기 때문에, 나로서는 이에 만족할 수 없었다. (…) 그때 내 생애에서 가장 운 좋은 생각이 다음과 같은 형태로 떠올랐다. 중력장은 전자기 유도에서 생성되는 전기마당과 마찬가지로 상대적인 존재에 지나지 않는다. 예를 들어 어느 집의 지붕으로부터 자유낙하하는 관찰자에게는 낙하하는 동안에 (적어도 관찰자 바로 주변 속에서는) 중력장이 존재하지 않기 때문이다. 실제로 관찰자가 어떤 물체를 떨어뜨리면, 이 물체는 그 특정의 화학적 또는 물리적 성질이 무엇이든지 상관없이 관찰자에 상대적으로 멈춰 있거나 균일한 운동을 하는 상태에 머물러 있다. (이 고찰에서 물론 공기저항은 무시된다.) 따라서 관찰자는 자신의 상태를 '멈춰 있다'고 해석할 권리가 있다.
>
> 이런 점 때문에 중력장 안에서 모든 물체가 똑같은 가속도로 떨

어진다는 매우 특별한 경험법칙이 곧바로 심오한 물리적 의미를 얻게 된다. 즉, 중력장 안에서 다른 모든 물체와 다르게 떨어지는 단 하나의 물체만 있더라도 그 덕분에 관찰자는 자신이 중력장 안에 있고 그 속에서 낙하하고 있음을 알 수 있다. 그러나 (실험에서 매우 정밀하게 나타는 것처럼) 그런 물체가 존재하지 않는다면, 관찰자는 자신이 중력장 안에서 떨어지고 있음을 알 수 있는 객관적인 수단이 없다. 오히려 관찰자는 자신의 상태가 정지 상태이며 자신 주변에 중력장이 없다고 생각할 권리가 있다.[4]

앞에서 소개한 안나 카라마조프의 이야기는 아인슈타인의 바로 이 언급을 각색한 것이었다. 이 얘기는 1922년 12월에 교토에서 아인슈타인이 한 강연에도 나온다.

베른의 특허국의 의자에 앉아 있는데 갑자기 이런 생각이 떠올랐습니다. '어떤 사람이 자유낙하한다면 그는 자신의 무게를 느낄 수 없을 것이다.' 나는 놀랐습니다. 이 단순한 생각은 나에게 깊은 인상을 주었습니다. 이는 나를 중력이론 쪽으로 나아가게 했습니다. (…)
1907년에 나는 특수상대성이론의 결과에 대한 리뷰 논문을 쓰고 있었습니다. (…) 나는 모든 자연 현상이 특수상대성으로 논의될 수 있지만 중력법칙은 예외라는 점을 깨달았습니다. 나는 그 뒤에 깔린 이유를 이해하려는 강한 욕심이 생겼습니다. (…) 질량[관성]과 에너지 사이의 관계가 특수상대성이론에서는 그렇게 아름답게 유도되는 반면, 관성과 질량 사이의 관계가 없다는 것이 가장 불만족스러웠습니다. 나는 이 관계를 특수상대성이론으로는 찾아낼 수 없으리라는 느낌을 받았습니다.[5]

요컨대 일반상대성이론으로 가는 길목에서 가장 중요한 디딤돌 역할을 하게 되는 아이디어 중 하나가 바로 중력의 효과와 가속되는 좌표계의 효과는 구분할 수 없다는 점이었다. 후에 아인슈타인은 이를 동등성원리라고 부르면서 일반상대성이론을 구성하는 기초적인 지도원리로 삼았다.

그러나 이 아이디어 이후에 프라하에 가기까지 아인슈타인은 자신의 생각을 확장하여 제대로 된 이론을 전개할 수가 없었다. 당장 특허국도 그만둘 형편이 아니었고, 베른 대학교의 강의는 아침 일찍이 아니면 저녁에 해야 했다. 취리히 대학교 부교수 자리를 얻었지만, 다른 연구에 정신없이 몰두해 있었고, 프라하에 가서야 비로소 차분하게 몇 년 전의 아이디어를 되새길 시간 여유를 가질 수 있었다. 그가 찾고자 했던 것은 특수상대성이론에서처럼 가속되지 않는 좌표계가 아니라 일반적인 모든 좌표계, 다시 말해서 가속되는 좌표계에서도 물리법칙이 모두 동등하게 성립하는 이론이었다.

등가원리에 따르면, 시간과 위치를 나타내는 좌표계를 어떻게 선택하더라도 그 꼴이 달라지지 않는 물리법칙은 어떤 방식으로든 중력과 연관이 있을 게 틀림없었다. 문제는 그 중력을 나타내는 수학적 함수에 대한 서술이었다. 이제까지 중력을 나타낸다고 생각해 온 단순한 실수값 함수가 새로운 이론을 담기에 역부족이라면, 새 술을 담을 수 있는 새 가죽부대는 무엇일까?

1912년 8월, 취리히로 돌아오는 길에 아인슈타인은 학부 시절 배웠던 가우스의 곡면이론을 떠올렸다. 이는 곧 리만 기하학을 사용하여 중력이론을 기술하자는 아이디어였다. 취리히 공과대학으로 돌아온 아인슈타인이 그로스만에게 거리함수가 일반좌표변환에 대해 변하지 않게 하는 기하학이 필요하다고 말하자, 그로스만은 리만, 크리스토펠, 리치 등이 체계화한 미분기하학*이 아인슈타인이 찾는 기하학이라고 대답하였던 것이다.

아인슈타인은 교토 강연에서 다음과 같이 말했다.

* 현재는 미분기하학(differential geometry)이라는 이름을 갖는 이 수학 이론은 매우 미소한 거리에 대한 논의를 바탕으로 기하학을 전개하는 것으로서 절대미분학(absolute differential calculus)이라는 이름으로 불리기도 했다.

모든 가속되는 좌표계가 동등하다면 유클리드 기하학이 모든 좌표계에서 성립할 리가 없습니다. 기하학을 내버리고 물리법칙을 간직하려는 것은 언어 없이 생각을 기술하는 것과도 같습니다. 우리는 생각을 기술하기에 앞서 언어를 찾아야 합니다. 이 점에서 우리는 무엇을 찾을까요? 나는 이 문제를 계속 해결하지 못하고 있다가 1912년에 갑자기 가우스의 곡면이론이 이 수수께끼를 풀어낼 열쇠를 갖고 있음을 알아챘습니다. 나는 가우스의 곡면좌표가 심오한 의미를 지니고 있음은 알았지만, 당시에는 리만이 훨씬 더 심오한 방식으로 기하학의 기초를 연구했다는 것은 모르고 있었지요. 문득 학부 시절에 들었던 가이저 교수의 기하학 강의가 떠올랐습니다. (…) 기하학의 기초가 물리적 의미를 갖고 있음은 알았습니다. 내가 프라하에서 취리히로 돌아갔을 때, 거기에는 친애하는 벗이던 수학자 그로스만이 있었습니다. 나는 그에게서 처음으로 리치에 대해 들었고 나중에는 리만에 관해 들었습니다. 그래서 나는 벗에게 내 문제가 리만의 이론으로 해결될 수 있을지 물었습니다. 다시 말해서 선요소의 불변량들로부터 내가 줄곧 찾고 있던 양들이 완전하게 정해질 수 있을지 물었던 것입니다.[6]

이 얘기는 1923년에 프라하에서 아인슈타인이 했던 강연의 내용과도 일치한다.

내가 일반상대성이론의 수학적 문제와 가우스의 곡면이론 사이의 유사성에 대해 명료한 아이디어를 갖게 된 것은 1912년에 취리히에 돌아왔을 때였습니다. 그러나 당시에는 리만, 리치, 레비-치비타의 연구는 모르고 있었습니다. 이들의 연구가 처음 내 관심사에 들어온 것은 내 벗 그로스만 덕분이었습니다. 내가 그에게 제기한 문제는 2차 기본불변량의 계수들의 도함수에만 의존하는 성분을 갖는 일반공변 텐서를 찾는 일이었습니다.[7]

가우스의 곡면이론은 유클리드 기하학에 정면으로 맞서는 기하학이론이었다. 유클리드 기하학은 어느 직선 밖의 한 점을 지나면서 이 직선과 만나지 않는 직선은 오직 하나 존재한다는 이른바 '평행선의 공리'에 토대를 두고 있다. 하지만 구면 위의 기하학에서는 어느 직선 밖의 한 점을 지나는 직선은 모두 그 직선과 만날 수밖에 없기 때문에 평행선은 존재하지 않으며, 안장 곡면 또는 나팔 곡면 위의 기하학에서는 직선 밖의 한 점을 지나면서 그 직선과 만나지 않는 직선은 무수히 많이 있을 수 있다. 가우스의 곡면이론은 다름 아니라 비유클리드 기하학이다.

아인슈타인은 1912년 7월에서 8월 초에 이르는 시기에 일반공변성이 있는 방정식을 탐구하는 쪽으로 옮겨 가게 된 이유를 1921년에 출판된 『기하학과 경험*Geometrie und Erfahrung*』에서 다음과 같이 설명했다.

> 일반공변성이 있는 방정식으로 옮겨 가게 된 결정적인 단계는 [다음과 같은 고려가 아니었으면] 나타나지 않았을 것이다. 관성계에 대하여 회전하고 있는 좌표계에서는 로런츠 변환 때문에 강체를 지배하는 방정식이 유클리드 기하학의 규칙을 따르지 않는다. 따라서 모든 비관성계를 같은 토대 위에 놓으려면 유클리드 기하학을 버려야 한다.

유클리드 기하학에서는 두 점 사이의 거리가 이른바 피타고라스의 정리에 따라 정해지지만, 비유클리드 기하학에서는 거리라는 개념 자체를 새롭게 정의해야 한다. 리만 기하학에서 거리는 거리함수 텐서 또는 메트릭metric이라 부르는 수학적인 양으로 정의된다. 따라서 비관성계에서만 나타나는 효과 또는 중력의 효과를 나타내는 수학적인 양은 틀림없이 이 거리함수 텐서와 관계되리라는 것이 아인슈타인의 생각이었다.

요컨대 어느 좌표계에서나 그 형식이 달라지지 않는 물리 법칙은 리만 기하학에서 연구된 일반공변 텐서로 서술되어야 하며, 중력장은 어떤 방식으로든 4차원 시공간의 거리를 나타내는 함수로 표현될 것이다. 그런데 문제는 중력장을 나타내는 일반공변 텐서는 정확히 무엇인지, 그리고 실제로 중력장을 기술할 수 있게 해주는 구체적인 방정식이 무엇인지 등에 대해 아직은 아무런 실마리를 찾을 수 없다는 것이었다. 다음 단계로 넘어가기까지 아인슈타인은 3년 동안 많은 우여곡절을 겪어야 했다.

고전적인 중력이론인 뉴턴-푸아송 이론에서는 중력장을 하나의 스칼라 마당으로 나타내는데, 이 스칼라 마당을 결정하는 중력장 방정식은 좌변이 중력 퍼텐셜의 2계도함수이고 우변이 물질의 밀도이며, 이 둘 사이의 관계가 뉴턴의 중력상수 $G = 6.67 \times 10^{-11}\ \mathrm{m^3/kg \cdot s^2}$로 연결되어 있다.

이제 스칼라 마당 하나 대신 10개의 성분을 갖는 거리함수 $g_{\mu\nu}$가 중력장을 기술한다면, 뉴턴-푸아송 방정식에 해당하는 중력장 방정식은 과연 무엇인가가 새로운 문제로 떠오르게 된다. 아인슈타인의 말을 빌리자면,

> 그러므로, 중력의 모든 문제는 중력장을 결정하는 양인 $g_{\mu\nu}$가 만족해야 하는 일련의 방정식을 찾기만 하면 모두 해결될 것이다. 이 방정식은 임의의 좌표변환에 대하여 공변(형식불변)이어야 한다.

임의의 좌표변환에 대하여 그 꼴이 달라지지 않는 수학적인 양을 텐서라 하면, 아인슈타인이 찾으려 한 중력장 방정식

은 일반적으로

$$A_{\mu\nu} = GT_{\mu\nu}$$

($T_{\mu\nu}$ 는 물질의 성질을 나타내는 텐서이고, G는 뉴턴 중력상수)

의 꼴이 될 것이며, 이 방정식의 좌변은 중력장을 나타내는 거리함수 텐서의 도함수들로 이루어져 있을 터였다. 문제는 $A_{\mu\nu}$가 과연 무엇인가였다. 1912년에서 1915년에 이르는 기간 동안에 그로스만과의 공동연구에서 아인슈타인이 골몰했던 문제는 바로 이것이었다.

그러나 1915년 초까지도 그러한 방정식을 찾는 작업은 실패로 보였다. $A_{\mu\nu}$의 가장 적절한 후보는 리치 텐서라 불리는 양이었지만, 아인슈타인과 그로스만은 "중력장이 매우 약하고 시간에 따라 변하지 않는 특별한 경우에, 리치 텐서가 뉴턴-푸아송 이론의 중력 퍼텐셜로 환원되지 않기 때문에" 리치 텐서가 부적절하다고 판단했다. 그래서 그들은 일반적인 모든 변환에 대해 공변인 중력장 방정식 대신에 일차 변환이라는 특수한 경우에 대해서만 형식불변인 방정식을 제안했다.

1913년 8월에 아인슈타인이 로런츠에게 보낸 편지를 보면, 아인슈타인이 이런 어쩔 수 없는 타협에 대해 얼마나 불만족스러워했는지 쉽게 짐작할 수 있다.

이 이론에 대한 제 믿음은 여전히 흔들리고 있습니다. (…) 우리가 얻은 중력장 방정식은 일반좌표변환에 대한 공변성을 갖고 있지 않습니다. 일차 변환에 대한 공변성만 확인되었을 뿐입니다. 그렇지만 이 이론의 전체적인 믿음은 바로 좌표계의 가속이 중력장과 동등하다는 확신에 바탕을 두고 있습니다. 따라서 이론의 방정식들에서 일차변환 외의 다른 변환이 허용되지 않는다면, 이 이론은 바로 그 출발점과 모순을 일으키며, 그렇기 때문에 모든 것이 공중에 떠버린 셈입니다.[8]

아인슈타인은 이듬해 7월 7일에 이루어진 괴팅겐 대학교에서의 강연 주제를 "이제까지의 이미 매우 명확한 중력이론"이라고 묘사했다. 그러나 11월 7일에 힐베르트에게 보낸 편지에서 아인슈타인은 "저는 네 주 전에 그때까지의 제 증명 방법이 모두 거짓이었음을 깨달았습니다"라고 쓰고 있다. 11월 28일에 조머펠트에게 보낸 편지에서 "지난 한 달 동안은 제 생애에서 가장 정신없고 힘든 시기였습니다만, 가장 성공적인 시기이기도 했습니다"라고 쓴 것으로 보아, 아인슈타인은 1915년 7월에서 10월 사이에 자신의 생각을 심각하게 수정했음을 알 수 있다.

아인슈타인이 11월 28일에 조머펠트에게 보낸 편지에는 이 무렵 (1) 일정하게 회전하는 좌표계에서의 중력장은 이전의 중력장 방정식을 만족하지 않는다는 점, (2) 수성의 근일점의 운동이 100년 동안 45초가 아니라 18초의 각으로 계산된다는 점, (3) 해밀턴 함수의 임의성 등 이전의 이론 전개에서 나타나는 세 가지 문제점을 깨달았다고 쓰고 있다.

막상 오류를 찾아내자 연구는 의외로 급진전되었다. 11월 한 달 동안 차근차근 오류가 수정되어 나갔고, 1915년 11월 25일 프로이센 과학학술원 물리학-수학 분과에서 아인슈타인은 「중력장 방정식」이라는 제목의 논문을 발표했다. 일반상대성이론이 탄생하는 순간이었다. 아인슈타인은 이 최종결과에 적이 만족했다. 이 최종결과로부터 계산된 수성의 근일점 이동은 이미 오래전에 정밀하게 관측된 값과 잘 맞아 떨어졌고, 이론내적으로도 사실상 빈틈없는 논리적으로 완결된 체계를 구성한 것이었다. 특수상대성이론을 고안하게 된 동기 중 하나였던 "물리법칙은 모든 좌표계에서 동등하다"는 원리도 잘 충족시켰고, 중력이 약한 경우에 고전적으로 잘 확립된 뉴턴-푸아송 이론도 도출되었다. 명실공히 새로운 그리고 올바른 중력이론을 얻은 것이었다. 이제 남은 것은 이 새로운 중력장 방정식을 풀어서 시간과 공간의 근본적인 모습을 밝혀내고 이를 해석하는 일이었다.

9장

전쟁의 포성 속에서 우주의 비밀에 접근하다

슈바르츠실트의 풀이

1916년 6월 29일 베를린에서 열린 왕립 프로이센 과학학술원 학술대회에 선 아인슈타인의 마음은 무거웠다. 오래전부터 이 과학학술원의 학술대회에도 꾸준히 참석하고, 또 회보에 논문을 기고하고 여러 학자들과 교류했고, 1913년 정회원이 되고부터는 더 애정을 가지고 학술대회에 참석해 왔지만 이날의 발표는 달랐다. 그해 5월 11일에 자신의 일반상대성이론의 전개에 가장 중요한 역할을 했던 동료가 마흔두 살의 나이로 세상을 떠났던 것이다. 그 학술대회에서 아인슈타인이 추도사를 읽은 과학자는 카를 슈바르츠실트(1873-1916)였다.

전쟁은 나에게 자비를 베풀어 주어서, 지척에서 엄청난 포화가 쏟아지는 속에서도 선생님의 사유의 땅에서 산책하는 것을 허락했습니다.

이것은 1915년 12월 22일 제1차 세계대전이 한창일 때 러시아와의 전선 한복판에 있던 독일의 천체물리학자 슈바르츠실트가 전장에서 아인슈타인에게 보낸 편지의 한 구절이었다. 블랙홀 이야기에서 어김없이 나오는 슈바르츠실트 반지름이 바로 그를 기리는 용어다. 그는 포성으로 꽉 찬 전장에서 도대체 어떤 산책을 했던 것일까?

일반상대성이론은 흔히 1915년에 발표되었다고 한다. 이는 아인슈타인이 1915년 11월 25일 프로이센 과학학술원 물리학-수학 분과에서 「중력장 방정식」이라는 제목의 논문을 발표했기 때문이다. 이 발표문은 12월 2일에 출간되었다. 그러나 이 글을 체계적으로 정리하여 일반상대성이론을 제대로 보여주는 유명한 논문 「일반상대성이론의 기초」는 1916년 3월 20일에야 투고되어 5월 11일에 비로소 출간되었다. 프로이센 과학학술원에서 발표한 뒤 무려 4개월을 더 끈 셈이다. 아인슈타인은 왜 일반상대성이론의 발표를 미루었을까? 가장 중요한 요인은 그사이에 발표된 슈바르츠실트의 논문 두 편이다.

일반상대성이론은 이 세상에서 가장 아름다운 물리학 이론이라는 찬사를 받곤 한다. 그런데 자연과학, 특히 물리학에서 법칙을 알아내고 이를 더 체계화하여 하나의 완성된 이론을 만들어낸다는 것은 무슨 의미일까? 결국 물리학 이론이 제대로 이론다운 모습을 갖추기 위해서는 실제 현상에 대해 문제를 풀어낼 수 있어야 한다.

1687년에 출판된 뉴턴의 『자연철학의 수학적 원리』는 이미 알려져 있던 행성의 운동법칙들을 비롯하여 중요한 현상들을 모두 설명할 수 있는 탁월한 이론이었다.

라플라스는 『확률의 해석학적 이론*Théorie analytique des probabilités*』의 서문에서 "주어진 특정 순간에, 자연을 움직이는 모든 힘과 자연을 이루는 존재들의 각각의 상황을 다 알고 있는 어떤 지성이 이 모든 정보를 다 분석할 수 있을 만큼 뛰어나다면, 이 지성은 우주의 거대한 천체들로부터 가장 작은 원자에 이르기까지 그 운동을 같은 공식으로 포괄할 수 있을 것이며, 과거와 현재와 미래의 그 어떤 것도 불확실한 것은 없을 것이다"라고 적었다. 결국 '라플라스의 악마'라고까지 불리는 이 뛰어난 지성에게 가장 중요한 것은 방정식을 풀어내는 능력이다.

일반상대성이론도 마찬가지다. 새로운 이론으로 태어났다고 하지만, 그 이론을 써서 관심을 두고 있는 현상을 정확히 풀어내지 못한다면 이론이 제대로 역할을 하지 못한다. 요즘은 이론에서 필요로 하는 방정식이 명확하게 있으면 컴퓨터를 이용하여 방정식을 풀어내는 것이 비교적 쉬운 일이 되었지만, 아인슈타인 당시만 해도 이런 것은 상상할 수 없는 일이었다. 그래서 새로운 이론을 만들어내는 것만큼이나 그 이론에 담겨 있는 방정식을 풀어내는 일이 크나큰 과제였다.

이 일을 처음 해낸 것은 아인슈타인이 아니라, 아인슈타인보다 6년 일찍 태어난 독일의 천문학자 슈바르츠실트였다. 슈바르츠실트는 열여섯 살이 되기 전에 쌍성의 궤적을 구하는 천체역학 분야의 논문 두 편을 학술지 《천문회보*Astronomische Nachrichten*》에 발표할 만큼 어릴 적부터 뛰어난 영재였고, 스물세 살에 푸앵카레의 이론에 대한 연구로 뮌헨 대학교에서 박사학위를 받았다.

슈바르츠실트는 수학 분야의 계산에 뛰어났다. 천문학과 천체역학뿐 아니라 광학, 사진, 전자기학 등에서 중요한 논문을 120편 넘게 발표했다. 특히 천체사진의 측광학적 연구에 집중했다. 28세에 괴팅겐 대학교의 교수가 되면서 다비트 힐베르트와 헤르만 민코프스키와 공동으로 연구하는 좋은 기회를 얻었다. 그뿐 아니라 괴팅겐 대학교 천문관측소의 소장이 되었는데, 이 천문관측소의 첫 번째 소장이 바로 가우스였으니 슈바르츠실트가 얼마나 인정받고 있었는지 쉽게 짐작할 수 있을 것이다. 탁월한 연구업적 덕분에 1909년 포츠담 천체물리 관측소 소장 자리를 맡게 된 뒤로 그의 연구는 일취월장했다.

그러나 운명의 여신은 슈바르츠실트에게 가혹했다. 1914년 제1차 세계대전이 일어나자 그는 군대에 자원입대했다. 물리학자로서 포병부대를 도울 수 있다고 생각했던 것이다.

1915년 겨울, 눈보라가 휘몰아치는 동부전선에 투입된 슈바르츠실트의 손에 막 출판된 프로이센 과학학술원 회보가 쥐어졌다. 거기에는 아인슈타인이 1915년 11월 18일에 발표한 짧은 논문이 실려 있었다. 「일반상대성이론에 의한 수성 근일점 이동의 설명」이라는 제목의 이 논문은 아인슈타인이 11월 4일에 발표했던 논문 「일반상대성이론을 위하여」에서 제안한 임시적인 이론을 기반으로 수성의 근일점 이동 중 뉴턴 이론으로 설명되지 않던 세차를 43초로 계산하고 있다. 이미 프랑스의 위르뱅 르베리에가 꽤 정확하게 관측한 수성 근일점의 세차가 100년 동안 45±5초였으므로 이 계산은 상당히 훌륭한 것이었다.

그러나 아인슈타인의 계산은 지금의 중력장 방정식을 완전히 풀어낸 결과가 아니었다. 무엇보다도 지금 확립된 아인슈타인 중력장 방정식은 아직 나오지 않은 상태였다. 게다가 불완전한 임시적인 방정식조차 비선형 연립 편미분방정식이어서 풀기가 매우 어려웠다. 그래서 아인슈타인은 중력장 방정식의

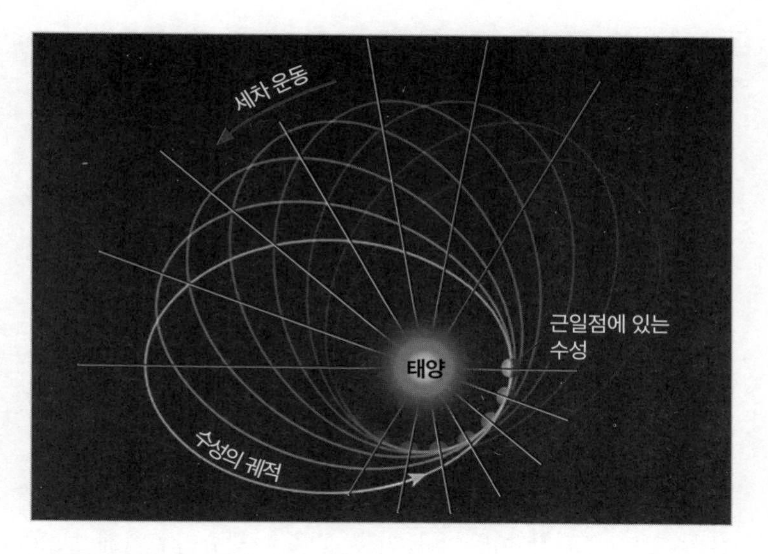

3-3 수성 근일점의 세차 운동

풀이를 온전히 구하지 않고, 그 대신 어림을 해서 가장 영향이 큰 항만 남기는 방식으로 계산을 간신히 해냈다. 측지선 방정식에 들어가는 크리스토펠 기호에서 거리함수 텐서를 민코프스키 시공간의 텐서와 섭동항의 합으로 쓸 수 있다고 가정한 뒤에 이차 어림까지 계산한 것이었다. 또 직교좌표계로 풀었기 때문에 실질적으로 풀이는 불완전했다.

러시아 전선에 있던 슈바르츠실트가 정확히 언제 이 학술원 소식지를 받아 읽었는지는 알 수 없다. 하지만 그는 소식지에 실린 아홉 쪽짜리 논문을 읽고 진공 중력장 방정식의 정확한 풀이를 구했다. 구대칭이며 시간에 따른 변화가 없는 경우로 문제를 좁힌 덕분에 풀이를 어렵지 않게 구할 수 있었다.

슈바르츠실트는 아인슈타인의 계산에 틀린 점이 있음을 발견했다. 12월 22일에 아인슈타인에게 보낸 편지에 자신의 풀이를 적으면서 다음과 같이 말하고 있다. "저는 선생님의 중력 이론을 검증하기 위해 수성의 근일점 문제를 깊이 고민했습니다. 그런데 제가 계산한 일차 어림의 결과가 선생님의 계산 결과와 달라서 당황했습니다."

슈바르츠실트는 이 편지와 함께 「아인슈타인의 이론에 따른 질점의 중력장」이란 제목의 논문을 아인슈타인에게 보내 프로이센 과학학술원 회보에 투고해 달라고 부탁했다. 이 논문에는 중력장 방정식을 아주 특수한 경우로 국한하여 구한 최초의 엄밀한 풀이가 담겨 있었다. 아인슈타인은 슈바르츠실트에게 1915년 12월 29일에 보낸 답장에서 "풀이가 유일함을 증명하는 선생님의 계산은 대단히 흥미롭습니다. 이 결과를 얼른 발표하겠습니다. 질점 문제를 엄밀하게 다루는 것이 이렇게 간단하리라고는 전혀 생각하지 못했습니다"라고 솔직한 심경을 밝히기도 했다.

하지만 이 무렵 아인슈타인은 자신의 논문이 수성 근일점의 세차와 어떻게 연결될까 하는 문제에 골몰하면서 헨드릭 로런츠 그리고 파울 에렌페스트와 계속 교신하고 있었고 멀리 떨어져 사는 가족과 편지를 주고받으면서 매우 바쁜 연말연시를 보내고 있었다. 슈바르츠실트의 논문을 거의 3주가 지난 1916년 1월 13일에야 비로소 투고한 것은 그런 사정 때문이었을 것이다.

엄밀한 풀이는 특히 이론물리학에서 대단히 중요하다. 중력장 방정식을 비롯하여 물리학에서 다루어지는 방정식은 여러 가지 물리량들 사이의 추상적이고 일반적인 관계를 나타낼 뿐이기 때문에 방정식만으로는 현상을 설명하거나 예측할 수 없다. 특히 뉴턴 방정식이나 맥스웰 방정식과 같은 가장 근본적인 방정식들은 물리량을 나타내는 함수들과 그 함수들의 도함수들이 복잡하게 얽혀 있는 이른바 미분방정식이다.

일반상대성이론이 난해하기로 악명 높은 까닭은 아인슈타인 중력장 방정식이 미분방정식 중에서도 더 풀기가 어려운 비선형 연립 편미분방정식이기 때문이다. 우선 편미분이라는 것은 독립변수가 하나가 아니라는 뜻이다. 시간과 공간의 좌표를 나타내는 4개의 독립변수가 있기 때문에 미분도 4가지가 있고 이것들이 복잡하게 얽혀 있다. 풀이로 구해야 하는 함수는 거리함수 텐서라 부르는 10개의 함수이다. 흔히 '지뮤뉴$g_{\mu\nu}$'라고 부르는데, 여기에서 무릎번호 '뮤μ'와 '뉴ν'는 각각 1부터 4까지 변한다. 즉 g_{11}부터 g_{44}까지가 되는데, 그러면 모두 16개가 될 터이지만 그나마 다행히 g_{12}과 g_{21}같이 '뮤μ'와 '뉴ν'가 반

SCHWARZSCHILD: Über das Gravitationsfeld eines Massenpunktes 189

Über das Gravitationsfeld eines Massenpunktes nach der EINSTEINschen Theorie.

Von K. SCHWARZSCHILD.

(Vorgelegt am 13. Januar 1916 [s. oben S. 42].)

§ 1. Hr. EINSTEIN hat in seiner Arbeit über die Perihelbewegung des Merkur (s. Sitzungsberichte vom 18. November 1915) folgendes Problem gestellt:

Ein Punkt bewege sich gemäß der Forderung

$$\left.\begin{aligned} &\delta\int ds = 0, \\ \text{wobei} \quad & \\ &ds = \sqrt{\sum g_{\mu\nu}\, dx_\mu\, dx_\nu} \qquad \mu, \nu = 1, 2, 3, 4 \end{aligned}\right\} \qquad (1)$$

ist, $g_{\mu\nu}$ Funktionen der Variabeln x bedeuten und bei der Variation am Anfang und Ende des Integrationswegs die Variablen x festzuhalten sind. Der Punkt bewege sich also, kurz gesagt, auf einer geodätischen Linie in der durch das Linienelement ds charakterisierten Mannigfaltigkeit.

Die Ausführung der Variation ergibt die Bewegungsgleichungen des Punktes

$$\frac{d^2 x_\alpha}{ds^2} = \sum_{\mu,\nu} \Gamma^\alpha_{\mu\nu} \frac{dx_\mu}{ds} \frac{dx_\nu}{ds}, \qquad \alpha, \beta = 1, 2, 3, 4 \qquad (2)$$

wobei

$$\Gamma^\alpha_{\mu\nu} = -\frac{1}{2} \sum_\beta g^{\alpha\beta} \left(\frac{\partial g_{\mu\beta}}{\partial x_\nu} + \frac{\partial g_{\nu\beta}}{\partial x_\mu} - \frac{\partial g_{\mu\nu}}{\partial x_\beta} \right) \qquad (3)$$

ist und $g^{\alpha\beta}$ die zu $g_{\alpha\beta}$ koordinierte und normierte Subdeterminante in der Determinante $|g_{\mu\nu}|$ bedeutet.

Dies ist nun nach der EINSTEINschen Theorie dann die Bewegung eines masselosen Punktes in dem Gravitationsfeld einer im Punkt $x_1 = x_2 = x_3 = 0$ befindlichen Masse, wenn die »Komponenten des Gravitationsfeldes« Γ überall, mit Ausnahme des Punktes $x_1 = x_2 = x_3 = 0$, den »Feldgleichungen«

3-4 슈바르츠실트의 논문「아인슈타인의 이론에 따른 질점의 중력장」(1916)

대가 되면 함수의 값이 똑같아야 하기 때문에 6개는 구할 필요가 없다. 이렇게 구해야 하는 함수가 많아지면 방정식의 개수도 늘어나기 때문에 연립방정식이 된다.

하지만 일반상대성이론의 난해함의 핵심은 바로 비선형이란 점에 있다. 흔히 볼 수 있는 미분방정식들은 구해야 하는 함수만 들어 있을 뿐이고 그 함수의 제곱이라든가 그 함수에 다시 삼각함수를 적용한 꼴이라든가 하는 것이 없기 때문에, '선형(직선과 닮은 일차함수)'이라고 한다. 선형 미분방정식은 어떻게든 몇 개의 풀이를 찾아내면 일반적인 모든 풀이를 찾아내는 방법이 널리 알려져 있다. 그러나 비선형 미분방정식은 풀이 몇 개를 찾아낸다 한들 일반적인 다른 풀이들을 또 찾아내는 것은 요원하다. 게다가 카오스 이론이라고도 불리는 비선형 동역학에서처럼 풀이의 전체적인 변화의 양상도 예측불허인 경우가 많다.

슈바르츠실트는 문제를 간단하게 만들기 위해 과감한 가정들을 도입했다.

1. 거리함수의 모든 성분이 시간 좌표와 무관하다.
2. 거리함수의 성분 중 시간과 공간을 연결하는 항은 없다.
3. 풀이가 좌표계의 원점에서 공간적으로 대칭이다.
4. 거리함수는 무한원점에서 민코프스키 시공과 같다.

결과적으로는 이렇게 구대칭이며 시간에 의존하지 않는 풀이를 구하는 것이 자연스럽게 여겨지지만, 아인슈타인조차 이러한 풀이를 구할 엄두조차 내지 못했고, 그 누구도 슈바르츠실트처럼 과감하게 제한조건을 도입하여 중력장 방정식을 풀어낼 생각을 하지 않았다. 그렇기 때문에 슈바르츠실트의 엄밀한 풀이가 가지는 의미는 매우 크다.

아인슈타인은 슈바르츠실트에게 1916년 1월 9일에 보낸 답장에서 "어제 두 번째 편지를 받았습니다"라고 적었는데, 이것은 「아인슈타인의 이론에 따른 비압축성 유체 구의 중력장」이란 제목의 논문 초고였을 것이다. 이 논문은 이전 논문과 달리 에너지-변형력 텐서를 비압축성 유체의 경우로 두고 제대로 된 중력장 방정식의 엄밀한 구대칭 풀이를 구하고 있다. 이 논문을 아인슈타인이 프로이센 과학학술원에 투고한 것은 거의 두 달 뒤인 2월 24일이었다.

그런데 천문학자였던 슈바르츠실트가 어떻게 아인슈타인의 매우 수학적이고 어떤 면에서는 사변적인 논문을 읽고 바로 엄밀한 풀이를 구할 수 있었던 것일까? 여기에서 당시 독일 물리학계에서 새로운 중력이론과 연관된 분위기를 잠시 살펴보는 것이 유익하다. 모교인 취리히 연방공과대학에서 교편을 잡은 아인슈타인은 대학 동창인 수학자 마르셀 그로스만과 함께 새로운 중력이론을 탐구했다. 1913년에 공저로 발표된 「일반화된 상대성이론과 일종의 중력 이론을 위한 개요」와 1914년의 「일반화된 상대성이론에 기초를 둔 중력이론의 마당 방정식의 공변속성」은 일반상대성이론으로 가는 여정에서 중요한 역할을 하긴 했지만, 학계에서는 거의 주목을 받지 못했다. 오히려 괴팅겐 대학교에서 다비트 힐베르트를 중심으로 한 수리물리학자 그룹(에미 뇌터, 막스 폰 라우에, 구스타프 미, 막스 아브라함, 군나르 노르트슈트룀, 요한 폰 노이만)의 연구가 주류를 이루고 있었다. 1917년 막스 폰 라우에의 편지에서도 확인할 수 있듯이, 새로운 중력이론으로서 구스타프 미와 군나르 노르트슈트룀이 각각 제안한 중력이론을 유력한 것으로 보고 있었기 때문에 당시 독일어권에서 아인슈타인과 그로스만의 이론에 관심을 가진 물리학자는 극소수였다.

특히 수리물리학자라기보다는 천문학자에 가까웠던 슈바르츠실트가 리만 기하학을 도입하여 중력장을 거리함수와 크리스토펠 기호로 나타내는 매우 사변적이고 수학적인 접근을 어떻게 소화하고 있었던 것일까?

여기에서 중요한 역할을 한 사람이 뮌헨 대학교의 후고 폰 젤리거(1849-1924)다. 젤리거는 슈바르츠실트의 박사학위논문과 교수인정학위 논문의 지도교수였다. 슈바르츠실트에게 푸앵카레의 천체역학과 관련된 연구문제를 제시하기도 했고, 1902년 5월 25일 아르놀트 조머펠트에게 보낸 편지에서 확인

3-5 **카를 슈바르츠실트와 후고 폰 젤리거**

되는 것처럼 수성의 근일점 이동 문제를 역제곱 힘이 아니라 $1/r^n$ $(n \neq 2)$와 같은 힘으로 설명할 수 있으리라고 믿고 있었다. 슈바르츠실트는 젤리거를 통해 수성 근일점 문제에 대한 관심을 오랫동안 놓지 않고 있었던 것이다.

하지만 아인슈타인의 접근에 적극적으로 반대했던 젤리거와 달리 슈바르츠실트는 리만 기하학을 사용한 아인슈타인의 이론적 탐구에 호감을 느꼈다. 게다가 천문학자로서 천문학의 물리학적 기초를 정립하는 문제에 깊은 관심을 가지고 있었다. 1900년에 이미 「공간의 곡률에 허용되는 스케일」이라는 제목의 논문에서 우주공간의 곡률이 0이 아니라 양수 또는 음수가 되는 두 경우를 가정하고 천문관측 데이터 안에서 어느 정도까지 곡률이 허용되는지 상세하게 논의하기도 했다. 또 이 논문에는 별빛이 측지선을 따라갈 것이라는 주장도 포함되어 있다. 아인슈타인의 이론과 달리 3차원 공간에 국한되었지만, 슈바르츠실트로서는 아인슈타인의 논문을 어렵지 않게 이해할 수 있었다.

그럼에도 1915년 이전까지 아인슈타인의 접근에 대한 슈바르츠실트의 태도는 반신반의에 더 가까웠다. 아인슈타인은 1911년 태양의 중력이 빛의 진행에 영향을 줄 수 있다는 논문을 발표했다. 이를 확인하기 위해서는 일식 때 별의 위치를 정확하게 측정해야 했다. 독일의 천문학자 에르빈 프로인틀리히(1885-1964)는 당시 거의 아무도 주목하지 않았던 아인슈타인의 주장을 적극적으로 받아들였다. 그는 1914년 크림반도에서 일어날 일식에서 아인슈타인의 주장을 검증하기 위한 일식 원정에 필요한 재정지원을 프로이센 과학학술원에 요청했다. 이에 막스 플랑크는 1913년 1월 31일 슈바르츠실트에게 프로인틀리히의 요청을 평가해 달라는 편지를 보냈다. 슈바르츠실트는 1909년부터 포츠담의 천체물리학관측소 소장을 맡고 있었고, 프로이센 과학학술원의 회원이었기 때문이다. 슈바르츠실트의 답신에는 아인슈타인의 이론이 옳을 수도 있지만 일식 원정에는 회의적이라고 하면서 아인슈타인의 이론에 대한 의심을 버리지 않고 있는 모습이 드러난다.

아인슈타인의 이론에 대한 슈바르츠실트의 태도가 급변한 것은 바로 전장에서 받아 본 아인슈타인의 수성 근일점 논문 때문이었다. 태양 주변에서 별빛이 휠 것이라는 예측의 경우와 달리, 수성 근일점의 세차는 이미 르베리에 등의 정밀한 관측으로 확립되어 있었고, 계산을 통해 관측값과 거의 같은 결과를 얻은 데 놀랐던 것이다. 아인슈타인에게 편지를 보낸 1915년 12월 22일, 슈바르츠실트는 조머펠트에게도 편지를 보냈다. "수성 근일점의 운동을 다룬 아인슈타인의 논문을 보셨나요? 그 논문에서 그는 자신의 최근 중력이론으로 관측값을 정확히 구했습니다. 이것은 분광선이나 별빛의 휘어짐보다 훨씬 더 천문학자의 심장에 가까운 어떤 것입니다."

아인슈타인이 1916년 3월 20일《물리학 연보》에 투고한 논문「일반상대성이론의 기초」는 4부 22개의 절로 이루어져 있다. 1부는 상대성 가설에 대해 일반적인 수준에서 상세히 설명하고 이를 이용하여 중력 현상을 밝힐 수 있음을 말하고 있다. 2부는 이를 위한 수학적 도구들을 핵심적으로 요약하고 있다. 3부에는 본격적으로 중력장 방정식과 중력장 안에서 물체의 운동을 서술하는 측지선 방정식 등 일반상대성이론의 본론이 나온다. 마지막 4부는 이 일반적인 이론을 여러 현상들에 적용하여 설명하는데, 바로 마지막 절에서 슈바르츠실트의 엄밀한 풀이를 인용하여 사용하고 있다. 수성의 근일점 이동 중에서 뉴턴 이론으로 설명할 수 없는 값이 100년 동안 45±5초(지금의 더 정밀한 값은 42.98±0.04초)인데, 1초의 각이란 3600분의 1도이고 100년 동안 이렇게 미세한 차이가 난다는 것을 관측한 기술도 놀랍지만, 포성으로 가득 찬 전장에서 엄밀한 풀이를 구하여 이 값을 거의 정확히 계산한 슈바르츠실트의 기여가 아인슈타인의 논문에 결정적이었던 셈이다.

슈바르츠실트는 1916년 5월 11일에 출간된 아인슈타인의 그 논문을 볼 수 없었다. 같은 날 세상을 떠났기 때문이다. 전장에서부터 천포창Pemphigus이라는 희귀한 피부병으로 고생을 했는데, 결국 그 때문에 1916년 3월 의병제대했고 불과 두 달 만에 세상을 떠났다. 1916년 6월 29일 베를린에서 열린 왕립 프로이센 과학학술원 학술대회에서 아인슈타인은 슈바르츠실트에 대한 추도사를 읽었다.

일반상대성이론과 우주론

태양에서 멀리 떨어져 있는 곳에서라면 중력도 그만큼 약하기 때문에 소수점 아래 몇 개의 숫자만 다를 뿐 엄밀한 풀이나 일차 어림이나 비슷하다고 할 수 있다. 슈바르츠실트의 엄밀한 풀이가 더 찬란하게 빛을 발하는 곳은 바로 중력이 매우 강해서 일차 어림을 할 수 없는 경우이다.

슈바르츠실트의 풀이가 출판된 이후 드로스테(1916-17), 라이스너(1916), 노르트슈트룀(1918), 코틀러(1918) 등 다른 엄밀한 풀이들이 속속 등장했다.[9] 1940년대까지도 비슷한 상황이었지만, 실상 이러한 풀이들은 그다지 주목을 받지 못했다. 이 정도로 엄밀한 풀이를 적용해야 할 만큼 중력이 강한 물리적 현상이 없었기 때문이다.

대신 일반상대성이론이 가장 각광을 받은 영역은 우주론이었다. 아인슈타인은 1917년에 이미 일반상대성이론이 우주의 탄생과 변화를 가장 일반적인 수준에서 기술할 수 있음을 주장했고, 프리드먼(1922, 1924), 더 시터르(1932), 톨먼(1934), 로버트슨(1929, 1935, 1936), 워커(1936) 등을 통해 우주론에 적용할 수 있는 시공간 풀이가 상세하게 밝혀졌다.[10]

1957년 미국 채플힐의 노스캐롤라이나 대학교에서 열린 학술대회 〈물리학에서 중력의 역할〉은 일반상대성이론의 역사에서 중요한 이정표 역할을 했는데, 당시만 해도 일반상대성이론은 현실과는 큰 관련이 없는 수학적인 이론으로 여겨졌다. 사람들은 아인슈타인의 이론이 실질적 예측을 할 수 있을지에 회의적이었다.

1950년대 말에 미국 프린스턴 대학교의 존 아치볼드 휠러의 연구그룹과 영국의 허먼 본디가 이끄는 런던 그룹이 중심이 되어 일반상대성이론의 중흥이 시작된 것은 준성과 X선 발광성의 발견 덕분이었다. 1963년 네덜란드 출신의 천문학자 마르턴 스밋은 적색이동이 0.16에 가까운 놀라운 천체를 발견했다. 항성처럼 빛이나 전파를 내지만 항성은 아닌 이 천체는 준성QSO, quasi stellar object 또는 퀘이사quasar라는 이름을 얻었는데, 매우 무거운 활동성 은하핵으로 여겨지고 있다. 준성이나 X선 발광성 표면의 중력은 대단히 강하기 때문에 일반상대성이론이 반드시 동원되어야 할 뿐 아니라 일차 어림이 아닌 엄밀한 풀이가 꼭 필요했다. 이후 천문학상의 관측에 대하여 일반상대성이론을 사용하여 설명하려는 노력이 계속되면서 중력붕괴, 특이성, 블랙홀의 시공간 구조 등에 대한 연구가 활발하게 이루어지게 되었다.

1960년대의 다른 흐름은 중력이론으로서의 일반상대성이론을 양자동역학의 틀 내에서 어떻게 제대로 이해할 것인지에 집중되었는데, 이를 위해서 고전 일반상대성이론의 구조를 더 면밀하게 파헤치자는 것이 당시의 연구방법이었다. 이런 배경 위에 1960년대 말 이후로 일반상대론의 동역학적 정식화로서 기하동역학geometrodynamics이 상세하게 논의되기 시작했으며, 1970년대에 시공간의 인과적 구조causal structure의 면에서 많은 연구가 이루어졌고, 블랙홀과 같이 중력이 강한 시공간에서의 양자장이론이 정식화되어, 블랙홀의 증발과 같은 새로운 현상의 가능성이 알려졌다.

IV

가장 아름답고 완벽한 이론

10장

일반상대성이론 입증되다

1919년의 개기일식

1919년 5월 29일에 브라질과 서아프리카를 지나가는 개기일식이 있었다. 역사적으로 가장 유명한 개기일식일 것이다. 1916년에 발표된 아인슈타인의 일반상대성이론으로부터 연역적으로 태양 주위에서 별빛이 휠 것이라는 예측을 얻을 수 있다. 일반에 널리 퍼져 있는 이 관점에서는 1919년에 아서 에딩턴이 프린시페 제도로 막대한 비용을 들여 원정을 떠났고, 그 일식 관측을 통해 아인슈타인의 이론이 입증되었다고 믿는다. 그런데 일이 그리 간단하지 않다.

새로운 이론이 등장한다고 해서 바로 사람들에게 받아들여지는 것은 아니다. 먼저 그 이론이 옳은지 여부를 둘러싼 논쟁이 벌어지게 마련이고, 그 뒤에는 이론을 어떻게 해석할 것인가를 둘러싸고 새로운 논쟁으로 확장된다. 일반상대성이론도 마찬가지였다. 수학적으로 아인슈타인의 중력장 방정식을 풀어내는 것도 중요하지만, 그렇게 풀어낸 결과가 과연 현실에 부합하는지 그리고 그것이 무엇을 의미하는가를 둘러싸고 의견이 분분했다.

먼저 이론 자체를 제대로 이해하는 게 급선무였다. 일반상대성이론은 원론적으로 중력에 대한 새로운 이론이지만, 동시에 시간과 공간과 물질에 대한 근본적인 이론이기도 하다. 1687년에 뉴턴이 물체끼리 서로 거리의 제곱에 반비례하는 힘으로 끌어당기고 있다는 보편중력의 법칙을 발표했을 때에도 특히 유럽 대륙의 자연철학자들은 크게 반발했다. 중간의 매개도 없이 멀리 떨어져 있는 두 물체가 서로 잡아당긴다는 것은 도무지 이해가 안 되는 신비주의였다. 그러나 이에 대한 대안으로 제시된 일반상대성이론도 직관적으로 납득이 안 가는 것은 마찬가지였다. 시간과 공간이 휘어 있으며 그 휘어진 시공간에서 빛이 직진하는 것이 아니라 곡선을 따라 움직인다는 것을 이해하기는 매우 힘든 일이었다. 게다가 아인슈타인은 당시 물리학자들에게는 매우 낯설었던 텐서 해석학에 바탕을

Zürich. 14. X. 13.

Aus

Hoch geehrter Herr Kollege!

Eine einfache theoretische Überlegung macht die Annahme plausibel, dass Lichtstrahlen in einem Gravitationsfelde eine Deviation erfahren.

Am Sonnenrande müsste diese Ablenkung 0,84" betragen und wie $\frac{1}{R}$ abnehmen (R = ~~Sonnenradius~~ Entfernung vom Sonnen-~~Mittelpunkt~~).

Es wäre deshalb von grösstem Interesse, bis zu wie grosser Sonnennähe ~~grosse~~ helle Fixsterne bei Anwendung der stärksten Vergrösserungen bei Tage (ohne Sonnenfinsternis) gesehen werden können.

4-1 **아인슈타인이 1913년 10월 14일에 쓴 엽서**

태양의 중력장에서 별빛이 휘어질 수 있으므로 일식 때 별빛이 실제 위치에서 살짝 벗어난 곳에서 관측되리라는 예측이 쓰여 있다.

둔 비유클리드 기하학이 세계를 서술하고 있다고 주장하고 있었기 때문에 많은 물리학자들이 이 해괴한 이론에 대해 의심의 눈초리를 거두지 않고 있었다.

이런 상황이 크게 달라진 것은 유명한 1919년 일식 관측 덕분이었다. 만일 일반상대성이론의 주장대로 시공간이 비유클리드 기하학으로 서술되어야 한다면, 가령 태양 주변을 지나가는 별빛도 곡선을 따라 움직여야 한다. 아인슈타인은 태양이 있을 때와 없을 때를 비교하면 1.6초의 각만큼 차이가 나리라는 것까지 계산하는 데 성공했다. 따라서 이 두 경우를 관측하여 비교함으로써 일반상대성이론이 옳은 이론인지 아닌지 판별할 수 있다. 뉴턴이 옳은가, 아니면 아인슈타인이 옳은가의 문제가 되는 것이다. 그런데 태양이 있을 때에는 별을 볼 수 없다. 따라서 뉴턴과 아인슈타인 중 누가 옳은지 판별하기 위해서는 개기일식을 기다려야 했다. 일식은 매우 드문 일인 것처럼 생각되지만, 사실 지구 전체를 생각하면 매년 한번 정도는 어딘가에서 일식이 일어난다. 따라서 개기일식이 일어나는 장소까지만 가면 개기일식을 볼 수 있다.

여기에 가장 중요한 역할을 한 사람이 바로 영국의 천문학자 아서 에딩턴이었다. 1914년에 케임브리지 천문연구소의 소장으로 임명된 에딩턴은 퀘이커 교도로서 제1차 세계대전에 적극적으로 반대했다. 영국 왕립천문학회의 사무총장을 맡게 되면서 빌럼 더 시터르가 일반상대성이론에 대해 쓴 논문들을 접하게 되었고, 이미 1916년부터 일반상대성이론이 경험을 통해 실증될 수 있을지 여부에 큰 관심을 가지게 되었다. 영국인 에딩턴으로서는 뉴턴에 대한 도전이 못마땅했을지도 모른다. 그러나 그는 과학자였고, 실험과 관측만이 진리인가 아닌가를 판별한다는 강한 믿음을 가지고 있었다. 아인슈타인 자신도 같은 시기에 일식 때 별의 위치가 평소와 다른지 확인하고 싶어 했지만, 1차 세계대전 중의 천문 관측은 사실상 불가능한 일이었다.

1919년 1차 대전이 끝난 뒤 평화주의자 에딩턴이 맨 먼저 한 일은 아인슈타인의 이론을 시험하기 위해 일식이 일어나는 지역으로 원정대를 보내는 일이었다. 두 팀의 원정대가 파견되었다. 5월 29일에 예정된 개기일식은 적도 부근 대서양 한복판에 있을 것으로 예측되었다. 그리니치 천문대 소속의 크로멜린과 데이비슨이 이끄는 팀은 브라질 해안에서 80km 정도 떨어져 있는 소브라우로 떠났고, 에딩턴과 커팅엄이 이끄는 팀은 스페인령 기니 부근의 서아프리카 해안에서 좀 떨어져 있는 프린시페섬으로 험난한 파도를 헤치고 기나긴 여행을 떠났다.

그해 11월 6일에 영국 왕립협회와 왕립천문학회의 합동 회의가 열리고, 개기일식 관측대의 관측 결과가 아인슈타인의 이론을 입증한다는 결론이 발표되었다. 1919년 11월 7일, 《런던

타임스》는 이 발표를 「과학의 혁명, 새로운 우주이론, 뉴턴주의 무너지다」라는 제목으로 대서특필했고, 아인슈타인은 하룻밤 사이에 대중적인 인기를 끄는 스타가 되었다.

이 유명한 이야기는 과학적 방법의 전형을 보여주는 예로 자주 소개된다. 새로운 이론이 제기되면 이것과 낡은 이론을 비교할 수 있는 결정적 실험이 고안되고, 그 결정적 실험에서 낡은 이론이 틀리고 새로운 이론이 옳음이 밝혀지면, 낡은 이론은 폐기되고 새로운 이론이 수용된다는 것이다. 하지만 현실은 그보다 훨씬 복잡하다.

에딩턴의 이야기에도 사실 심각한 반전이 있다. 이미 프린시페에서는 날씨가 너무 안 좋은 데에다 사진 건판마저 젖어버려서 데이터를 별로 얻지 못했고, 그나마 정밀도가 상당히 떨어졌다. 또한 일식이 한낮에 있었기 때문에 비교를 위해 태양이 없는 별자리(실제로는 히아데스 성단)의 사진을 찍기 위해서는 반년을 기다려야 했다. 시간이 너무 오래 걸릴 터라 에딩턴은 관측대가 원정을 떠나기 전에 프린시페가 아니라 런던에서 미리 사진을 찍었다.

이와 달리 소브라우 관측대의 경우는 날씨가 좋았고 일식이 아침이어서 석 달만 더 기다리면 정확히 같은 장소에서 같은 별자리의 사진을 찍을 수 있었다. 다만 가져간 천체사진 렌즈가 고장이 나는 바람에 시야가 좁은 4인치 렌즈로 사진을 찍

THE ILLUSTRATED LONDON NEWS, Nov. 22, 1919.– 815

"STARLIGHT BENT BY THE SUN'S ATTRACTION": THE EINSTEIN THEORY.

DRAWN BY W. B. ROBINSON, FROM MATERIAL SUPPLIED BY DR. CROMMELIN.

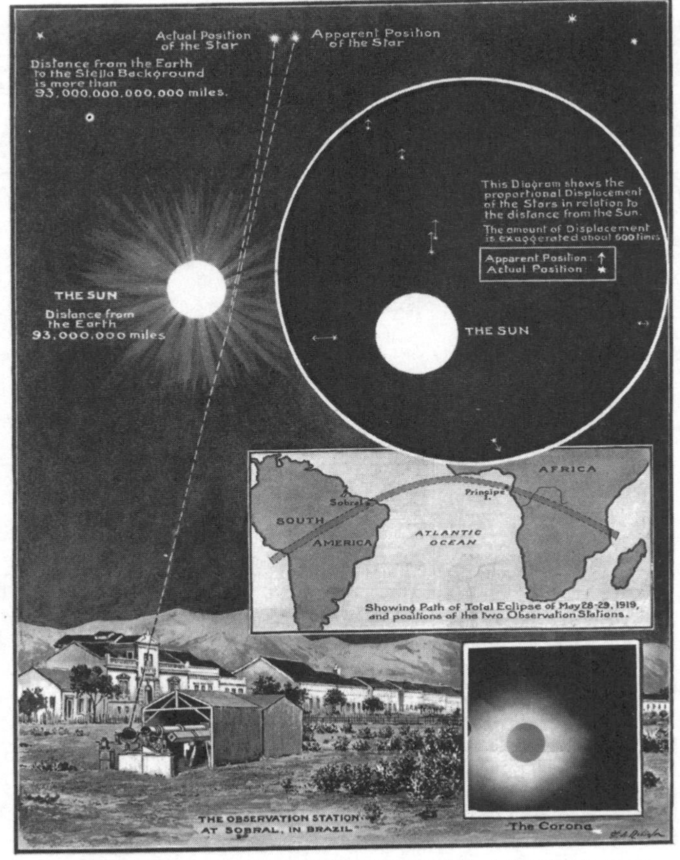

THE CURVATURE OF LIGHT: EVIDENCE FROM BRITISH OBSERVERS' PHOTOGRAPHS AT THE ECLIPSE OF THE SUN.

The results obtained by the British expeditions to observe the total eclipse of the sun last May verified Professor Einstein's theory that light is subject to gravitation. Writing in our issue of November 15, Dr. A. C. Crommelin, one of the British observers, said: "The eclipse was specially favourable for the purpose, there being no fewer than twelve fairly bright stars near the limb of the sun. The process of observation consisted in taking photographs of these stars during totality, and comparing them with other plates of the same region taken when the sun was not in the neighbourhood. Then if the starlight is bent by the sun's attraction, the stars on the eclipse plates would seem to be pushed outward compared with those on the other plates. . . . The second Sobral camera and the one used at Principe agree in supporting (Einstein's theory). . . . It is of profound philosophical interest. Straight lines in Einstein's space cannot exist; they are parts of gigantic curves."—[Drawing Copyrighted in the United States and Canada.]

4-2 에딩턴 원정대

에딩턴 탐사대의 원정을 설명하는 그림. 1919년 11월 22일 자 《런던 뉴스》.

어야 했다. 또 확인할 데이터도 태양이 있을 때 별들의 위치가 1.6초 어긋나는가 여부가 아니었다. 아인슈타인은 일반상대성이론을 완성하기 전인 1911년에 뉴턴 역학의 틀 안에서 태양 주위에서 별들의 위치가 0.87초 어긋난다는 계산을 한 적이 있고, 이는 1804년에 독일의 천문학자 요한 게오르크 폰 졸트너가 뉴턴 이론의 틀 안에서 특이한 가정과 계산을 통해 예측을 한 것과 일치한다. 따라서 실제 예측값은 세 가지 중 하나였다. (1) 어긋남이 없는 경우 (2) 뉴턴-졸트너의 경우(0.87초) (2) 아인슈타인의 일반상대성이론이 맞는 경우(1.6초).

아이러니하게도 소브라우 관측대의 결과는 0.93초였고, 에딩턴이 끼어 있는 프린시페 관측대의 결과는 1.98초였다. 상세한 분석 과정에서 소브라우 관측대의 결과는 버려졌고, 정밀도가 떨어지는 프린시페 관측대의 결과만으로 아인슈타인이 옳다는 결론이 내려지기까지는 심각한 갑론을박이 있었다.

결정적인 관측 결과가 아니었는데도 아인슈타인을 옹호하는 결론이 도출된 까닭은 무엇일까? 먼저 생각해 볼 가능성은 제1차 세계대전에 반대했던 두 평화주의자가 과학의 영역에서는 서로 화합하는 모습을 보일 수 있었다는 점이다. 독일 물리학자의 이론을 영국 천문학 관측대가 입증하는 아름다운 모습이었던 것이다. 또한 이 두 관측대를 소브라우와 프린시페로 보내기까지 매우 많은 비용의 자원이 소모되었다는 점에서 여

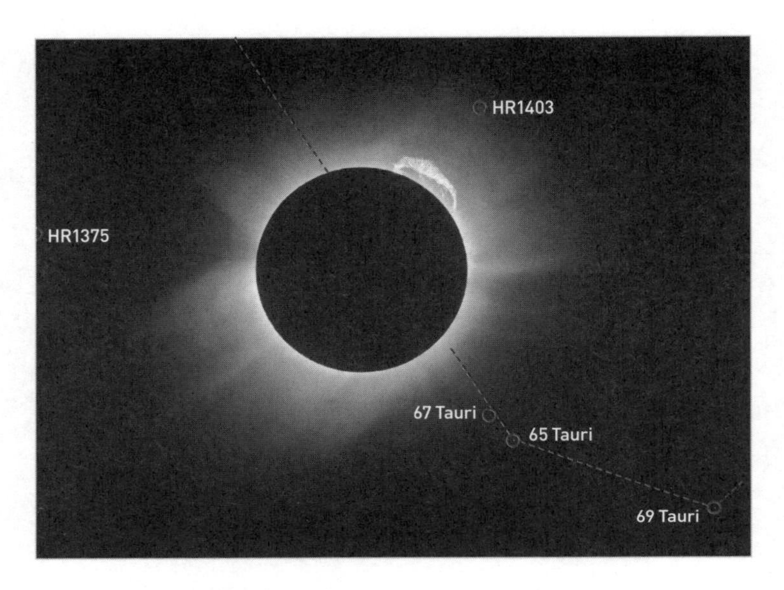

4-3 소브라우에서 찍은 일식 사진

1919년 브라질 소브라우 원정대가 촬영한 사진 건판 중 하나를 고해상으로 디지털 복원하고 별자리를 함께 표시한 사진. 태양의 오른쪽 위로 거대한 홍염이 보이며, 오른쪽 아래에 황소자리의 별들이 보인다.[1]

하간 원정대의 소기의 목적을 분명하게 달성한 것처럼 보이는 쪽을 선호했을 수도 있다. 영국 내에서 상대성이론이 이제야 싹을 틔우고 있었다는 점을 고려할 때, 상대성이론이 널리 퍼뜨리길 원했던 에딩턴이나 다이슨의 입장에서는 어렵게 일식 관측을 한 결과 아인슈타인이 틀렸다는 결론을 얻었다고 발표하기는 어려웠을지도 모른다.

1979년에 영국 그리니치 천문대가 나서서 1919년의 데이터를 현대적인 기법을 동원하여 정밀하게 다시 조사한 결과, 4인치 렌즈는 1.90±0.11초, 천체사진 렌즈는 1.55±0.34초로 분석되어, 아인슈타인이 옳았음이 밝혀지긴 했지만, 1919년의 결론은 분명히 성급한 면이 있었다.

1973년 미국 텍사스 대학교에서 일식 관측을 위한 원정대가 아프리카로 갔다. 이 역사적인 일식 관측을 다시 확인하기 위함이었다. 이 원정대는 에딩턴과 다이슨이 1919년 당시 썼던 장비들로 과연 논문에 표현된 만큼의 정밀한 값을 얻을 수 있었는지 의심했다. 여기에 과학사학자들과 과학철학자들이 힘을 실어주었다. 실제로 과학의 주된 주장들이 확립되어 가는 과정에서 그렇게 단순하게 한두 개의 사건과 관측으로 가설이나 주장이 쉽사리 입증되는 것이 아니다. 엄밀하게 과학철학적으로 탐구해 보면 가설의 입증이라는 아이디어 자체에 근본적인 문제점들이 도사리고 있다.

1919년 일식 관측의 결과는 정확도가 매우 떨어졌다. 게다가 1919년 11월 6에 발표된 영국 왕립협회와 왕립천문학회의 발표도 상당히 편향된 것이었으며, 그 관측 결과를 근거로 아인슈타인이 옳았다고 말하는 것은 실상 상당히 정치적이고 사회적인 주장이었다.

세계대전에 반대했던 평화주의자 아인슈타인과 에딩턴이 부각되었고, 1차 대전 종전 직후에 독일 이론물리학자의 이론을 영국 천문학자들이 확인한다는 식의 담론이 영국 왕립협회와 왕립천문학회뿐 아니라 대중 속에서 큰 힘을 발휘했다. 다이슨과 에딩턴이 상당히 무리해서 막대한 비용을 들여 오랜 기간에 걸쳐 원정을 한 것이었는데, 딱히 두드러진 결과가 없다는 발표를 하는 것도 큰 부담이었을 것이다. 상대성이론을 중심으로 영국천문학계에서 새로운 흐름을 만들고 싶어 했던 젊은 천문학자들로서는 이 일식 관측 원정이 중요한 계기였다.

어떻게 이런 상황에서 관측 결과가 아인슈타인의 이론을 반증하다고 발표할 수 있었겠는가? 5월 29일의 관측을 11월 말이 되어서야 비로소 학회에서 발표하고 진지하고 긴 토론 끝에 간신히 아인슈타인의 이론이 입증되었다고 밝힌 데에는 그만한 사정이 있었던 것이다.

2019년에는 에딩턴-다이슨의 일식 관측 100주년을 기념하여 세 권의 멋진 연구서가 출간되었는데,[2] 그중 과학사학자 대니얼 케네픽은 에딩턴보다 훨씬 중요한 역할을 했을 뿐 아니라 더 중심에 있었던 왕실천문학자 프랭크 왓슨 다이슨 경의 역할을 강조한다. 그 일식 관측 원정 자체가 에딩턴보다 오히려 다이슨이 만들어낸 것임에도 불구하고 이후의 역사적 전개에서는 에딩턴이 더 큰 인기를 누리게 되었다. 게다가 늘 그렇듯이 이 모든 것을 가능하게 한 것은 제대로 이름조차 남지 않은 당시의 관련 관측천문학자, 측량기사, 테크니션, 망원경

제작자이다. 대표적으로 아일랜드 출신의 망원경 제작자 하워드 그러브가 없었다면 1919년 일식 관측 원정은 철저하게 실패였을 것이다. 영국 전체에 유일한 왕실천문학자, 즉 그리니치 천문대 대장 프랭크 다이슨이 동원했던 그 탁월한 '컴퓨터(계산원)들'과 테크니션과 기술조교가 없었다면 원정의 기획조차 불가능했을 것이다. 에드윈 터너 코팅엄, 알로이시우스 코티 신부, 앤드루 클로드 드 라 셰루아 크로멜린, 찰스 런들 데이비슨이 그 주인공들의 이름이다.

사람들은 항상 최고의 자리에 있는 권력자의 이름만을 기억하며, 그가 마치 모든 일을 다 해낸 것처럼 착각한다. 그러나 1919년 일식 관측 원정은 아서 에딩턴이라는 관측천문학자 혼자의 힘으로 이뤄진 것이 아니라, 이 주인공들이 모두 자신의 역할을 충실하게 수행한 한 편의 멋진 드라마였다.

우주론을 바꾼 역사 뒤편의 영웅들

1917년 2월 8일 프로이센 과학학술원의 학술대회에서 아인슈타인은 「일반상대성이론의 우주론적 고찰」이란 제목의 논문을 발표했다. 여기에는 그 자신이 1년 전에 새로 제안한 일반상대성이론을 통해 우주의 탄생과 변화를 가장 일반적인 수준에서 기술할 수 있다는 놀라운 내용이 담겨 있었다.

아인슈타인 자신은 실제로 우주의 탄생과 변화를 말해 주는 풀이를 찾아내지 못했지만, 이후 프리드먼, 더 시터르, 톨먼, 로버트슨, 워커 등을 통해 우주론에 적용할 수 있는 시공간 풀이가 상세하게 밝혀졌다.

그러나 아인슈타인 중력장 방정식의 수학적 풀이만으로는 상대론적 우주론이 본격적으로 모습을 갖추어갈 수 없었고, 관측이라는 훨씬 더 중요한 버팀목이 있어야 했다. 여기에 빠지지 않고 등장하는 사람이 바로 에드윈 허블(1889-1953)이다. 우주에 떠 있는 가장 중요한 우주망원경의 이름을 비롯하여 그의 이름은 팽창우주의 곳곳에서 발견된다. 허블 상수, 허블 시간, 특히 무엇보다도 허블의 법칙은 우주론의 역사에서 대단히 중요하다. 그런데 허블의 법칙을 정말 허블이 발견한 것일까?

먼저 1920년 4월 26일에 미국 국립학술원의 주최로 스미소니언 자연박물관에서 열렸던 '대논쟁The Great Debate'이라는 제목의 학술회의로 가보자. 헤버 커티스(1872-1942)와 할로 섀플리(1885-1972)가 이 대논쟁의 주인공들이다. 안드로메다 자리에는 고대부터 알려진 밝은 별들 사이로 희끄무레한 구름 같은 천체가 있다. 18세기 천문학자 샤를 메시에는 이런 성운이나 성단(별무리)의 일목요연한 목록을 만들었고, 안드로메다 자리의 '성운'은 메시에가 발견한 31번째의 특이한 천체라는 뜻으로 M31이라 부른다.

M31에 대해 섀플리는 자신이 구상성단들을 이용하여 3차원 구조를 밝혀낸 우리 은하계 안에 있는 성운이라고 주장한 반면, 커티스는 '섬 우주'를 주장한 이마누엘 칸트를 인용하면서 M31도 우리 은하처럼 또 다른 은하임을 주장했다. 이 대논쟁을 판가름하기 위해서는 M31까지의 거리를 재는 것이 핵심이었다. 만일 M31까지의 거리가 우리 은하의 크기보다 더 멀다면 커티스의 '섬 우주'가 옳은 것이고, 그렇지 않다면 섀플리의 승리가 된다.

결정적인 증거는 헨리에타 스완 리빗(1868-1921)이 발견한 세페이드 변광성의 광도-주기 관계에 있었다. 1784년 영국의 아마추어 천문학자 존 구드릭(1764-1786)은 케페우스자리의 네 번째로 밝은 별의 밝기가 주기적으로 변하는 것을 발견했다. 두 개의 별이 쌍성을 이루고 있는 식변광성과 달리 이 새로운 종류의 변광성에는 세페이드 변광성이라는 이름이 붙었다. 이 이름은 케페우스자리에서 발견된 변광성과 같은 유형의 변광성이란 뜻이다. 리빗은 하버드 대학교 천문대에 소속된 관측천문학자였다. 하버드 대학교 천문대장 에드워드 피커링(1846-1919)은 천문학이나 수학을 공부하고도 대학에서 직장을 얻지 못한 여성들을 '컴퓨터' 즉 계산하는 사람이란 이름으로 고용하여 천문 관측을 하게 했다. 피커링의 속셈은 전문적

4-4 **하버드 대학교 천문대의 여성 관측천문학자들(1890년경)**
왼쪽 세 번째 벽 쪽에 확대경을 들고 앉아 있는 사람이 헨리에타 스완 리빗이다.

인 능력과 끈기와 성실함을 갖춘 여성들을 싼 급여로 고용하려는 것이었지만, 여성들이 기껏 대학에서 전문지식을 배우고도 학계에 진출할 수 없었던 19세기 미국의 상황을 고려하면 피커링이 결과적으로 과학의 역사에 의미 있는 기여를 했다고 평가할 수도 있겠다.

리빗은 세페이드 변광성들에서 특이한 사실을 알아냈다. 이 변광성은 며칠을 주기로 밝아졌다 어두워졌다 하는 것이 관측되었는데, 이미 알려진 별의 절대밝기(광도)와 일정한 상관관계를 보인다. 별의 광도를 알아낼 수 있다면 겉보기 밝기와 비교하여 별까지의 거리를 구할 수 있다. 따라서 세페이드 변광성을 발견한다면 곧 그 별까지의 거리를 정할 수 있다.

1924년 에드윈 허블이 M31을 찍은 사진 건판에 쓴 "VAR!"라는 글자는 허블이 M31에서 세페이드 변광성을 발견하고 얼마나 기뻐했는지 말해 준다. 이 세페이드 변광성을 이용하여 M31까지의 거리를 구하고 나니 당시 알려져 있던 은하계의 크기보다 훨씬 더 멀리 있다는 결과가 나왔다. 결국 대논쟁에서 섀플리가 틀리고 커티스가 옳다는 의미가 된다. 경쟁하는 두 이론(가설)이 있고, 결정적 실험 또는 결정적 관측을 통해 어느 것이 옳은지 판별할 수 있다는 전형적인 과학사 서술이다.

그런데 커티스-섀플리 논쟁이 허블의 세페이드 변광성 발견으로 쉽사리 해결되어 버렸다고 보는 것은 어딘가 미심쩍다. 1919년 에딩턴의 일식 관측이 아인슈타인의 이론에 대한 결정적 실험이라 말하지만, 실상은 1차 대전 직후의 영국과 독일 사이의 미묘한 정치적 관계와 영국 내 천문학자 그룹의 주도권 문제와 같은 사회적 요소들이 더 중요했었다는 것을 앞 장에서 살펴보았다. 커티스-섀플리 논쟁도 비슷한 면이 있지 않을까?

한 가지 실마리는 허블이 자신의 발견을 처음 발표한 곳이 학술지가 아니라 《뉴욕 타임스》(1924년 11월 23일 자)였다는 점이다. 왜 허블은 이런 식의 언론 플레이를 했을까? 학술지에 논문을 투고한 뒤 심사를 기다리기에는 자신의 발견이 너무나 중요하다고 생각했을까? 아니면 그런 언론 공개가 학술지 심사에 도움이 된다고 생각했던 것일까?

새플리와 허블은 둘 다 미주리 출신이고 두 사람 다 조지 헤일이 높이 평가하여 윌슨산 천문대에 채용한 관측천문학자였다. 섀플리는 1921년에 하버드 대학교로 옮겨 갔는데, 여기엔 1920년 4월에 열린 '대논쟁'이 결정적인 역할을 했다. 섀플리의 구두발표는 미리 제출한 원고와 달랐고, 전문적이고 상세한 논의 대신 기초적인 주제들에 집중했다. 애초에 M31이라는 '성운'이 우리 은하 안에 있는가 여부를 둘러싼 논쟁이었지만, 섀플리의 발표가 전문적인 세부 문제를 거의 건드리지 않는 바람에 소위 '대논쟁'은 이미 학술회의 장소에서 커티스의 압도적인 승리로 끝나 버렸다.

천문학의 기초적인 문제를 알기 쉽게 설명하는 허블은 만능 스포츠맨으로서 법학과 문학을 전공하고 시카고 대학교 여키스 천문대에서 일하다가 1차 대전에 참전하기 위해 서둘러 박사학위를 마쳤으며, 전쟁이 끝난 후 케임브리지 대학교에서 1년 남짓 천문학을 더 공부한 뒤에 헤일의 눈에 들어 윌슨산 천문대에 취직할 수 있었다. 다른 사람이 자신보다 더 주목받는 것을 견디지 못했으며 승부욕이 아주 강하고 오만했던 허블로서는 M31까지의 거리를 측정한 자신의 연구가 누군가의 평가를 받는 것도 불쾌하게 생각했던 것 같다.

여하간 허블은 이 연구를 통해 천문학계에서 갑자기 유명 인사가 되었다. 허블은 더 많은 은하들을 찾아냈고, 이 은하들이 모두 우리 은하로부터 멀어지고 있음을 밝혀냈다. 1929년에 《미국 국립학술원 회보 *Proceedings of the National Academy of Sciences of USA*》에 실린 허블의 논문 「외부은하 성운의 거리와 사선방향 속도의 관계」의 결론 부분은 자신이 찾아낸 46개의 외부 은하의 사선 방향 속도의 정확한 측정값을 이용하여 '더 시터르 효과', 즉 멀리 떨어져 있는 은하일수록 멀어져 가는 속도가 거리에 비례하여 커진다는 효과를 확인하려 했다고 말하고 있다.

그런데 허블이 이러한 내용을 발표하기 2년 전에 이미 팽창하는 우주를 아인슈타인 방정식의 풀이로 제시하고, 그 결과 중 하나로 더 시터르 효과를 처음 제시한 사람이 있다. 벨기에의 사제이자 우주론자였던 조르주 르메트르(1894-1966)는 1927년에 《브뤼셀 과학 학술원 연보 *Annales de la Société Scientifique de Bruxelles*》에 프랑스어로 된 논문을 발표했다. 「질량이 일정한 균질한 우주와 은하외부의 성운들의 반지름 방향 속도를 설명하는 반지름의 증가」라는 제목의 논문이었다.

이 논문에서 르메트르는 아인슈타인 중력장 방정식을 풀어 팽창하는 우주를 나타내는 풀이를 완전하게 제시했을 뿐 아니라 스웨덴의 천문학자 구스타프 스트룀베리가 1925년에 발표한 은하 외부 성운들의 반지름 방향(사선 방향) 속도의 값을 이용하여 얻을 수 있는 더 시터르 효과가 자신의 풀이로부터 유도됨을 정확히 보였다. 게다가 은하의 후퇴 속도와 은하까지의 거리의 비(즉 허블 상수)가 625km/s/Mpc임을 계산해 놓았고 또한 각주에서는 데이터를 어떻게 묶는가에 따라 575 또는 670km/s/Mpc의 값이 나올 수 있다는 점도 지적했다. 더 시터르 효과는 우주가 팽창하기 때문에 생겼으리라는 추측도 명확하게 적고 있다.

허블이 1929년의 논문 발표 후 국제적으로 널리 알려지자 벨기에 루뱅 가톨릭대학교 물리학과에서 조용히 지내던 르메트르는 케임브리지에 있을 때의 지도교수였던 아서 에딩턴에게 편지를 보내 자신의 1927년 논문의 중요성을 강조했다. 에딩턴은 르메트르의 논문이 지니는 의미를 뒤늦게 알아채고 국제 학계에서 이를 열심히 홍보하기 시작했다.

이와 관련한 일화가 있다. 1927년에 솔베이 회의에 참석하기 위해 브뤼셀에 간 아인슈타인은 거기에서 르메트르의 강연을 들을 기회가 있었다. 아인슈타인의 평은 혹독했다. "계산은 옳지만 물리학은 형편없습니다." 그러나 5년 뒤 캘리포니아에서 다시 르메트르를 만난 아인슈타인은 그의 우주론 강연을 듣고 난 뒤 "이 강연은 제가 이제껏 들은 강연 중 창조에 대한 가장 아름답고 만족스러운 설명입니다"라고 극찬을 했으니 아인슈타인의 판단능력에 의심이 가는 면도 있다. 어쩌면 에딩턴의 노력 덕분이었을지도 모른다.

1931년에는 르메트르의 논문이 중요하다고 판단한 영국 왕립 천문학회가 이 논문의 영어 번역을 왕립 천문학회 월보에 싣게 되었다. 그런데 이 대목에서 이상한 일이 일어났다. 허블 상수의 값이라든가 우주 팽창에 대한 추측을 담은 구절이 송두리째 빠져 버린 것이다. 빠진 부분은 모두 허블의 공로로 인정되는 부분이었다.

해리 너스보머와 리디아 비에리는 2009년에 출판된 저서에서 이 누락을 상세한 문서 분석과 함께 제시했다.[3] 2011년에 캐나다의 천문학자 시드니 판덴베르흐는 르메트르의 프랑스어판 논문의 (24)번 방정식이 영어판에서 사라진 것이 의도적임을 주장했다. 같은 해에 남아프리카공화국의 수학자 데이비드 블록은 이와 관련된 상세한 글에서 이를 '검열'이라고 불렀다.

영국 왕립 천문학회 월보의 편집을 책임지고 있던 W. M. 스마트가 1931년 2월에 르메트르에게 보낸 편지를 살펴보면 "§§1-n"을 영어로 번역해서 보내달라고 하고 있다. 블록은 n으로 보이는 글자가 사실은 "72"라고 주장하면서 소위 허블의 법칙이 담겨 있는 §73 이하는 제외하고 그 앞까지만 번역해 달라는 요청이었다고 말한다. 이것이 사실이라면, 스마트를 비롯한 영국이나 미국의 천문학자들이 허블의 공로를 추켜세우기 위해 우주 팽창에 대한 추측이나 소위 허블 상수의 값을 서술한 부분을 일부러 빠뜨린 셈이 된다.

2011년 11월 마리오 리비오는 《네이처》에 실은 짤막한 글에서 영문 번역을 한 사람과 '검열'을 한 사람이 둘 다 르메트르 자신이었다는 증거를 제시했다. 1931년 3월 9일에 르메트르가 스마트에게 보낸 회신에는 1927년의 데이터가 정확하지 않으므로 그 부분은 빼고 더 정확한 데이터를 바탕으로 한 계산을 따로 보내겠다는 구절이 있다.

블록은 2011년 여름에 올렸던 글의 수정판을 2012년에 다시 올리면서 1950년에 나온 르메트르의 회고를 새로 인용했다. 르메트르는 "이 과학적 경쟁의 역사에 무관심하지 않다"는 점을 분명히 밝히고 있고, 1927년 논문의 제목에서 분명하게 드러나듯이 외부은하까지의 거리와 후퇴속도 사이의 관계를 정량적으로 확립하는 것이 핵심 목적이었음을 지적하고 있다.

그런데 허블은 자신의 저서 『성운의 영역*The Realm of the Nebulae*』(1936)이나 『우주론에 대한 관찰적 접근*The Observational Approach to Cosmology*』(1937)에서 르메트르를 전혀 인용하고 있지 않다. 당시의 분위기를 볼 때 1936년 무렵이면 르메트르의 공로가 비교적 잘 알려져 있었음에도 불구하고, 허블이 르메트르를 전혀 인용하지 않은 것은 이상한 일임에 틀림없다.

허블이 그 공로를 전혀 인정하지 않은 과학자가 또 있다.

허블의 관측은 대부분 윌슨산 천문대 직원이었던 밀턴 허머슨과 함께 이루어졌다. 허머슨은 어릴 때 학교를 그만두었고, 새로 생긴 윌슨산 천문대에 건축자재를 나르는 노새를 부리는 일로 처음 고용되었다가 나중에 청소부가 되었는데, 어깨너머로 배운 천문관측 기술이 뛰어났다. 이를 알아챈 윌슨산 천문대장 조지 헤일은 여러 사람들의 반대에도 불구하고 허머슨을 '야간조수'라는 과학담당 전문직원으로 승진시켰다. 윌슨산 천문대의 망원경은 허머슨의 손길이 없으면 작동하지 않는다는 말이 나돌 정도로, 허머슨은 탁월한 관측천문학자였다. 허머슨은 620여 개의 은하의 사선방향 속도를 정확히 관찰하여 측정했다. 허머슨의 도움이 없었다면 허블의 법칙은 증명되기 힘들었다. 하지만 고상한 척 영국 억양을 흉내 내며 천문대에서도 승마복과 승마신발을 신고 다니던 허블은 자신의 가장 중요한 동료를 언제나 무시하며 업신여겼다.

2018년 국제천문연맹IAU 회의에서 '허블의 법칙'이라는 이름 대신 '허블-르메트르의 법칙'으로 변경하는 안을 가결시킨 것은 그나마 다행스러운 일이지만, '르메트르의 법칙'이나 '르메트르-허블의 법칙'으로 하는 편이 더 적절했을 것이다. 이 법칙에 대한 가장 자연스러운 설명은 우주가 팽창하고 있다는 것이다.

1948년 탄생한 빅뱅이론은 우주의 팽창에 대한 체계적인 첫 이론이다. 빅뱅이론을 만들어 우주의 탄생을 설명한 과학자에게 노벨상을 주고자 한다면 누구를 선택해야 할까? 맨 먼저 떠오르는 사람은 러시아 출신의 게오르기 가모프(1904-1968)일 것이다. 1934년 미국으로 망명한 가모프를 받아준 곳은 조지워싱턴 대학교였다. 가모프는 1946년 무렵 르메트르가 제안한 우주의 탄생 시나리오를 곱씹으면서 태초의 우주는 아주 뜨겁고 빽빽한 중성자의 죽 같은 것에서 시작했으리라는 생각을 발전시켰다. 가모프는 영어 사전을 뒤져 중세에 사용된 낯선 단어 '아일렘ylem'을 찾아내기도 했지만, 이 시나리오를 구체적인 수준의 이론으로 끌어올려 실제로 물질이 어떻게 생겨났는지 아직 설명하지 못하고 있었다.

가모프가 랠프 앨퍼(1921-2007)를 만난 것은 두 사람 모두에게 큰 행운이었다. 랠프 앨퍼는 열다섯 살에 고등학교를 졸업하고 매사추세츠 공과대학의 입학허가와 장학금까지 받은 수재였지만, 알 수 없는 이유로 갑자기 입학허가와 장학금이 취소되면서, 열여섯 살부터 직업전선에 뛰어들어야 했다. 학업에 대한 꿈을 포기하지 않은 앨퍼는 조지워싱턴 대학교 야간 학부를 다니면서 물리학을 공부하여 학사학위를 받은 뒤 다시 대학원에 진학했다.

뛰어난 수학적 재능을 지니고 있던 앨퍼는 우연히 르메트르의 논문을 읽게 되면서 우주의 탄생에 대한 궁금증을 키워

나갔다. 그러나 낮에는 해군과 존스홉킨스 대학교 응용물리실험실에서 일하면서 미사일 탄도와 유도에 대해 연구하던 야간 대학원생으로서는 그런 상아탑 속의 이론을 공부하는 것이 매우 힘든 일이었다. 참신한 아이디어와 폭넓은 관심사를 가진 가모프는 자신에게 부족한 수학적 능력과 집요한 탐구력을 가진 앨퍼를 만나 기뻤고, 미국 전체에서 거의 유일하게 우주 탄생 시나리오에 관심을 갖고 있던 가모프를 만난 앨퍼가 자신의 박사학위논문 주제로 우주의 핵생성을 택한 것은 운명과도 같은 일이었다.

1948년 4월 앨퍼의 학위논문 공개심사에는 이례적으로 기자들을 포함하여 300여 명의 청중이 운집했다. 앨퍼는 비상한 노력으로 이 공개심사를 준비했다. 그런데 가모프는 납득하기 힘든 일을 저질렀다. 학위논문의 공개심사에 앞서 미국물리학회 회보에 앨퍼의 동의를 얻지 않고 논문을 투고해 버렸던 것이다. 게다가 연구에 전혀 참여하지 않은 자신의 친구 한스 베테를 중간 저자로 넣었는데, 이는 순전히 세 사람의 이름(Alpher-Bethe-Gamow)이 그리스어 첫 세 문자, 알파-베타-감마와 유사하기 때문이었다. 게다가 가장 중요한 공동연구자였던 로버트 허먼(1914-1997)은 알파-베타-감마의 말장난에 안 맞는다는 이유로 논문의 저자에서 빠지고 말았다.

앨퍼가 허먼을 만난 것은 존스홉킨스대 응용물리실험실에

서 일할 때였다. 허먼이 분광학과 응집물질물리학으로 프린스턴 대학교에서 박사학위를 받을 때 심사위원 중 한 사람이 아인슈타인 중력장 방정식을 우주에 적용한 풀이를 구한 것으로 잘 알려진 하워드 로버트슨이었다. 태초의 우주에 관심을 가지고 있었지만 일반상대성이론을 제대로 배운 적이 없었던 앨퍼에게 직장 동료이자 선배인 허먼은 더할 나위 없는 공동연구자였다.

엠바고를 어기고 논문 저자까지 위조한 가모프의 행동은 지금의 연구윤리에 비추어 보면 결코 있을 수 없는 일이다. 앨퍼와 허먼으로서는 무척 화가 나는 일이었지만, 이 주제로 박사학위를 줄 수 있는 유일한 교수가 바로 가모프였기 때문에 당시로서는 선택의 여지가 없었다. 실상 우주 핵생성 문제를 푸는 데 가모프는 거의 도움을 주지 않았다. 빅뱅 우주론의 가장 중요한 문제를 해결한 것은 앨퍼와 허먼이었고, 가모프는 아이디어를 제시하면서 도움을 준 정도에 지나지 않는다고 말할 수 있다. 하지만 사람들은 빅뱅이론을 말할 때 앨퍼와 허먼의 이름을 거의 언급하지 않는다. 프레드 호일과 대적할 만큼 저명했던 가모프만이 빅뱅이론의 대변자처럼 여겨지게 된 것은 또 다른 역사의 아이러니가 아닐 수 없다. '허블의 법칙'이라는 이름이 널리 퍼지게 된 것이 1952년에 출판된 가모프의 『우주의 탄생*The Creation of the Universe*』 덕분이었다는 점도 역사의 아이러니이다.

실질적인 계산과 시나리오를 통해 우주배경복사를 예측하고 설명한 앨퍼와 허먼이 아니라 이를 처음 관측한 아노 펜지어스와 로버트 윌슨에게만 1978년 노벨물리학상이 수여된 것도 아쉬운 대목이다. 1993년 미국 국립학술원은 앨퍼와 허먼에게 헨리 드레이퍼상을 수여하면서 "우주의 진화에 대한 물리적 모형을 발전시키기고 우주배경복사의 존재를 예측한 공로"를 치하했다.

역사는 언제나 최고만을 기억한다고 말하기도 하지만, 역사의 기억이 왜곡되어 있는 경우도 적지 않다. 우주론의 역사에서도 왜곡된 기억의 문제는 제법 심각하다. 물론 새삼 덜 알려진 역사를 다시 살핀다고 해서 널리 알려진 유명한 사람들의 업적을 깎아내리려는 것은 아니다. 다만 과학 연구가 혼자서 외롭게 역경을 딛고 나아가는 천재들의 영웅담인 양 여기는 것은 과학에 대한 올바른 관점이 아님을 기억할 필요가 있다.

과학은 수많은 사람의 땀과 노력으로 한 걸음 한 걸음 어려운 걸음을 디디며 앞으로 조금씩 나아가는 것이다. 실질적으로 과학은 수많은 의견 교환과 사회경제적 요인에 크게 의존하는 공동작업이다. 과학의 전개는 예측할 수 없는 역사적 우연과 계기가 만들어낸 복잡하고 미묘한 사회적 산물이다. 과학의 역사가 말해 주는 것이 바로 그런 것이다. 과학의 진보를 위해 제대로 공로도 인정받지 못하면서도 조용히 밤샘을 하며 하루하루 자연의 원리와 법칙을 밝히려는 노력들을 겸허하게 응원해 주어야 할 것이다.

11장

일제강점기 한반도의 스타, '아박사' 또는 '아인씨'[4]

빛에도 무게가 있다!!

1919년 11월 런던에서 영국 왕립협회와 영국 왕립천문학회의 발표가 있고 난 뒤 아인슈타인은 세계적인 스타가 되었다. 그 명성은 일제강점기 한반도에까지 날아왔다. 아인슈타인이라는 이름이 일제강점기 조선에 처음 소개된 것은 1920년 10월 20일에 창간된《공우工友》라는 잡지에서였다. 경성고등공업학교 졸업생들이 주축이 되어 공업진흥과 보급을 목적으로 설립된 공우구락부가 발행한 이 잡지에는 〈빛에도 무게가 있다!!〉라는 제목 아래 "과학계 유례없는 대발견"이라는 부제가 달린 기사가 실려 있다. 그 전문은 다음과 같다.

자연계의 모든 원칙을 밑바닥으로부터 고치지 않으면 안 될 일대 발견이 최근 오스트리아의 소장 수학자 아인슈타인 박사로부터 이루어졌다. 그는 이 최대 발견 덕분에 코별이구쓰든지 뉴톤과 같은 급의 최고의 명예를 문명사에 남기게 될 터이며, 또 내년에는 학계에 둘도 없는 명예가 되는 노벨상을 받게 되기로 결정되었다고 한다. 혁명적 발견은 무엇인가? 즉 빛에도 무게가 있다고 바꿔 말하면, 빛은 무게가 있기 때문에 나아가는 길이 결코 이전에 예상하는 것처럼 직선이 아니라 인력의 법칙에 따라 곡선을 이루게 된다고 한다. 탄환에는 무게가 있기 때문에 그 나아가는 길이 소위 탄도가 되고 직선이 아니다. 그러므로 그 속력이 빠를수록 탄도의 곡선이 적다고 하는 것은 누구나 인정하는 물리적 원칙이다. 그러나 빛도 비슷한 성질의 물질이라고 생각한 이가 아인시다인 박사이다. 광선은 탄환에 비해 비상하게 무게가 적고 그 속력이 두드러지게 빠르기 때문에, 나타나는 탄력의 곡선은 육안으로는 인정하는 것이 전혀 불가능할 만큼 작으므로 이 원칙을 증명하기 위해서는 수백 리가 넘는 먼 거리에 있는 큰 물체를 관측한 결과라고 하니, 이에 대해서는 전문적으로 들어가겠기에 여기에서는 생략한다. 아인시다인 박사의 설에 따르면, 빛의 무게는 매우 작은 것으로서 태양으로부터 하루 중에 지구를 향해 발사하는 전체 무게가 거의 160톤에 불과하다고 한다.

-《공우》 창간호 45쪽(1920)*

이 기사를 쓴 사람이 누구인지는 알 수 없다. 《공우》의 편집인 겸 발행인이었던 최종환이거나 그의 지인일 것이다. 코페르니쿠스를 '코별이구쓰'라고 쓴 것으로 보아 이 글의 필자가 일본어 문헌을 참고하지는 않았을 것으로 보인다.** 아인슈타인의 이름은 '아인시다인'으로 되어 있고 오스트리아의 소장 수학자로 잘못 소개된다. 아인슈타인은 코페르니쿠스나 뉴턴과 같은 수준의 과학자라고 하면서, 다음 해에 노벨상을 받게 된다는 잘못된 정보까지 들어 있다.

이 기사에는 1919년 에딩턴과 다이슨이 주도한 일식원정

* 창간호가 발간된 것은 1920년 10월 20일이었으나, 이 인용문의 원문에는 '1920년 6월 20일'이라는 날짜가 병기되어 있다. 이하 이 장에서 다룬 기사는 가능하면 원문의 표현을 살렸으나, 현대 독자가 이해하기 쉽도록 맞춤법과 일부 표현은 현대식으로 바꾸었다.

** 코페르니쿠스에 대한 한글 표기 중 확인할 수 있는 것으로는 '코페르니키쓰'(《중외일보》 1926년 12월 7일), '코페르니쿠스'(《별건곤》 제8호, 1927년 8월 17일), '코페루니쿠스'(《동아일보》, 1938년 11월 20일) 등이 있다. 이것은 모두 일본어의 음차로 짐작된다.

4-5 **《공우》 제1호 표지**(1920년 10월 20일)

대가 아프리카와 브라질에서 개기일식을 통해 태양 주변에서 별빛이 휜다는 일반상대성이론의 예측을 확인한 내용이 담겨 있다. 그러나 별빛이 휘는 것을 탄환의 경로가 그 무게 때문에 곡선이 된다고 말하고, 더 상세한 것은 전문적인 내용으로 들어가기 때문에 생략하겠다고 한 것으로 보아, 이 기사의 필자는 상대성이론에 대해 제대로 된 지식을 갖고 있지 않았던 것으로 보인다. 그럼에도 아인슈타인과 일반상대성이론이 이미 우리나라까지 이름을 알린 세계적인 관심사였음은 분명하다.

이 기사에 대한 반응과 영향이 어땠는지 확인하기는 어렵지만, 1920년에 불과 1년 전 유럽에서 일어난 과학사상의 사건이 부정확하게라도 알려졌다는 것은 중요한 일이다. 경성고등공업학교의 조선인 졸업생이 과학기술을 대중적으로 알리고 홍보하기 위해 결성한 단체인 공우구락부가 현실적인 기술과는 거리가 멀 수도 있는 아인슈타인의 사변적이고 형이상학적인 이론을 소개하고 있다는 점은 주목할 만하다.

1922년 말 아인슈타인이 일본 카이조 출판사의 초청으로 순회강연을 하러 일본을 방문하면서 일제에 강점된 한반도에서도 아인슈타인과 그의 상대성이론에 대한 관심이 널리 퍼졌다. 1922년 11월에 베를린에 있는 황진남이 〈상대론의 물리학적 원리〉라는 해설기사들과 〈아인스타인은 누구인가〉를 《동아일보》에 연재하는 등 아인슈타인과 상대성이론에 대한 기사가 자주 등장했다. 그뿐 아니라 최윤식, 강우석, 안일영, 이정섭, 도상록 등의 상대성이론에 대한 대중강연이 뒤를 이었다. 일제강점기 한반도에서 아인슈타인과 일반상대성이론은 매우 인기가 높았다.

아인슈타인이 소수의 독자만 볼 수 있는 잡지가 아니라 신문에 처음 소개된 것은 헤브루 대학교의 설립기금 모집을 보도한 《동아일보》 기사에서였다. 아인슈타인은 1921년 4월 1일부터 5월 30일까지 카임 바이츠만(1874-1952)과 함께 미국을 방문했다. '워싱턴 전보'라 부기되어 있는 이 기사에서 아인슈타인은 "서서瑞西에 국적을 두고 '상대성원리'의 학설을 창도하고 독일 백림대학에 교편을 잡고 있든 '아인수타인' 박사"*로 소개되는데, "두 사람은 모두 근본은 유태사람"임이 강조된다. 유대인은 아주 오래전에 망국의 설움을 겪은 민족으로 일제강점 이전에도 자주 거론되었다. '나라 잃은 설움'이라는 맥락의 담론은 비교적 흔한 것이었다. 가령 1908년의 한 논설에도 "유태인이 도처에 학살을 당함은 자기국가를 멸망에 이르게 한 소이"라는 말이 나온다. 또한 이미 기독교를 통해 일반에 널리 알려진 "'벳을네헴'에 탄생한 '예수그리스도耶穌'"도 유태사람이다. 이 기사가 유태사람으로서의 '아인수타인 박사'를 강조한 것은 자연스러운 일이었다.

1922년 《동아일보》 신년호에는 〈금년의 문제〉라는 제목으로 당대의 주요 위인이나 주요 사건 14가지에 대한 간략한 서술과 사진이 실렸다. "적위군 총사령관 '트로쓰키'씨"나 "전인도인의 희망하는 '깐듸'씨"와 함께 "상대성원리 주창자 '아윤스타인'씨"가 여섯 번째 화제로 등장했다. 거기에는 "'뉘우톤'

* 일제강점기 신문이나 잡지에서 아인슈타인은 '아인스타인', '아윤스타인', '아인쉬타인', '아니스타인', '아박사(博士)', '아인씨氏' 등 여러 이름으로 지칭되었다.

의 인력설을 파하야 과학계에 혁명이 기起하라 한다"는 간략한 해설도 곁들여 있다.

아인슈타인이라는 사람에 대한 얘기가 오고감에 따라 상대성이론을 해설하는 기사도 신문에 등장하기 시작했다. 그중 가장 초기의 것은 1922년에 《동아일보》에 공민公民이 쓴 해설 기사이다. 이 기사는 〈'아인스타인'의 상대성원리〉라는 제목으로 2월 23일부터 3월 3일까지 7회에 걸쳐 연재되었다. 공민이라는 필명으로 이 기사를 쓴 나경석은 수원 출신으로 1914년 동경고등공업학교를 졸업했다. 1915년 이래 회사에 다니기도 하고 제약 사업에 종사하기도 했으며, 이 무렵 고려공산당의 당원이 되었다. 1919년에는 강도, 살인미수, 보안법 위반으로 징역 3개월에 처해지기도 했다. 이와 같은 정치적 배경을 지닌 나경석이 1922년에 아인슈타인의 상대성원리에 대한 해설기사를 무려 7회에 걸쳐 《동아일보》에 연재한 것은 특기할 만한 일이다. 나경석은 어떤 동기에서 "아인스타인의 상대성원리"에 관심을 갖게 되었을까? 나경석이 《동아일보》에 이런 글을 연재할 때 염두에 둔 독자는 어떤 사람들이었을까?

사실 나경석의 7회에 걸친 상대성원리의 해설기사는 대체로 오류투성이다. "망국한 지 이천년에 세계에 표류하는 유태사람"인 '아인스타인'은 세계의 3대 괴물 중 하나로 소개된다. "알벨트 아인스타인"은 "물리학상에 일대혁명을 일으켜" "종래의 '절대'라는 몽환을 타파"한 사람이다. 그의 상대성원리를 "알지 못하면 현대인이 아니라 한다. 그러나 (…) 아인스타인 자신이 호언하였으되 세계에서 자기의 학설 즉 상대성원리를 이해할 사람이 12인에 불과하리라 함을 보아도" 이를 이해하는 것은 너무나 어려운 일이다. 실상 (1) 천문학의 혁명, (2) 에테르 부인설 (3) 철학상 의의 (4) 최대속도 (5) 시간과 공간의 관념, 이렇게 다섯 절로 이루어진 나경석의 기사를 상세히 들여다보면, 나경석 자신이 상대성이론을 제대로 이해하고 있지 못함이 여실히 드러난다. 가령 에테르가 존재하지 않는다는 아인슈타인의 주장을 설명하기 위해 나경석이 동원하는 것은 진공의 개념이다. 그는 "진공 중에도 에텔은 존재한다 함은 상상하지 못할 것이라. 설혹 에텔이란 것이 존재한다 허락한다 하면 그것이 항상 정지하는 것인가 혹은 시시로 동요하는 것인가"라고 말하고, 일련의 논의를 통해 "광선은 매양 직선으로 진행하니 에텔은 요동하지 않는다는 결론"에 이른 뒤, "에텔은 정지하지도 아니하고 동요하지도 아니한다 함이니 그런 물질이 세상에 있을 수 없은즉 아인씨는 광선이 아무 매질이 없이 진행한다 하여 에텔을 말살하였습니다"라고 설명한다. 아인슈타인의 이름을 달고 있지만, 실상은 나경석 자신의 거친 이해를 그대로 서술하고 있는 셈이다.

나경석이 말하는 또 다른 괴물이 레닌이라는 점과 그 무렵의 《동아일보》에 꾸준히 레닌의 생애와 사상에 대한 소개의 글이 게재되었다는 점을 염두에 둔다면, 나경석의 관심은 물리학자로서의 아인슈타인보다는 사상적 혁명을 일으키고 '과거의 몽환을 타파한 사람'으로서의 아인슈타인에 있었다고 볼 수 있다. 어쩌면 상대성이론을 상세하고 정확하게 소개하는 것은 나경석의 관심이 아니었을 것이다.

동아시아에 온 아인슈타인

아인슈타인이 당시 조선의 지식인들과 더 가까워진 계기는 일본 방문이었다. 아인슈타인을 일본에 초청한 것은 《카이조改造》라는 잡지사였다. 《카이조》는 야마모토 사네히코가 1919년 4월에 창간한 사회주의 평론이었는데, 기독교 사회운동가였던 카가와 도요히코의 이야기가 담긴 제4호가 100만 부 이상 팔리면서 큰 이익을 얻자, 야마모토는 이 수익을 문화진흥에 사용하기로 했다. 1921년 7월에 버트런드 러셀을 초청했는데, 러셀에게 다음 초청자 후보를 세 명 추천해 달라고 하자 그는 "아인슈타인, 레닌, 그리고 세 번째는 없다"고 답했다고 한다.

일본에서 아인슈타인을 초청하는 데에는 구와키 아야오와

이시와라 준의 도움이 필요했다. 구와키는 1907년부터 2년 동안 베를린 대학교에서 공부했는데, 1909년 3월 11일에 베른의 특허국에 있던 아인슈타인을 방문한 적이 있다. 이시와라는 뮌헨에서 아르놀트 조머펠트의 지도 아래 공부했으며, 베를린의 막스 플랑크에게도 지도를 받았다. 1913년 4월에서 7월까지 취리히에 머물면서 아인슈타인과 함께 연구했다.

1921년 8월 카이조사 베를린 지부의 사원 무로후시 다카노부가 직접 아인슈타인을 접촉하는 한편, 이시와라의 편지와 야마모토의 초청장이 전달되었다. 초청장에는 아인슈타인이 도쿄에서 하루 3시간씩 3일 동안 전문강연을 하고, 도쿄, 교토, 오사카, 후쿠오카, 센다이, 삿포로에서 두 시간 반씩 대중강연을 해줄 것을 요청하고 있는데, 1922년 3월 27일에 발송된 답신에서는 대중강연으로 두 시간 반은 너무 길며, 전문강연의 절반은 토론으로 하는 게 좋겠다는 내용이 있다.

이 소식이 일제강점기 조선에 전해진 것은 1922년 6월 26일이었다. 관련 상황이 〈아인시타인 씨 11월경 방일〉이라는 제목으로 《동아일보》에 상세하게 소개되었는데, 자연스럽게 아인슈타인이 11월 16일에 기타노마루호를 타고 고베에 입항하리라는 얘기도 보도되었다. 아직 아인슈타인이 일본에 도착하기 전에 그의 노벨상 수상 소식이 조선에도 들려왔다.

4-6 카이조사의 초청으로 일본을 방문한 아인슈타인 부부(1922)

> '스록크홀' 소식에 의하면 본년도 '노-벨'상금 수령자는 독일 이학자 '아인스타인'씨요 화학상은 영국 '쇠듸'씨 문학상은 서반아 '빼네엔테'씨에게 수여하기로 결정하였다더라.

아인슈타인이 일본에 도착한 이후 〈아인스타인은 누구인가〉, 〈상대성초강연〉, 〈상대성원리, 확평은 상미득尙未得〉, 〈아박사의 기후동정〉, 〈아박사의 신발견〉, 〈상대성원리 확인발표〉 등 계속해서 그와 관련된 기사가 실렸다.

《동아일보》는 아인슈타인의 서거 소식을 알리고 그의 생애를 개괄하는 1955년 4월 20일의 기사에 이르기까지 58회의 보도를 아인슈타인 또는 상대성이론에 할애했다. 기사는 아인슈타인을 나라를 잃고 설움을 겪는 유태인 박사나 제금을 연주하는 음악가로 묘사하기도 하고, 통일장이론의 신학설 발표를 상세히 해설하기도 하고, 어린이를 위한 "훌륭한 어른들"의 한 사람으로 소개하기도 했다.

《조선일보》에서도 1922년 12월 1일 〈아박사가 조선에 오지 못한다〉는 기사 이래 1955년까지 총 37회 아인슈타인에 관해 보도했다. 《조선일보》는 아인슈타인의 국제동맹 가입이나 나치반대 운동에 주로 관심을 두었다.

《매일신보》는 1922년 7월 26일 자 〈일식 관측〉이란 제목의 기사에서 그해 9월 22일에 아인슈타인 일행이 남양 크리스마스 섬으로 일식 관측을 위해 떠났다면서, 그 목적이 광선이 태양의 중력권 내를 통과할 때 "아박사"가 주장하는 상대원리에 따라 변차를 만들어내는지 여부를 확실하게 하려는 것이라고 보도한 이래 37회에 걸쳐 아인슈타인에 대한 기사를 실었다.

1922년 11월, 아인슈타인의 노벨상 수상 소식이 전해지기 직전, 조선교육협회가 아인슈타인을 초청하려 한다는 계획이 보도되었다.

유명한 유태학자 '아니수타인' 박사가 방금 일본에 온 것을 기회로 하여 경성에 있는 조선교육협회에서는 이 세계적의 학자를 조선에 소개하는 것이 우리 학계에 큰 도움이 되리라는 생각으로 금 십일 오전 열시 남행열차로 회례사 강인택 씨를 동경에 파견하여 박사를 청하여 오리라더라.

강인택(1894-?)은 1919년 3·1만세운동으로 3년간 감옥살이를 마친 뒤 조선교육협회에서 상무이사로 일하고 있었으며, 특히 민립대학기성회 중앙부 집행위원으로 활동했다. 또한 천도교유신회 임원, 전조선청년당대회 준비위원, 조선기근구제회 준비위원, 신간회 참여, 북간도 연길농업실업학교 교장 등의 경력을 볼 수 있다. 아인슈타인을 초청하기 위해 보내는 강인택을 회례사回禮使, 즉 통신사通信使라 부르는 것이 인상적이다. 조선교육협회에서 강인택을 보내 아인슈타인을 초청하기로 한 것은 어떤 목적에서였을까.

조선교육협회는 1920년 6월 20일 한규설, 이상재, 류근, 윤치소 등의 주도로 설립된 단체로서, 발기취지문에서 "교육문제는 이것이 결코 한인閑人의 한담재료閑談材料가 아니라 우리의 민족의 장래 소장에 관한 기점이며 사활에 관한 문제"임을 천명했다. 조선교육협회는 그 주요 사업목표를 "1. 교육제도의 개선 2. 교육사상의 보급 3. 교육기관의 확장 4. 교육계 풍기의 개선 5. 도서관 설치와 잡지 발행 6. 교육공로자 표창"에 두고 있었다.

아인슈타인의 초청이 "우리 학계에 큰 도움이 되리라는" 것은 이 중 어떤 것과 연관되어 있었을까? 당시에 조선에서 아인슈타인의 이론을 제대로 이해하고 있는 사람은 사실상 없었으며, 물리학자로 분류할 수 있는 사람도 거의 없었으므로, 이 기사에서 말하는 '우리 학계'는 과학자 집단은 아니다. 그러면 아인슈타인이 어떻게 학계에 도움이 될 수 있었을까? 교육제도의 개선이나 도서관 설치에 아인슈타인이 도움을 주기는 힘들었을 것이다. 그러나 외국에서 유명하다고 알려진 당대의 학자가 조선을 방문한다면 교육사상의 보급이나 교육계 풍기風氣의 개선에 도움을 주리라는 것은 기대할 수 있다. 강인택의 경력을 고려하면 아인슈타인을 초청하려 한 주요 동기 중 하나가 교육기관의 확장이었으리라 추측할 수 있다.

아인슈타인 초청 시도가 민립대학 설립운동과 관계가 있다는 주장도 있다. 1921년 5월에 아인슈타인이 헤브루 대학 설립기금을 마련하기 위해 미국을 방문했다는 사실이 보도되면서 이 신화적인 인물의 존재가 알려졌고, 1922년 11월 중순에 일본에 오리라는 소식을 듣자, 조선교육회가 아인슈타인을 조선에도 초청하여 민립대학 설립 운동에 도움을 받으려 했다는 것이다. 그러나 조선교육협회의 아인슈타인 초청 계획이 민립대학기성회와 직접적으로 어떻게 연결되는지 확인하기는 어렵다. 민립대학 기성준비회가 결성된 것은 1922년 11월 23일, 즉 위의 신문기사가 실리고 두 주가 지난 뒤였으며, 민립대학 기성회 발기총회가 열린 것은 1923년 3월 29일이었다. 민립대학 기성회가 설립되기 전이었기 때문에 기성회가 아니라 조선교육협회가 아인슈타인 초청을 계획한 것이다.

민립대학 설립운동의 뿌리는 1906년 이래의 국채보상운동으로 모금된 돈으로 민립대학을 만들려던 움직임이나 보성전문학교 및 숭실학교의 대학승격 추진까지 거슬러 올라갈 수 있다. 본격적으로 민립대학 설립운동을 제창한 것은 1922년 2월 3일자의《동아일보》논설이었다. 조선교육협회는 초기부터 교육기관의 확장에 큰 관심을 두었으며, 여러 가지 면에서 민립대학 설립운동을 주도했다. 민립대학 기성회의 발기인 47명 중 20명이 조선교육협회의 발기인 또는 이사인 점이나 민립대학기성회의 사무소를 수표정 42번지 조선교육협회 안에 둔 점으로 보더라도 두 단체가 밀접한 관계였음을 알 수 있다. 특히 강인택이 이후에 민립대학 기성회 중앙부 집행위원으로 활동했다는 점으로 미루어 보아 아인슈타인의 초청 계획이 어떤 식으로든 민립대학 설립운동과 무관하지는 않으리라고 추측할 수 있다. 그러나 어느 쪽이든 아인슈타인에 대한 소식이 민립대학 설립운동의 동기가 된 것은 아니다.

강인택이 아인슈타인을 만나는 데 성공했는지 여부는 알 수 없지만, 분명한 것은 아인슈타인이 조선에 오지 않았다는 점이다. 아인슈타인은 식민지 상태의 조선을 일본과 다른 나라로 여기지 않았을 테고, 카이조사와 계약할 때 일본 내 6개 도시에서 대중강연을 하고 도쿄에서 전문강연을 하기로 했기 때문에, 설령 강인택을 만났더라도 조선교육협회의 초청에 응하려 하지 않았을 것이다.

이러한 사정을 중국에서 아인슈타인을 초청하려던 계획과 비교할 수 있다.[5] 러셀은 일본에 가기 전 베이징대와 강학사講學社의 초청을 받아 1920년 10월부터 1921년 7월까지 중국을 먼저 방문했다. 난징, 항저우, 창사, 베이징 등지에서 러셀은 〈아인슈타인의 새로운 중력 이론〉, 〈물질이란 무엇인가?〉, 〈물질의 분석〉 등의 강연을 통해 중국에서 아인슈타인 붐을 일으켰다. 1922년 11월 13일 아인슈타인의 일본행 배가 상하이에 입항했고, 다음 날 《베이징대학일간北京大學日刊》은 1923년 1월에 아인슈타인이 베이징대의 초청으로 최소 두 주 동안 초청강연을 하리라고 보도했다. 그런데 베이징대 총장 차이위안페이가 보낸 초청편지는 12월 22일에야 아인슈타인에게 도착했다. 아인슈타인은 중국 방문을 간절히 원했지만 초청장이 오지 않아서 베이징대가 초청을 취소한 것으로 여기고 원래 중국 방문을 위해 계획해 놓은 일정을 모두 일본에 머무는 것으로 변경해 버렸으며 새로운 변경이 불가능함을 이해해 달라는 답장을 보냈다.

그런데 실상 차이위안페이가 아인슈타인을 초청한 것은 1920년 가을이었다. 아인슈타인이 베를린을 떠날 수 없다고 초청을 거절했지만, 차이위안페이는 1921년 유럽의 여러 학술기관을 방문했는데, 베를린으로 가서 아인슈타인을 만나 간곡하게 중국에 와주길 간청했다. 아인슈타인은 미국 방문이 예정되어 있다는 이유로 초청을 고사했다. 1922년 아인슈타인의 일본행이 알려지자 베를린에 방문교수로 있던 주지아화가 다시 아인슈타인을 여러 번 찾아가 중국에 와서 강연을 해달라고 부탁했다. 드디어 그해 5월 아인슈타인이 주독일중국대사 웨이첸주에게 초청에 응하는 편지를 보냈다. 이 편지에는 강연료로 미국 달러 1,000달러와 도쿄-베이징-홍콩 이동과 호텔을 비롯한 모든 비용을 부담해 달라는 요청도 들어 있었다. 베이징대 예산만으로는 아인슈타인의 요청을 수용하기 어려워지자 차이위안페이는 링치차오와 의논하여 강학사와 공동으로 초청을 진행하기로 했으며, 아인슈타인은 이 모든 일정에 동의했기 때문에, 1922년 말에 굳이 재확인이 필요한 상황은 아니었다.

이러한 맥락을 고려할 때 조선교육협회가 아인슈타인을 초청하려던 계획은 무모한 것이었으며, 강인택이 아인슈타인을 만났을 가능성은 희박하다. 그러나 조선교육협회가 아인슈타인을 초청하려 했다는 점은 당시의 문화운동 및 교육운동의 관심을 잘 보여준다.

"뉴톤에서 아인스타인까지"

아인슈타인과 상대성이론의 영향력이 더 두드러진 것은 1920-30년대의 대중강연에서였다. 지금으로부터 100년 전인 1923년 7월 17일 경성(서울) 경운동에서 독특한 주제의 강연이 열렸다. 장소는 1921년 2월에 준공된 천도교회당이었고, 강연제목은 〈아인스타인의 상대성원리〉였다. 연사는 동경제대 이학부에 재학하는 최윤식으로서, "'아인스타인'씨 자신을 위시하여 대가의 강연을 듣기 6, 7차이며 기타 오랫동안 연구를 쌓은 바" "물리학계의 일대혁명이라고 말하는 아인스타인의 상대성원리"에 조예가 깊은 사람으로 소개되고 있다. 이 강연에는 200여 명이 참석하여 최윤식의 상대성이론에 대한 열정적인 강의를 들었다.

지금은 '아인슈타인'이라는 이름이라든가 '상대성이론'이라는 개념이 천재과학자나 뛰어난 과학이론의 대명사처럼 사용되지만, 일제강점기 조선에서는 아인슈타인이나 상대성이론은 낯선 이름이었으리라. 당시에 과학 특히 이론물리학은 한반도에서 거의 아무런 기반이 없었는데, 어떻게 이런 성격의 강연이 기획된 것일까? 그 강연에 참석한 사람들의 동기는 무엇이었을까? 이런 성격의 강연은 또 어떤 게 있었을까? 아인슈타인과 상대성이론이 강연 이외의 매체에서는 어떻게 이야기되었을까? 아인슈타인과 그의 난해한 이론에 대한 깊이 있는 이해가 없었음에도 불구하고 이런 종류의 담론이 중요한 과학적 성취의 상징으로 자리를 잡게 된 것은 어떤 맥락에서 어떤 경로를 통해서였을까?

1920년 7월, 동경 유학생 학우회는《동아일보》의 후원을 받아 전국을 돌며 다양한 주제로 일반 대중을 대상으로 하는 하기 순회강연회를 시작했다. 최윤식의 강연은 세 번째 순회강연 중 하나였다.

> 동경학우회의 제3회 하기강연은 누누히 보도한 바와 같이 예정대로 경운동 천도교당에서 개최하였는데 동단의 연사 최윤식 씨는 다시 '아인스타인'의 상대성원리에 대하여 금일 오후 네 시부터 역시 천도교당에서 특별강연을 할 터인데 일반이 이미 아는 바와 같이 이 상대성의 원리라는 것은 원래 전문가의 두뇌로도 잘 이해하기 어려운 것임으로 아직 과학이 유치한 조선에서는 특별한 실익이 없으리라 하여 일반 강연에는 그만두기로 하고 따로히 특별 강연회를 열게 되었는데 강연은 전문적 색채

는 일체로 버리고 통속으로 하여 일반에게 잘 알아듣도록 노력할 터이라 하며 동씨는 현재 동경제국대학 이과부에 재학 중이며 특히 이 상대성원리에 대하여는 '아인스타인'씨를 비롯하여 기타 여러 대가의 강연을 육칠번이나 들어 이에 대하야는 매우 조예가 깊다 한다."

-《동아일보》 1923년 7월 16일

이 보도에서 눈여겨보아야 할 부분은 아인슈타인의 상대성 이론이 아주 어렵다는 것을 이미 일반인들이 알고 있다고 표현한 점과 최윤식이 아인슈타인의 강연을 직접 들었다는 기록이다. 1923년에도 이미 이 신문의 독자들은 '아인스타인'이라는 이름과 그의 대표적인 이론인 '상대성원리' 또는 '상대성리론'을 알고 있었지만, 그렇다고 해도 일반강연을 열기에는 청중의 수준이 "유치한" 상황이었다. 이렇게 열린 특별 강연에는 200명가량의 청중이 참석했다.

학우회강연단원 최윤식 씨가 '아인스타인'의 상대성리론에 대하여 특별 강연을 한다 함은 긔보와 같거니와 지난 십칠일밤 일행 중 두 사람이 인천에서 강연을 하는 같은 오후 팔시로부터 천도교회당에서 강연은 시작은 되었었다. 원래 문제가 문제인 까닭으로 입장한 사람은 약 이백 명가량밖에 안 되었으며 중에는 중등학교 전문학교 학생이 대부분이요 또 중등학교 선생님들 중에도 출석한 이가 있었다. 세 시간 동안을 계속한 씨의 강연은 첨부터 끝까지 수학공식으로 발전되어 나갔음으로 수학지식이 있는 사람에게는 그리 어렵지 않다 하나 대부분은 역시 알아듣지 못하는 헛정성만 보였다. 그러나 청중의 대부분을 점령한 학생들이 끝끝내 필기를 계속함은 보는 사람과 말하는 사람으로 하여금 저으기 마음을 진덧게 하였다.

-《동아일보》 1923년 7월 19일

이 기사에는 비록 최윤식의 강연을 제대로 알아듣는 사람은 적었고, 200명가량의 청중은 다른 강연에 비하면 많은 수가 아니었지만, 이 강연에 대한 관심이 적지 않았다는 점이 잘 드러난다. 최윤식은 이미 7월 8일 마산에서 〈뉴톤에서 아이스타인까지〉라는 제목의 강연으로 300여명의 청중에게서 갈채를 받았으며, 7월 14일 수원에서 〈뉴톤으로부터 아인스타인〉이란 제목의 강연으로 500여명의 청중에게 "다대한 감동을" 주었다. 7월 21일 사리원에서는 〈절대와 상대〉라는 제목으로 강연했다.

최윤식은 유학생활을 마치고 1926년 3월 귀국한 뒤에도 이와 같은 성격의 강연을 계속했다. 1927년 7월 22일 종로중앙기독교청년회관에서 열린 재일본 고려공업회 주최의 과학강연회에서는 〈뉴톤으로 아인스타인까지〉라는 제목의 강연을

科學講演의第一夜

4-7 **종로기독교회관에서 열린 과학강연회(《동아일보》 1927년 7월 22일)**

했으며, 1929년 2월 8일에는 경운동 천도교 기념관에서 〈수리학적 자연관〉이란 제목의 강연을 했다.

그렇다면 최윤식의 강연은 당시에 유일한 것이었을까? 그렇지는 않다. 일제강점기 조선에서 아인슈타인의 상대성이론에 대한 강연 기록은 최윤식 외에 적어도 여섯 번의 강연이 확인된다.

1922년 8월 17일에는 하동의 하동공립전문학교에서 유학생 친목회 주최의 강연이 열렸다. 여기에서 "강우석 군은 〈사유의 궁극과 아인스타인의 상대성원리〉라는 제목으로 열변을 토하고 (…) 사백여 명의 청중에게 다대한 감각을 주었다." 강우석은 경남 하동 사람으로서, 그는 1919년 9월 진주 광림학교 교사로 재직할 무렵 혈성단을 조직해 활동했다. 두 차례 옥고를 치른 뒤, 1922년부터 《동아일보》 하동지국에서 일하면서 민족의식 고취에 앞장섰다. 강우석의 경력만 보아서는 "아인스타인의 상대성원리"를 강연한 것이 특이하게 여겨진다.

1925년 10월 31일 학생과학연구회 주최로 열린 '과학문제 강연'의 제목은 〈상대성원리에 대하여〉였다. 연사는 안일영이었다. 안일영은 중동학교 교사로서 1915년 최규동의 추천으로 중동학교에서 교편을 잡기 시작했다. 이 두 사람의 별명이 '최대수崔代數', '안기하安幾何'였던 것으로 보아, 대수학이나 기하학 등의 수학 과목을 주로 담당했으리라 여겨진다. 어쩌면 1923년 7월 17일에 경운동 천도교회당에서 있었던 최윤식의 강연에 참석했던 "중등학교 선생님들 중에도 출석한 이" 중 하나는 아니었을까.

1929년 4월 14일에는 경성에서 출판노조 주최로 열린 신춘강연대회에서 〈상대성원리에 대하여〉라는 제목의 강연이 있었고, 연사는 이정섭이었다. 프랑스에 7년 정도 유학했던 이정섭은 잡지《별건곤》에 실린 일문일답에서 프랑스에서 가장 잊히지 않는 일로 "14, 5세 된 소년이 바람결에 우산을 밧고 가면서 아인스타인의 상대성원리를 논하던" 일을 꼽았다.

실상 1922년 12월 15일 총독부 제2회관에서 경성의학교 교수 소항결小港潔의 〈아인슈타인 씨의 상대성에 대한 강연〉이 있었지만, 이 강연은 명시적으로 총독부원을 위한 것이었다. 1923년 4월 30일에 충남 공주 본정금강관에서 이학박사 금진명今津明이 〈아인스타인의 상대성원리〉를 강의했는데, 청중은 일본인과 조선인이 각각 300여명이었다는 보도가 있다. 이 역시 조선에 거주하는 일본인을 주된 대상으로 한 강연이었다.

1923년 7월에 열린 최윤식의 강연은 일본인이 아닌 조선인을 대상으로 한 것이었을 뿐 아니라 일본 동경제대에 유학하면서 상대성이론에 대해 전문적인 지식을 가지고 있었다는 점에서 독보적이다. 이에 버금가는 강연으로 1931년 7월 28일 홍남 학술강연회가 있다. 여기에서 동경대 조수 이학사 도상록이 〈상대성원리에 관하여〉라는 제목의 강연을 했다. 도상록은 1945년 8월 16일 창설된 조선학술원에서 이학부장을 맡는 동시에 출판과와 기획과에 속해 있었고 조선학술원에서 중심적인 역할을 했다.

아인슈타인을 직접 만난 첫 번째 조선사람은 황진남이다. 황진남은 함흥 출생으로 "가주대학, 백림대학, 파리소루본대학" 등을 졸업했으며, 상해임정 외교위원으로 활약했다. 황진남은 베를린 대학교에 있을 때 1922년 11월에 4회에 걸쳐 〈상대론의 물리학적 원리〉라는 해설기사를 《동아일보》에 기고했으며, 3회에 걸쳐 〈아인스타인은 누구인가〉라는 제목의 글을 뒤이어 기고했다. 황진남이 처음 "물리학과에서 연구하시는

4-8 **황진남 〈아인스타인은 누구인가〉(《동아일보》 1922년 11월 18일)**

아인스타인"에 대해 듣게 된 것은 1917년 스위스 취리히에서 철학을 공부하고 있을 때였다. 어떤 '여학생'이 '아인스타인'을 아느냐고 물었을 때 황진남이 모른다고 대답하자, 그 '여학생'은 다음과 같이 말했다.

> 이 불쌍한 양반아! 용서하시오 자기시대를 이해 못하는 사람처럼 불상한 사람이 없다 합디다. 아인스타인이라는 이름은 우리 시대의 특색임니다. 더구나 당신은 주야로 우주의 원성原性이니 인생의 원유原由이니 하시며 상대론 없이 당신의 문제를 어찌 해결하시려 하오. 철학은 항상 몽리건포夢裡乾布에 있다가 자연과학이 한번 흔들어 깨워주면 며칠 못 되어 다시 꿈꾸고 앉었는 것! 당신은 꿈 고만 꾸시고 우리 시대의 진상계에 입하여 신파

도에 헤엄치고 놀아보시오!

황진남은 철학에 대한 소양을 바탕으로 아인슈타인의 이론을 이해하기 위해 애를 썼지만 결국 실패했다고 고백하고 있다.

아인스타인과 상대론에 대한 해석적 서류도 읽어보고 씨의 저서도 연구하여 보았으나 상대론의 심연한 의의는 이해치 못하였다. 책장을 넘길 때마다 플라톤의 아카데미 원문상의 서봉한 '수학에 불통不通하는 자에게는 허입을 금함'이라는 구를 기억지 아니치 못하였다. 아인스타인 자신도 말하기를 상대론의 진의를 이해하는 이가 현재 차세에 5인 이외에 무無하다 하였다는 풍설이 있다. 고등수학에 정통치 못하고 상대론의 진미를 부지不知하고 상대론을 이해치 못하는 아인스타인 숭배도 허위라 하겠다.

황진남은 1922년 2월에 "덕국의 최고 학술기관인 소위 '과학아카데미' 기념일"에 베를린에서 아인슈타인을 처음 만났다. 황진남은 아인슈타인이 "우리 동아에 여행하려 출발하였다는 소식을 듣고 상대론의 원리를 소개코자 하였다." 황진남은 아인슈타인이 1905년에 쓴 논문들을 소개하면서, 그가 어떻게 유명해졌는지 설명하고 있다.

'광선의 출생과 변태에 관한 발견적 관찰점' '역力의 관성' '뿌라운 진동의 법칙' 등이오 기중 상대론과 직접 관계를 유有한 것은 「운동 중 물체의 전기역학적 연구」라는 논문이오 또 동년에 박사학위를 득하기 위하야 「분자용적의 신측정법」이라는 논문을 제출하였다. (…) 현시 백림대학교수 역량단위론으로 저명한 물리학자 플람크씨는 사서私書로 경축까지 유有하였다. 일차 물리학계에 저명하게 된즉 각 대학에서 상쟁相爭하며 고빙코자 하여 (…) 1914년에 백림대학에 고빙되니 서서인瑞西人이오 황국주의를 극히 반대하며 사회주의적 경향이 유有한 인격이 당시 제도대학의 교편을 취하게 됨은 덕국 학계에 희유한 사事이다. 포앙카레(법국 현시 총리의 장형)와 여如한 대학자도 당시에 아씨를 최대한 천재 중 일인이라 찬예하였다. 이리하야 아인스타인이라는 이름은 인류문화사상 최고한 지위 중 일을 점하게 되었다. (…) 기후(1915) 저서 일반상대론으로 신우주관을 우리에게 여與하였다. 1919년에 영국 천문학 탐험단의 관찰로 인하여 상대론의 예언이 자연계의 사실임을 공포된 후 아인스타인의 이름을 아동까지 찬예하게 됨은 우리가 경험하는 배다. (…) 그런즉 인류문화사가 계속될 한에는 아인스타인이라는 이름은 불후할 것이며 또한 전 세계 인류가 갈릴레이와 뉴톤과 같이 숭배할 것은 부정치 못할 사실이다.

그 무렵의 다른 신문기사나 잡지 투고문과 비교하면 황진남의 서술은 매우 정확하다. 기적의 해 1905년에 나온 아인슈타인의 논문 다섯 편의 내용을 상세하게 소개하면서 플랑크('츨람크') 및 푸앵카레('포앙카레')와의 연관뿐 아니라 1919년 일식 관측 원정대도 말하고 있다.

황진남이 보는 아인슈타인의 상대성이론은 어떤 것이었을까?

> 이상의 상대론의 물리학적 원리에 대하여 극히 간단히 설명하였으나, 만일 독자 중에 명백히 이해치 못하신 이가 계시면 그는 자기의 과실이라고 자책하실 수 없을 줄을 믿습니다. 상대론의 진리는 고등수학의 지식이 없고는 이해키 불능한 까닭입니다. 그러나 우리는 낙심 말고 근세물리학의 삼대발견인 물질의 전소론, 역량力量의 단위론과 상대론을 열심으로 연구하여 볼 것이외다. 이 삼대문제를 더욱 발전시켜야 전무하던 과학계의 혁명을 기하며 인지人智의 최대한 공헌을 발휘할 것이외다.

철학을 공부하던 황진남에게 상대성이론은 철학적 사유의 궁극을 완성하는 핵심적인 인류의 지혜였다. 비록 전문적인 고등수학의 벽에 막혀 상대성이론을 깊이 이해할 수는 없었지만, 상대성이론은 양자화가설과 함께 과학계의 혁명을 일으킨 물리학 이론이었으며, 열심히 연구해 볼 주제였다.

1927년 6월 《동광》지에는 〈아인스타인의 상대성 원리: 시간 공간 및 만유인력 등 관념의 근본적 개조〉라는 제목의 논설이 실렸는데, 저자는 경서학인, 즉 이광수였다. 이광수의 상대성이론 해설은 '절대표준점', '에테르의 말살', '인력의 신해석', '공간의 곡률'의 네 절로 이루어져 있다. 세 쪽에 걸친 그의 상대성이론 해설은 비교적 정확하다. 운동의 상대성을 설명한 뒤에, 광선의 빠르기가 매질에 따라 달라져야 하지만 마이컬슨의 실험에서 그렇지 않음이 밝혀졌기 때문에 아인슈타인이 절대정지의 공간을 채우고 있는 에테르를 없앴음을 말한다. 운동의 상대성을 가속도로 확장하면서 새로운 중력이론이 필요해지는데 이것이 일반상대성이론임을 설명한 뒤, 그에 따르면 광선이 굴절해야 하는데 이것이 관측으로 확인되었다는 내용을 평이한 문체로 서술하고 있다. 이에 비하면 1922년 6월 《신생활》에 실린 신태악의 〈대화 신흥물리-아인쓰타인의 상대율相對律에 대한 논論〉은 일본의 다케우치 도키오의 저서 『고쳐 쓴 물리학書換られたる物理學』의 모작임에도 불구하고 필자의 이해 수준은 매우 얕다.

이광수가 상대성이론에 관심을 가지고 그 개략적인 내용을 일제강점기 조선의 지식인들에게 소개한 가장 중요한 동기는 그의 개조사상과 직접 맞닿아 있다. 이광수의 글이 실린 것은 《동광》 1927년 6월호였는데, 그보다 한 달 전에 한치진은 아인슈타인의 사유를 진리론에 입각하여 소개하고 있다.

진리는 변천도 되고 불변천도 된다는 것이다. 곱치어 말하면 진리는 늘 변천하기는 하되 그 용도에 의지하여서만 되는 까닭이다. 가령 우주설로 말하더라도 왼처음에는 탈레믹씨가 태양이 우리 지구를 싸고 돈다 하던 그 학설은 코퍼니커쓰씨의 지동설이 생길 때까지는 불변적 진리 즉 보편적 진리였지마는 코씨 이후에 탈씨의 설은 변화하여 상대적 진리가 되었고 코씨의 설은 아인스타인씨의 상대설이 발견하기까지는 불변적 혹 객관적 진리였다가 기후에는 상대적 진리가 되고 말은 것이다. 지금에 있어서는 아씨의 상대원리설이 보편적 진리가 되어 있는 듯하다. 이와 같이 진리는 늘 변하면서도 불변하게 되는 것이다.

한치진은 1928년 남캘리포니아대학교USC에서 박사학위를 받았으며, 감리교신학교, 이화여전, 서울대 등에서 가르쳤고, 철학·종교학·사회학·심리학·정치학 등의 여러 분야에 걸쳐 29권의 저서를 남겼다. 한치진이 말하는 "아씨의 상대원리설"은 무엇일까? 어떻게 그것이 "보편적 진리"가 되어 있다는 것일까? 제대로 이해할 수 없었던 상대성이론이 당시에 왜 그렇게 중요하게 다루어졌을까? 《중외일보》 1928년 8월 22일에 실린 〈상대성이론을 가르키라〉라는 제목의 사설에서 그 답의 실마리를 찾을 수 있다.

> 아인스타인의 상대성이론은 세계적으로 권위 있는 학자들의 끊임없는 연구와 실험으로 지금에 와서는 완전한 진리가 되어버렸다. 그러함에도 불구하고 이 상대성원리를 교과서에 편찬하여 널리 청년 자제에게 가르치지 아니함은 무슨 이유인가. (…) 대개 구 진리는 과거세월에 있어서 사고적 지반을 갖고 있음으로 신 진리는 왕왕 구 진리의 반항을 받아 구축당하는 일이 있으니 이는 말하면 사상계의 그레샴 법칙 적용이라 말할 수 있다. 학문상의 이러한 보수주의는 그것이 학문발전에 질곡이 된다는 사실로 나는 단연 배척하지 아니치 못할 것이다. (…) 이제 더 다시 일반상대성원리를 말할 필요도 없이 문제의 원리는 재래의 역학에 혁명을 일으켜 인류의 문화에 가장 큰 공헌을 한 과학상 발견이다. 그러나 조선에서는 물리학교육 당사자까지라도 이 신원리를 등한시하고 연구하지 아니함은 너무나 기괴한 느낌이 있다. 될 수 있으면 속히 이 신원리를 교과서에 편찬하여 널리 청년 자제에게 가르쳐야 할 것이라 하여 교육당국의 일성을 재촉하는 바이다.

이 사설은 낡은 지식을 보수적으로 부여잡고 새로운 지식을 받아들이지 못하는 사람들을 비판하면서, 새로운 지식을 적극적으로 보급하고 가르쳐야 한다고 주장한다. 상대성이론은 새로운 지식이자 원리인 동시에 낡은 지식과 진리와 원리에 혁명을 일으킨 대표적인 예다.

《동광》의 〈애인에게 보내는 책자〉는 사랑하는 사람에게 책을 추천하는 코너인데, 1932년 11월 호에는 이름을 밝히지 않은 저자가 다음과 같이 쓰고 있다.

> 과학 방면에 있어서는 Eddington 『Space, Time and Gravitation』을 읽으라고 권고하고 싶습니다. 이 책은 '아인슈타인'의 '일반상대성이론'을 소개한 것으로서 고등수학에 소양이 있는 이는 볼 수 있을 것입니다. 만일에 고등수학에 소양이 없는 이

에딩톤 著
空間·時間·引力
失名氏

1、科學方面에잇어서는
Eddington 'Space. Time and Gravitation' 이 冊은「아
을 읽으라고 勸告하고 십습니다。
인슈타인」의「一般相對性理論」을 紹介한 것
으로서 高等數學에 素養이 잇는 이는 볼수
잇을 것입니다。萬一에 高等數學에 素養이
없는 이로서 相對性理論의 槪要를 알려면
「아인슈타인」著「一般及特殊相對性理論」을
읽는것이 가장조켓지오。이 冊은 누구나 알
수 잇게맨든冊(allgemeinverstaendlich)이나
이것도 代數學모르고는 읽을수 없습니다。
웨勸하느냐고요? 朝鮮사람은 科學을、等閑
히하니 그弊를 校訂하자는것과 무엇보다도
時代에 落伍되지 말어야지오。

4-9 〈애인에게 보내는 책자〉(《동광》 제39호, 1932년 11월)

로서 상대성이론의 개요를 알려면 '아인슈타인' 저 『일반 및 특수상대성이론』을 읽는 것이 가장 좋겠지요. 이 책은 누구나 알 수 있게 만든 책allgemeinverstaendlich이나 이것도 대수학 모르고는 읽을 수 없습니다. 왜 권하느냐고요? 조선 사람은 과학을 등한히 하니 그 폐를 교정하자는 것과 무엇보다도 시대에 낙오되지 말아야지요.

비록 최윤식의 상대성이론 강연에 참석한 대부분의 청중이 수학공식으로 이어지는 내용을 알아듣지 못하고 끝끝내 필기만 계속하던 "헛정성"이 1930년대에 와서도 사실상 극복되지 않았지만, "시대에 낙오되지 않기 위해" 최선을 다해야 한다는 주장은 일제강점기 조선에서 결코 무의미한 주장이 아니었을 것이다.

V

상대성이론의 해석

12

상대성이론을 어떻게 해석해야 할까

상대성이론의 존재론

종교철학자 윌리엄 레인 크레이그는 상대성이론의 존재론으로서 아인슈타인의 견해, 민코프스키의 견해, 로런츠의 견해를 대비시키고 있다.[1] 첫째, 아인슈타인의 견해는 3차원 공간과 1차원 시간을 독자적인 것으로 보면서도 동시 개념의 상대성을 바탕으로 시간과 공간이 얽혀 있다고 보는 것이다. 널리 알려져 있는 표준적인 해석이다. 둘째, 4차원 시공간 개념은 민코프스키의 해석이다. 아인슈타인 자신이 1913년 무렵의 편지에서 말한 것처럼, 아인슈타인은 오랫동안 민코프스키의 4차원 시공간 개념을 제대로 이해하지 못했다.

아인슈타인과 같은 입장인 프랑스의 물리학자 앙리 아르젤리에는 1955년에 출간된 『상대론적 운동학』에서 다음과 같이 말한다.

> 민코프스키 연속체는 4차원 추상공간이며, 그 유일한 역할은 대수적 형식이나 텐서 형식으로 된 명제를 기하학적 언어로 해석하는 것이다. (…) 따라서 4차원 연속체는 유용한 도구로 여겨야 하며 물리적 '실재'로 보면 안 된다. 상대성이론에서는 보통의 3차원 공간(특수상대성이론에서는 유클리드 공간)과 상대성이론 이전 물리학의 시간이 채택됨이 완전히 명확하다.[2]

그런데 흥미롭게도 세 번째 해석이 있다. 그것은 네덜란드의 물리학자 헨드릭 안톤 로런츠의 해석이다.

크레이그는 특수상대성이론에 대한 해석으로, 아인슈타인의 '상대성 해석'과 민코프스키의 '시공간 해석'과 로런츠의 '절대공간 해석'이 있었다고 주장한다. 현재의 주류 해석은 4차원 시공간을 중심에 놓는 민코프스키의 '시공간 해석'이다. 이것은 3차원 공간과 1차원 시간의 개념을 폐기해야 할 낡은 관념으로 간주하고, 4차원 시공간이야말로 진짜 세계라고 보는 해석이다. 이 해석에서 시공간 도표(민코프스키 도표)는 세계에 대한 표상이며, 시간 느려짐이나 길이 줄어듦은 (3+1)차원이라는 낡은 시공간 존재론을 고집할 때에만 이상한 것이 된다. 4차원 시공간에서는 로런츠 변환이 확장된 의미의 회전 변환에 지나지 않는다.

그러나 아인슈타인에게는 민코프스키 식의 기하학적 접근이 아니라 3차원 유클리드 공간과 1차원 시간이 분리되어 있으되, 광속 일정의 원리와 상대성의 원리에 따라 서로 연관되어 있는 접근이 더 자연스러웠다. 아인슈타인의 관심은 기하학이 아니라 운동학과 동역학이었다. 아인슈타인의 '상대성 해석'에서는 4차원 시공간의 존재론 대신 (3+1)차원의 존재론을 주장한다. 시간 느려짐이나 길이 줄어듦 등은 다른 관성계에서 볼 때 명백한 것이며, 시공간 도표는 세계의 '진짜 모습'을 표상하는 것이 아니라 이론적 장치일 뿐이다.

지금은 거의 기억되지 않지만, 로런츠는 이 두 가지 해석과 다른 해석을 제시하며 다음 세 가지를 주장한다.

(a) 물체는 시간 속에서 지속성을 갖는 3차원 공간의 존재자이다.
(b) 절대 좌표계 S_0에서는 빛의 속도가 어느 방향으로나 똑같은 값이며, 또한 광원의 속도와 무관하다.
(c) 절대 좌표계 S_0을 기준으로 이에 대하여 일정한 속도로 움직이고 있는 좌표계에서는 길이가 줄어들고 시간이 늘어나

는 상대론적 효과가 있다.

로런츠는 형이상학적인 이유로 에테르가 존재하며 시간과 공간은 다른 것이고, 참된 시간이 존재한다는 가정을 수용했다. 로런츠는 이 가정이 상대성이론과 모순을 일으키지 않는다는 것을 알았기 때문에, 아인슈타인이나 민코프스키의 해석과 다른 해석을 내놓은 셈이다. 로런츠의 해석은 직관적인 시간과 공간 개념을 폐기하지 않고도 특수상대성이론을 받아들일 수 있다는 것이어서 흥미롭다.

크레이그는 종교철학자이자 신학자로서 이 로런츠의 해석이 유신론적 세계관과 상대성이론의 조화를 가져올 수 있다고 여기는 것으로 보인다.

중력장 방정식의 해석과 상대성이론의 철학적 측면

아인슈타인의 중력장 방정식을 어떻게 해석할 것인가 하는 것도 심각한 문제였다. 중력장 방정식은 8장에서 논의한 것처럼 $A_{\mu\nu} = GT_{\mu\nu}$의 꼴로 쓸 수 있으며, 네 가지 해석이 가능하다. 첫째, 역학적 해석은 중력장 방정식에서 시공간의 구조를 표현하는 왼편은 아무런 실제적인 의미도 갖지 못하며, 단지 물질의 존재를 표현하는 오른편만이 물리적인 의미를 갖는다고 본다. 중력장이란 것은 실체가 아니고 물질들 사이의 상호작용을 나타낼 뿐이라는 관점이다.

둘째, 이원론적 해석에서는 중력장 방정식의 양편 모두에 별개의 존재론적 지위를 부여한다. 물질은 중력장을 만드는 원천이며, 시공간은 중력장과 같은 것이라고 보는 관점이다. 물질과 시공간을 서로 독립적인 것으로 보는 것이다. "물질은 시공간이 어떻게 휘어질지 말해 주고, 시공간은 물질이 어떻게 운동할지 말해준다"라고 요약한 휠러의 입장이 대표적이다.

이와 달리 슈뢰딩거, 에딩턴, 보렐, 메이에르송 등이 지지한 셋째 해석은 역학적 해석과 반대되는 입장에서 마당 자체에 존재론적 위상을 부여하고 중력마당은 종국적으로 시공 자체의 곡률임을 주장하는 곡률 해석이다. 이것은 물질과 중력마당이라는 이원론적인 주장에 반대하면서, 일반상대성이론이 물질과 시공간의 통일을 이루었으며 모든 것이 기하학으로 바뀌었다는 관점이다. 이 해석에서는 물질이라는 것이 시공간의 곡률이 발현한 모습에 지나지 않는다. 애초에 물질이라는 것은 파생적인 개념이라는 것이다.

끝으로, 거리함수 해석은 아인슈타인의 중력장 방정식을 적극적으로 해석하기보다는 단지 거리함수 텐서가 충족시켜야 할 미분방정식일 뿐이라고 보는 접근이다. 이것은 어떤 면에서 "입 다물고 계산이라 하라"는 식의 관점이며, 동시에 현재의 주된 관점이기도 하다.

중력장 방정식의 해석 문제 이외에도 아인슈타인 자신을 비롯하여 크레치만, 바일, 카르탕, 톨먼, 앤더슨 등은 중력장 방정식과 측지선 방정식의 관계라든가 공변성과 불변성의 관계, 일반상대성이론 안에서의 에너지 보존과 강체 개념의 문제점 등 여러 가지 개념적 문제들을 세세하게 다루었다. 더 흥미로운 점은 이러한 논의를 바로 우주 자체의 탄생과 진화에 적용할 수 있으리라는 것과 시공간 철학에서 실체론-관계론 논쟁이 새로운 쟁점들로 확장되었다는 것이다.

상대성이론의 철학적 측면에 대한 논의는 주로 공변성의 문제와 시공간 철학의 관점에서 이루어져 왔다. 공변성의 문제는 다시 등가원리(동등성원리)에 대한 논의와 공변성 개념에 대한 고찰 및 공변성 개념과 불변성(대칭성) 개념의 차이 등으로 나뉘어 논의되었으며, 시공간 철학의 고찰은 주로 시간-공간의 존재에 대한 규약주의적 관점, 관계론적 관점, 실체주의적 관점 사이의 논쟁을 매개로 이루어져 왔다. 철학적 관점에서 특히 아인슈타인 생전에 상대성이론에 대한 해석과 오해에 대해 헨첼이 상세하게 논의했다.[3]

크레치만, 톨먼, 앤더슨 등은 대칭성 군이 무엇이든 간에 항상 해당하는 동역학 방정식을 일반공변성을 만족하게끔 만들 수 있음을 보였다. 공변성과 대칭성의 개념은 사실은 미묘하지만 구분해야 하는 개념이라는 것이다. 따라서 공변성 개념을 대칭성 개념으로 이해하면 곤란하다는 것이 이들의 논지이다.[4]

상대성이론의 철학적 함의에 대한 초기의 논의는 주로 물리학자들 자신에 의하여 이루어졌다. 무엇보다도 아인슈타인이 대중적인 독자를 겨냥하여 쓴 책과 실프의 아인슈타인 평전에서 상대성이론에 대한 철학적 함의까지도 다루고 있다.[5] 아인슈타인의 논의와 마찬가지로 이론물리학자들이 이 새로운 이론이 갖는 함의를 논구하는 과정에서 상당 부분 중요한 쟁점들이 부각되었다. 이러한 이론물리학자들로서 크레치만, 바일, 카르탕 등을 들 수 있다.

상대성이론을 제대로 논의하기 시작한 초기의 철학자로는 에른스트 카시러가 있다. 흔히 신칸트주의자로 분류되고 주로 상징의 철학으로 잘 알려진 카시러는 이미 1910년에 출판된 『실체개념과 기능개념』에서 개념 형성의 이론, 수 개념, 공간과 기하학의 개념, 자연과학의 여러 개념(측정값, 가설연역적 방법, 시간과 공간의 개념, 에너지의 개념, 화학에서의 개념 형성), 관계적인 개념, 실재의 개념, 마흐에 대한 비판 등을 폭넓게 다루고 있다. 카시러의 철학은 '상대성의 이론'에 대한 근본적인 인식론적 고찰이므로, 그의 관점에서 보면 이후에 등장한 아인슈타인의 이론은 이러한 고찰을 확인하는 가장 최신의 수리물리학적 성과에 지나지 않는 것으로 여겨진다. 1921년에 출판된 『아인슈타인의 상대성이론에 관하여』는 이러한 그의 견해에 대한 보충적 서술이다.[6]

상대성이론에 대한 체계적인 철학적 논의는 브리지먼으로 이어진다. 논리경험주의의 일반적인 프로젝트에 대한 하나의 대답으로서, 브리지먼은 모든 개념을 조작적으로 명료화할 필요성을 제기하고, 이를 물리이론 전반에 걸쳐 일반적으로 적용되는 원리로 정식화한다. 브리지먼의 조작주의operationalism는 그 뿌리가 상대성이론에 있다. 브리지먼은 아인슈타인이 상대성이론을 구축할 때에 사용했던 방법을 토대로 모든 개념, 용어, 질문 등을 조작적 분석operational anaylsis을 통해 의미 부여할 것을 제안한다. 이는 다시 되먹임되어 상대성이론, 특히 일반상대성이론의 개념적 토대 분석에 사용된다. 브리지먼은 "물리이론의 성격"에서 일반상대성이론의 개념적 토대 중 하나인 공변원리와 등가원리에 대하여 다양한 수준에서 문제를 제기하고 있다.

논리실증주의 및 논리경험주의의 틀 내에서 상대성이론을 논구한 것은 라이헨바흐와 그륀바움이다.[7] 과학적 이론에 대한 논리실증주의적 모형은 자율적으로 누적되어 발전하는 직접경험immediate experience으로서의 실험(원초적 관찰보고)과, 이를 토대로 하여 불연속적으로 발전하는 상부구조로서의 (과학)이론/논리들을 이분법적으로 명료하게 구분하는 것을 근간으로 한다. 이는 관찰할 수 없는 실재물entities이나 성질properties을 일반적으로 제거하려는 실증주의적 태도와 맞물려서 상대성이론에 대한 전형적인 시각으로 이어진다. 즉, 절대정지와 절대속도라는 관측할 수 없는 개념에 입각하여 구성된 고전역학은 절대정지와 절대속도를 부정하는 특수상대성이론으로 대치된다.

특수상대성이론에서 시간과 공간의 개념은 절대적인 것이 아니라 4차원 절대 시공간의 '그림자'로서 상대적인 의미를 갖는다. 그러나 특수상대성이론에서도 관성운동 또는 관성계의 존재는 충분한 정당화 없이 가정된 것이며, 가속도는 절대적인 의미를 갖는다. 이렇게 관찰할 수 없는 가정을 폐기하고 어떠한 의미에서도 절대적인 운동의 상태가 가능하지 않음을 요구한 것이 바로 일반상대성이론이라는 것이다. 라이헨바흐와 그륀바움은 여기에서 더 나가서 규약주의conventionalism를 내세운다. 즉, 서로 양립할 수 없는 두 이론이 관측적인 결과의 측면에서 동일한 예측을 한다면, 그 두 이론 중에 어느 것을 택할지는 순전히 규약의 문제라는 것이다.

라이헨바흐에 따르면 물리학적 지식을 구성하는 개념들은 그저 다른 개념들만으로는 정의될 수 없고, 반드시 실재 대상에 붙박여coordinated 있어야 한다. 따라서 "설사 기하학에 대한 진술이 어떤 임의적인 정의에 기초를 두고 있더라도 그 진술 자체가 임의적인 것은 아니다. 일단 정의가 되고 나면, 이는 바로 실재적 기하인 객관적 실재에 따라 규정된다"는 것이다. 즉, 1미터라는 것은 우리 마음대로 정할 수 있지만, 이 칠판이 몇 미터인지는 그 칠판에 따라 규정된다는 것이다(좌표적 의미). 그런데, 어떤 힘이 교묘하게 모든 물질에 영향을 미쳐서 "측정 기구가 알려주는 기하학 G가 다른 임의적인 기하학 G'에 이 '교묘한' 힘(보편력) F를 합한 것과 같다면" 실제의 기하를 기술하는 기하학이 G인지 G'인지를 구분하는 것은 이론선택상의 편의일 뿐이라는 것이 그의 주장이다.

그런 의미에서 라이헨바흐는 규약주의적인 입장에 있다. 리만, 헬름홀츠, 푸앵카레 등으로 대표되는 규약주의의 견해는 "물리학적 공간의 기하에 대해 객관적 진술을 하는 것이 불가능하며, 우리는 단지 주관적 임의성을 다룰 뿐"이라는 것이다. 이는 공간은 당연히 유클리드 공간이며 우리의 인식과 무관하게 실재한다고 생각한 고전 역학적 틀을 부정하는 것이다.

라이헨바흐와 그륀바움의 논의는 '시공간의 철학'에서 절정에 이르게 된다. 시공간의 철학의 논의는 뉴턴-라이프니츠 논쟁까지 거슬러 올라간다. 시간과 공간을 인간의 의식 또는 인식과는 무관하게 독립적으로 존재하는 것으로 여겼던 실체론적substantivalist 관점의 뉴턴과 달리 라이프니츠는 시간이나 공간이 기껏해야 사건들 사이의 상대적 관계에 의해서만 규정될 수 있음을 주장하였는데, 이것은 관계론적relationalism 관점이다. 뉴턴의 관점은 시공간의 철학은 '기하학의 철학'과 깊이 연관되어 있다. 그륀바움은 방대한 시공간철학에 관한 1973년 저작에서 뉴턴, 리만, 푸앵카레, 에딩턴, 브리지먼, 러셀, 화이트헤드 등의 시간-공간 개념을 검토한 뒤에 라이헨바흐와 카르나프와 아인슈타인의 기하학의 철학을 비판적으로 고찰하고 있다. Ⅱ부에서는 시간의 여러 가지 위상학적 문제들, 특히 시간의 비가역성 문제나 균일성 문제 등을 살피고, Ⅲ부에서는 상대성이론의 철학적 토대에 대해 깊이 있게 논의하고 있다.

프리드먼(1983)이나 어먼(1989) 등은 이러한 단점을 극복하려 보완적으로 접근한다.[8] 기본적으로는 관계주의와 규약주의에 대해 다양한 함의를 논의하고 쟁점을 세련화하는 데에 관심을 두고 있지만, 그렇게 하는 과정에서 일반상대성이론의 다른 주요한 철학적 측면들도 부각시키고 있다. 시공간의 철학에 관련해서는 스클라(1985)가 다음과 같은 세 가지 문제를 중점적으로 다루고 있다.[9] 각각 인식론적 쟁점, 존재론적 쟁점, 시공간개념의 인과적 환원에 관한 쟁점이다.

첫째, 인식론적 쟁점은 다음과 같다. 우리가 살고 있는 세계에 대한 기하학적인 이론들이 모든 가능한 경험적 소여로부터

일의적으로 결정될 수 없다는 주장이 개연성이 있다면, 우리는 세계의 기하학적 구조에 대한 제대로 된 지식을 전혀 갖고 있지 못하다는 회의론자들의 비판에 어떻게 답할 수 있는가? 기하학에서조차 회의론의 위협을 극복할 수 없다면, 어떻게 지식 일반에 대한 회의론의 위협을 이겨낼 수 있겠는가?

둘째, 존재론적 쟁점은 다음과 같다. 시공간에 대한 기하학적 이론은 세계에 대한 본래적인 구성으로 여겨야 하는가? 아니면 겉으로 보이는 이론적 존재론은 이론에서 관찰될 수 있는 관찰용어들만을 지칭하는 것으로 보아야 하는가? 이 문제도 첫째 쟁점과 마찬가지로 일반적인 지식 전체에 적용될 수 있다.

끝으로, 기하학적 개념의 비기하학적 환원에 관한 문제이다. 시공간의 위상학적 측면은 사건들 사이의 인과적 관계로 환원될 수 있는가? 시간의 비가역성 문제와 엔트로피의 비가역성 문제는 어떻게 연관되는가?

그레이브스는 휠러 등의 기하동역학을 중심으로 하여 '중력의 마당이론'으로서의 일반상대성이론의 철학적 함의를 과학적 실재론자의 입장에서 논구하고 있다. 그 논의는 인식론적이라기보다는 존재론적이다. 즉, 실재에 대하여 기하동역학이 어떤 함의를 갖는가라는 문제보다는 기하동역학을 잘 정립된 주어진 이론으로 간주하여, 이로부터 마당의 개념이나 물질과 공간의 이분법적 이해에 대해 문제제기하고, 기하동역학이

제시하는 새로운 세계상을 면밀하게 살피는 것을 주된 과제로 삼고 있다.[10]

일반상대성이론과 다양체 실재론

상대성이론, 특히 일반상대성이론을 다룬 책을 읽다 보면 가끔 '다양체多樣體, manifold'라는 용어를 만날 때가 있다. 일반 독자를 대상으로 하는 책에서는 그런 전문적인 수학용어를 함부로 쓰지 않지만, 가령 브라이언 그린은 미주에서 "수학을 조금 더 아는 독자라면…"이라고 하면서 더 알고 싶어 하는 독자들을 배려하고 있다.

다양체라는 용어는 조금 특이하다. 독일어 Mannigfaltigkeit로 처음 등장한 것이 1854년이다. 베른하르트 리만이 교수인정 학위 논문으로 제출한 「기하학의 기초를 이루는 가설들에 관하여」에서 이 용어를 처음 썼다. 이것을 영국의 수학자 윌리엄 클리퍼드가 manifoldness라고 번역했고(점차 manifold가 됨), 1895년 프랑스의 수학자 앙리 푸앵카레가 variété라는 이름으로 현대적 의미의 정의를 처음 제안했다.[11]

유럽 언어의 Mannigfaltigkeit, manifold, variété가 어떻게 '다양체'가 되었는지는 불명확하다. 중국어로는 류형流形이라고 하고, 일본어로 다양체多様体라고 쓰니까 여하간 일본의 수학자들이 20세기 초 언제쯤인가 이 용어를 도입했고, 일제 강점기이든 해방 후 포스트식민 상황에서든 일본어의 한자용어를 그래도 한국어식으로 독음한 용어가 표준용어가 되었을 것으로 추측한다.

지금 정립된 이야기로 하면, 2차원에서 다양체에 대한 가장 초보적인 접근은 지표면이다. 지구 전체는 구면으로 되어 있지만, 아주 작은 부분만 보면 실질적으로 평면으로 보인다.

수학에서 구면을 다루는 것은 여간 복잡하고 어렵지 않으니까, 아주 잘 아는 것으로 바꿔치기하는 게 편하다. 기하학에서 아주 잘 아는 것이라면, 다름 아닌 평면이다. 여기에서는 피타고라스 정리가 성립하며, 이 평면에 속한 기하학적 대상들을 다루는 것이 바로 유클리드 기하학이다.

유클리드 기하학으로 가져오기 위해 구면 전체보다는 구면의 아주 작은 부분만을 잘라서 생각할 때 기본적인 성질을 찾아볼 수 있으리라 짐작 가능하다. 곡선으로 말해 보면, 곡선의 구불구불한 것을 다 따라가기가 어렵더라도 아주 작은 부분만 보면 직선이 된다. 이 직선들을 모아 놓으면 곡선이 된다고 보아도 좋다. 그러면 곡선 대신 이 직선들의 성질을 살펴보아 곡선의 성질을 알아낼 수도 있을 것이다.

이와 같이 아주 작은 부분에서는 유클리드 공간과 비슷한 어떤 수학적 대상이 있다면, 그것을 '다양체'라고 부른다. 구불구불 이상한 모양의 곡면이라도 아주 작은 부분에서 유클리드 공간처럼 보이면, 그것도 다양체다.

2차원 다양체는 구면, 말안장면, 컵의 표면, 도넛(토러스)의 표면 등등 아주 많다. 차원을 바꾸어도 마찬가지이다. 3차원 다양체는 아주 작은 부분에서 3차원 유클리드 공간을 닮은 것이다. 차원을 더 늘려도 이 얘기들이 고스란히 적용된다. 그래서 독일어로 '마니히팔티히카이트Mannigfaltigkeit' 즉 여러 변수에 따라 달라진다는 의미로 이름을 붙이게 되었다.

다양체 개념이 가장 빛을 내는 것은 미분기하학에서이다. '미분'이란 말이 지시하는 아주 작은 부분에 대해서는 유클리드 기하학의 여러 정리들을 활용할 수 있다. 하지만 전체적으로는 유클리드 기하학이 성립하지 않을 수도 있다. 마치 곡선 전체를 이해하기 위해서 아주 작은 부분만을 보고 그 곡선에 접하는(한 점에서만 만나는) 직선들을 각 점마다 만들어 이 직선(접선)으로부터 전체를 알아내는 미분/적분과 비슷하다.

거리함수는 영어로 metric이라 부른다. 이것은 말 그대로 거리를 나타내는 함수이다. 실상 흔히 생각하는 함수와는 좀 다르다. 1차원에서는 거리함수가 하나만 있으면 되지만, 2차원 평면으로 생각할 때, 각 위치 (x, y)에서 $g_{11}(x, y)$, $g_{12}(x, y)$, $g_{21}(x, y)$, $g_{22}(x, y)$와 같이 네 개의 함수가 있기 때문이다. 3차원이라면 3×3=9개의 함수가 있다. n차원이라면 n^2개의 함수가 있는데, 그 함수들이 모두 n개의 독립변수에 대한 함수이다. 차원이 커질수록 기하급수적으로 복잡해진다.

끈이론에서는 시공간의 차원이 무척 크다. 보손 끈이론bosonic string theory은 26차원이고, 초끈이론superstring theory은 10차원, M이론은 11차원이다. 리만이 다양체를 '다양함 또는 여러 겹Mannigfaltigkeit'이라고 부른 것은 바로 이렇게 차원이 커짐에 따라 거리함수의 독립변수도 종속변수도 더 많아지기 때문이었다. 다양체 개념은 미분기하학뿐 아니라 위상수학topology에서도 가장 핵심적인 기초개념이다. 위상수학에서는 두 점이 이웃해 있는가 구별되는가 또는 어떤 집합이 열려 있는가 닫혀 있는가 등을 따진다. 특히 대수적 위상수학algebraic topology은 여러 다양체의 성질을 탐구하는 분야라 할 수 있다.

공간, 나아가 시공간이 물질과 별도로 존재하는 실체인가, 아니면 물체들 사이의 관계인가 하는 논쟁은 라이프니츠-클라크 논쟁으로 거슬러 올라간다.[12] 새뮤얼 클라크가 뉴턴의 제자였으므로 이 논쟁을 라이프니츠-뉴턴 논쟁으로 부르기도 한다. 당시에는 시간을 빼고 공간을 놓고 논쟁을 벌였다. 클라크와 뉴턴의 주장은 공간이라는 것이 원래 있고 그 공간 안에 물체들이 놓여 있는 것이었다. 라이프니츠는 물체들을 모두 빼버리고 나면 과연 공간이라는 것이 실체로 존재하겠는가 하고 의심한다. 그리고 구별할 수 없는 것은 동일하다는 원리와 모든 것은 다 충분한 이유가 있어야 한다는 원리를 동원하여 공간이 실체가 아니라 물체들 사이의 관계임을 멋지게 논증한다. 철학적으로 보면 (시)공간에 대한 실체론-관계론 논쟁은 사변적인 것처럼 보이지만, 물리학의 관점에서는 훨씬 더 심각하다. 자연철학과 자연과학의 차이와 비슷하다.

브라이언 그린은 물리학자로서 시공간 철학에서 소위 '다양체 실체론manifold substantivalism'이라 부르는 것을 옹호한다.[13] 수학적으로 볼 때 시공간은 4차원 다양체에 대한 거리함수로 나타낼 수 있으며, 그러한 다양체는 물체(물질)와 무관하게 있을 수 있기 때문에, 여하간 4차원 시공간이 실체라는 주장이다. 하지만 이 다양체 실체론도 철학에서는 다시 반론이 나온다. 이 시공간 철학 이야기도 무궁무진하다.

그린은 '시공간'을 다름 아니라 아인슈타인 방정식을 충족시키는 거리함수가 있는 다양체 (M, g)로 정의한다. 그렇게 하면 아인슈타인의 주장에 반대할 수 있다. 아인슈타인은 대중적인 저서 『상대성: 특수 및 일반 이론』의 부록에서 "시공간은 물리적 실재인 실제의 물체들과 독립하여 별도의 존재를 할당할 수 있는 무엇인가가 꼭 되어야 하는 것은 아니다. 물체는 '공간 안에' 놓여 있는 게 아니라 '공간적으로 연장되어' 있다. 이런 방식으로 '빈 공간'이란 개념은 의미를 잃어버린다"라고 말한다.

하지만 수학적 형식 이론으로서 일반상대성이론의 근간을 이루는 아인슈타인 방정식이 있고, 이 방정식을 충족시키는 풀이로서의 거리함수가 있고, 그런 거리함수를 갖추고 있는 다양체는 언제나 존재한다. 물체와 무관하게 말이다. 따라서 다양체 실체론의 주장은 수학적 실재론과 유사한 주장을 하게 된다. 가령 막스 테그마크는 아예 그런 수학적 구조야말로 우주 그 자체라고 주장한다.[14]

현대 물리학에서 에테르는 자취를 감추었을까?

1920년 10월 27일 네덜란드의 레이던 제국대학교에서 아인슈타인은 〈에테르와 상대성이론〉이라는 제목의 강연을 했다. 1919년 아서 에딩턴의 일식 관측으로 일약 유명해진 아인슈타인을 레이던 대학교에서 교수로 초빙하려 애썼지만 베를린 대학교에 있던 아인슈타인은 이를 고사했다. 그러자 레이던 대학교는 아인슈타인을 객원교수로 초빙했고, 이를 위한 취임 강연이었다. 절친한 벗 파울 에렌페스트와 늘 물리학의 영웅으로 칭송하던 헨드릭 안톤 로런츠를 앞에 두고 한 강연이어서 더 특별했다.

아인슈타인은 특수상대성이론을 통해 에테르를 부정했다.

특수상대성이론에 따르면 절대적으로 정지해 있는 공간이 있어서는 안 되고 모든 관성계가 대등하지만, 전자기 과정이 일어나는 텅 빈 공간의 한 점에는 속도 벡터를 할당할 수 없기 때문에 에테르라는 개념은 불필요하다는 것이다. 그런 아인슈타인이 왜 이 강연의 제목을 〈에테르와 상대성이론〉으로 한 것일까? 그리고 그 내용은 구체적으로 무엇일까?

17세기부터 열, 전기, 자기, 빛 등을 설명하기 위해 여러 가지 무게 없는 유체의 개념이 도입되었다. (여기에서 '무게 없는'이란 말은 영어의 imponderable의 번역어이며, subtle fluid라고도 한다. 이 단어는 '헤아릴 수 없는' 또는 '불가량不可量'이란 뜻이고, 실질적으로 '눈으로 보거나 손으로 만질 수 없는'이나 '아주 흐릿하게만 존재를 드러내는 괴기스러운'이라는 의미이다. 그러나 그 중에서도 가장 중요한 속성이 무게 또는 질량이 없거나 거의 없다는 것이어서, 과학사에서는 '무게 없는'이라는 번역어가 정착했다.) 로버트 보일은 자기磁氣가 에테르라는 무게 없는 유체가 나타내는 성질이라는 생각을 펼쳤고, 뉴턴은 빛을 에테르로 설명했다. 이 둘을 구별하기 위해 각각 전자기 에테르와 빛 에테르로 불렀다. 18세기에는 연소나 식물의 호흡을 설명하기 위해 플로지스톤이 추가되었고, 열의 이동을 설명하기 위해 칼로릭의 이론이 만들어졌다. 19세기 말에는 빛이 전기와 자기의 파동임이 밝혀졌고, 이 파동을 전달해 주는 매질이 다름 아니라 에테르라 여겨졌다.

1887년에 「지구와 빛 에테르의 상대운동」이라는 제목으로 발표된 앨버트 마이컬슨과 에드워드 몰리의 연구는 에테르에 대한 프레넬의 가설을 확인하기 위한 것이었다. 1818년에 발표된 오귀스탱 프레넬의 실험과 이론적 논의를 근간으로, 아르망 피조는 에테르의 속성 때문에 빛의 속력이 물질 속에서 굴절률에 따라 달라진다는 것을 실험으로 입증하여 1851년에 발표했다. 마이컬슨-몰리의 실험은 프레넬의 다른 가설, 즉 에테르는 투명한 매질의 내부가 아니면 언제나 정지해 있다는 가설을 확인하려는 것이었다. 이를 위해 우주 공간 속에 퍼져 있는 에테르를 통한 지구의 운동이 광속에 영향을 주는 것을 검출하기 위해 정교한 간섭계를 만들었지만, 실험결과는 이론적 예측값의 1/40 이하였다.

그러나 마이컬슨-몰리의 실험이 발표되었다고 해서 로런츠를 비롯한 다수의 물리학자들이 에테르의 존재를 부정한 것은 아니다. 1900년 윌리엄 톰슨(켈빈 경)이 물리학자의 하늘에 있는 두 개의 구름 중 하나로 마이컬슨-몰리 실험을 언급할 정도로 중요한 문제임에 모두 동의했지만, 에테르의 존재를 처음 의심한 것은 다름 아니라 앙리 푸앵카레였다. 푸앵카레는 1901년 국제물리학자 학술대회에서 마이컬슨-몰리 실험의 설명뿐 아니라 과학 전반에 대한 포괄적인 고찰을 통해 에테르가 존재하지 않는다는 결론으로 나아갔다. 이 내용은 1902년에 출판된 『과학과 가설*La Science et l'Hypothèse*』에 수록되었다.

아인슈타인은 1905년에 「움직이는 물체의 전기역학」에서 빛 에테르의 존재가 불필요하다고 말했고, 1907년에 출판된 「상대성원리와 거기에서 도출되는 결과들」에서 "전자기력을 매개하는 빛 에테르라는 개념은 이 이론에 부합하지 않는다. 전자기마당은 뭔가 물질적인 것의 상태가 아니라 독립적으로 존재하는 것으로 나타나며, 질량 있는 물질과 비슷하고 관성(질량)이라는 특성을 공유한다"라고 주장했다.

하지만 로런츠 앞에서 진행된 1920년의 강연에서 아인슈타인은 다음과 같이 말했다.

> 특수상대성이론에서는 에테르가 시간 속에서 관찰할 수 있는 입자들로 이루어져 있다고 가정하는 것을 금지합니다. 그러나 에테르의 가설이 그 자체로 특수상대성이론과 충돌하는 것은 아닙니다. 단지 에테르에 운동의 상태를 할당하지 않도록 조심해야 합니다. 분명히 특수상대성이론의 관점에서는 에테르 가설이 언뜻 공허한 가설로 보입니다. (…) [그러나] 에테르를 부정하는 것은 텅 빈 공간이 여하간 물리적 성질을 전혀 지니지 않는다는 가정과 궁극적으로 같습니다. (…) 요컨대 일반상대성이론에 따르면 공간은 물리적 속성을 부여받으며 이런 의미에

서 에테르는 존재합니다. 일반상대성이론에 따르면 에테르가 없는 공간은 생각할 수 없습니다. 그런 공간에서는 빛의 전달도 가능하지 않을 뿐 아니라 공간과 시간의 표준(즉 자와 시계)이 존재할 가능성도 없으며, 따라서 물리적 의미의 시공간 간격도 존재하지 않습니다.

이 강연에서 아인슈타인은 일반상대성이론을 발전시키면서 에테르가 존재하지 않는다고 주장했던 이전의 생각을 버리게 되었다고 말했다. 시간과 공간이 동역학적인 역할을 하기 때문에 이것이 다름 아니라 에테르라는 것이었다. 특수상대성이론과 달리 일반상대성이론에서는 명시적으로 에테르가 존재한다는 것이 아인슈타인의 결론이었다. "다만 이 에테르는 시간 속에서 추적할 수 있는 부분들로 구성되어 있는, 무게 있는 매질 특유의 속성들을 가지고 있는 것으로 생각하면 안 된다"라는 단서를 달기는 했지만, 혼동의 여지 없이 아인슈타인은 에테르가 존재한다고 말하고 있는 것이다.

아인슈타인은 1919년 11월 15일에 로런츠에게 보낸 편지에서 "이전의 논문들에서 에테르의 전적인 부재를 주장하는 대신 에테르의 속도라는 게 없다는 것만 강조하고 말았더라면 더 좋았을 뻔했습니다. 왜냐하면 에테르란 말이 다름 아니라 공간이 물리적 속성을 지니고 있다고 보아야 한다는 뜻일 뿐임을 알 수 있기 때문입니다"라고 썼다.

아인슈타인이 이렇게 입장을 바꾼 까닭은 무엇일까? 이에 대답하기 위해 1895년으로 거슬러 올라가 보자. 헨드릭 안톤 로런츠는 그해에 「움직이는 물체의 전기적 및 광학적 현상의 이론을 위한 시론」에서 기본적인 물리적 대상을 무게가 있는 전자Elektron와 무게가 없는 에테르Äther로 나누어 이에 대한 이론을 전개했다. 독일어권에서 맥스웰의 이론보다 더 권위 있던 헤르츠의 이론에서는 뉴턴 방정식을 따르는 보통의 물질과 맥스웰 방정식과 연관된 에테르를 모두 다루고 있었지만, 물질은 속도와 에너지를 갖는 역학적 대상인 동시에 전자기마당을 만들어내는 장본인이기도 했다.

문제는 물질이 없는 진공 속에서도 전자기파가 존재해야 하므로 에테르도 전자기마당을 만들어낸다는 점이었다. 그래서 물질과 관련된 전자기마당(D, H)과 에테르와 관련된 전자기마당(E, B)을 별도로 상정해야 했다. 로런츠는 맥스웰-헤르츠 전자기학의 단점을 극복하기 위해 제시한 새로운 전자-에테르 이론에서 물질은 철저하게 뉴턴 방정식을 따르고, 에테르는 맥스웰 방정식을 따른다.

로런츠는 푸앵카레의 오류 지적을 받아들여 1904년에 「맥스웰 이론의 확장. 전자이론」을 발표했다. 푸앵카레도 1901년 「역학의 원리」와 1908년 「전자의 동역학」을 통해 역학과 전기,

자기 및 빛을 통일적으로 서술하는 체계적인 이론을 발표했다.

1905년에 아인슈타인이 특수상대성이론이라는 체계적인 이론을 처음 제시한 것이 아니라 실상 로런츠와 푸앵카레가 실질적으로 기본적인 틀을 이미 마련해 놓았다는 주장이 나오는 이유이다. 상대성이론의 주창자가 누구인가를 둘러싼 논쟁은 다양한 방식으로 여러 차례 진행되었다. 아인슈타인의 주요한 기여로 흔히 여겨지는 '광속 일정 원리'도 푸앵카레가 1898년에 출판된 논문 「시간의 척도」에서 이미 명확하게 서술한 것이다. 하지만 아인슈타인은 어디에서도 로런츠나 푸앵카레를 제대로 인용하지 않았다.

조금 넉넉하게 봐주면, 1905년 당시 대학에 자리를 얻지 못했던 알베르트 아인슈타인으로서는 프랑스어로 쓰인 푸앵카레의 저작들을 제대로 읽지는 못했을 것이고 로런츠의 이론을 충분히 이해하지 못하고 있었을 거란 상상을 해볼 수 있다.

그러나 이 또한 정확한 이야기는 아니다. 1902년부터 시작한 올림피아 아카데미에서 아인슈타인은 모리스 솔로빈 및 콘라트 하비히트와 더불어 에른스트 마흐나 칼 피어슨을 읽었을 뿐 아니라 1904년에 독일어 번역판이 출판된 푸앵카레의 『과학과 가설』을 함께 읽고 깊이 토론했었다.

또한 아인슈타인은 학부 시절부터 아우구스트 푀플의 유명한 교과서 『맥스웰의 전기이론 입문*Theorie der Elektrizität. Ein-*

führung in die Maxwellsche Theorie der Elektrizität』을 꼼꼼히 공부했다. 푀플은 라이프치히 대학교의 공학적 역학 교수였고, 맥스웰의 전기이론을 해설하는 그 책은 매번 쇄를 거듭하며 개정되었다. 바로 그 책의 마지막 장 제목이 "움직이는 전하의 전자기학"이었고, 여기에서 마이컬슨-몰리의 실험을 비롯하여 로런츠의 국소시간 이론 등이 간략하게 소개되어 있었다.

그렇기 때문에 아인슈타인이 직접 푸앵카레와 로런츠의 저작을 읽지 않았더라도 그 논의는 비교적 상세하게 이해하고 있었음에 틀림없다. 따라서 아인슈타인이 1905년에 출판된 논문에서 푸앵카레와 로런츠를 인용하지 않은 것은 좀 특이한 일이다. 이후에도 아인슈타인은 로런츠와 푸앵카레의 기여를 제대로 인정하지 않았다.

역사적으로 평가한다면 상대성이론의 기본 틀은 로런츠의 에테르 이론과 푸앵카레의 확장 안에 있었다고 평가하는 게 옳다. 아인슈타인은 로런츠와 달리 에테르 정지계를 특별하게 여기지 않았고, 어느 관성계에서든 시계로 측정하는 모든 시간이 대등하게 참된 시간이라고 보았다. 하지만 실질적으로 에테르 정지계를 긍정하는가 여부만이 다를 뿐, 아인슈타인의 이론과 로런츠의 이론의 경험적 증거들은 전적으로 동등하다. 따라서 아인슈타인의 접근과 로런츠의 접근은 같은 형식이론에 대한 구별되는 해석들로 봐야 한다. 또한 민코프스키의 4차원 시공간 개념도 상대성이론에 대한 세 번째 해석으로 봐야 한다. 형식이론상으로든 동등하지만 존재론적으로 아인슈타인의 해석과 구별되기 때문이다.

아인슈타인은 하룻강아지답게 복잡한 것들을 모두 단순화시키고, 몇 가지 기본 전제들을 그냥 가정해 버린 채 그다음 이야기를 풀어갔는데, 그것이 바로 가장 혁명적인 요소였다. 역사적으로 아인슈타인을 추앙할 만하지만, 아인슈타인 혼자 독불장군으로 해냈다고 생각하는 것은 옳지 않다. 수많은 사람(심지어 막스 아브라함 같은 불운한 물리학자까지 포함하여)의 다양한 시도와 노력이 모인 것이라고 해야 할 것이다.

경험이 쌓여가면서 점차 확장되는 아인슈타인의 사고를 따라가면, 에테르라는 개념 자체의 확대를 볼 수 있다. 특수상대성이론의 단계에서는 에테르를 단지 전자기파의 매질쯤으로 협소하게 보았던 미숙한 입장이었지만, 일반상대성이론에서 에테르 개념이 물질과 상호작용하는 동역학적 시공간을 포괄하는 것으로 보게 되면서, 결국 에테르의 중요성을 인정하게 되었던 것이다. 중력과 전자기력의 통일장이론을 모색하던 시기의 핵심은 배경 시공간으로서의 에테르와 전자기 상호작용을 하는 중력마당으로서의 에테르를 모두 포괄하려 애쓰는 모습이 두드러진다.

그러면 현대 물리학에서 에테르는 자취를 감추었을까?

전자기파의 매질이라는 좁은 의미에서 에테르는 사실상 폐기되었지만, 배경 시공간으로서의 에테르와 전자기 상호작용을 하는 중력장으로서의 에테르로 개념을 확장하면, 현재에도 일종의 에테르 개념은 의미를 잃지 않고 있다고 말해도 좋을 것이다.

13

상대성이론을 넘어서

상대성이론은 상대주의적인가?

일반상대성이론이 실증되었다고 하더라도 이를 어떻게 해석하고 이해할 것인가는 또 다른 문제였다. 가장 흔한 오해는 상대성이론이 상대주의적이라는 것이었다. 시간과 공간이 합쳐져 시공간이 되어야 하므로, 길이나 시간 간격도 어떤 관성계에서 재는가에 따라 달라져 버린다. 또 아인슈타인의 중력장 방정식에 따라 시공간과 물질이 서로 직접 연관을 맺기 때문에 물체가 시간과 공간 속에 존재한다는 상식적인 관념조차 관찰자가 속한 좌표계나 운동상태에 따라 제멋대로 달라져 버리는 것처럼 보인다. 그래서 상대성이론은 '무엇이든 절대라는 게 없다'는 식의 상대주의를 온전히 드러내는 것으로 오해되곤 했다. 특히 일반 대중에게 물리학 이론의 하나로서 상대성이론이 상대주의를 옹호하는 것이 아니라는 것을 설득하는 것은 쉬운 일이 아니었다.

설상가상으로 1930년대에 독일에서 나치가 정권을 잡으면서 일반상대성이론은 대표적인 유대인 물리학으로 폄훼되었다. 현실과는 무관한 사변적 주장만을 일삼는 엉터리 물리학의 대명사라는 비방이 쏟아졌다. 독일의 대학들에서 유대인인 아인슈타인의 이론을 강의하는 것은 불법이었다. 비슷한 시기에 소련에서도 마르크스-레닌주의와 일반상대성이론이 충돌한다고 여겨져서, 적극적으로 일반상대성이론의 모순성을 공격하는 논문들이 발표되기도 했다.

'상대성'이라는 이름 자체가 오해를 불러일으킨 점도 있었고, 물리학이 가장 발전한 독일의 대학교육 정책 때문에 일반상대성이론에 대한 깊이 있는 고찰보다는 정치사회적 이념의 맥락에서 공격받은 일이 더 많았다. 같은 시기 일제강점기 한반도에서 오히려 아인슈타인과 상대성이론에 대한 호의적 평가가 많았던 것과 비교하면 독일이나 소련의 과학계가 훨씬 편협했던 것이다. 에딩턴의 일식 관측에도 정치사회적 요소가 개입했었음을 떠올린다면, 이것이 이상한 일도 아님을 알 수 있다.

베르너 하이젠베르크의 1937년

1937년 여름 나는 잠시 정치적 어려움에 빠졌다. 첫 시험대였다고 할까? 그러나 그 이야기는 굳이 할 필요가 없을 것이다. 여러 친구가 더 심한 일도 견뎌야 했으니 말이다.

이 구절은 양자역학의 창시자 중 한 명인 베르너 하이젠베르크(1901-1976)의 독특한 회고록 『부분과 전체*Der Teil und das Ganze*』(1969)에 별로 상세한 설명 없이 나와 궁금증을 불러일으킨다. 그해 여름, 하이젠베르크에게 어떤 일이 있었던 것일까?

하이젠베르크는 1927년에 라이프치히 대학교의 정교수로 부임했다. 뮌헨의 루트비히-막시밀리안 대학교에 입학한 것이 1920년 가을이니까, 대학 입학 후 겨우 7년 만인 스물여섯 살에 독일 역사상 최연소로 정교수가 된 것이다.

1926년 초에 라이프치히 대학교의 게오르게 체칠 야페가 기센 대학교으로 옮겨 가면서 부교수 자리가 하나 생겼다. 그해 10월 1일에 막스 플랑크가 은퇴하면서 베를린 대학교에 정교수 자리가 생겼다. 그로부터 한 주 뒤 라이프치히 대학교의 이론물리학 교수 테오도어 데 쿠드레가 갑작스러운 심근경색으로 세상을 떠났고, 얼마 되지 않아 그 근처 할레 대학교의 이론물리학자 카를 슈미트도 은퇴했다. 석 달 뒤 1927년 1월에 라이프치히 대학교의 실험물리학 교수 오토 비너도 갑작스런 심장병으로 세상을 떠났다.

당시 세계에서 가장 물리학 연구가 활발하던 나라에서 갑자기 교수 자리가 쏟아진 것이다. 독일의 대학의 교수직은 원하는 사람이 지원하는 것이 아니라 대학에서 적절한 후보를 찾아 교수 자리를 제안하는 것이 통례였다.

1926년 4월에 야페의 뒤를 이을 라이프치히 대학교 이론물리학 부교수자리의 후보로 오른 사람은 베르너 하이젠베르크, 볼프강 파울리, 그레고어 벤첼의 순이었다. 하지만 하이젠베르크는 1926년 5월부터 코펜하겐의 이론물리학연구소로 가서 한스 크라머스의 후임으로 보어의 연구조수 겸 코펜하겐 대학교 강의를 맡기로 약속한 상태였다.

하이젠베르크는 4월에야 뒤늦게 보어에게 재정지원에 대해 물어보는 편지를 보냈고, 보어는 매우 서둘러서 하이젠베르크의 급여를 올려주겠다는 전신을 보냈다. 당시 독일의 학계에는 젊은 학자가 대학에서 제안한 교수직을 응낙하지 않으면 한동안 다른 대학에서도 그 학자는 후보에서 제외되는 관례가 있었다.

아들이 교수가 되는 것을 소원으로 삼고 있던 하이젠베르크의 아버지는 라이프치히 대학교의 제안을 응낙하라고 종용하고 있었다. 하이젠베르크는 괴팅겐의 막스 보른과 리하르트 쿠란트에게 상의했다. 둘 다 보어와 함께 일할 수 있는 최고의 기회를 놓치지 말라는 대답을 보내왔다. 그 무렵 하이젠베르크는 막스 폰 라우에의 초청으로 베를린 대학교에서 콜로퀴엄을 하게 되었고, 그곳에 포진해 있던 뛰어난 같은 물리학자들(아인슈타인, 네른스트, 라우에, 마이트너, 라덴부르크)은 모두 라이프치히 대학교의 제안을 거절하고 코펜하겐으로 가라는 충고를 주었다.

파울리는 함부르크 대학교에서 정교수 자리를 막 얻은 때여서 라이프치히 대학교의 제안을 거절했고, 결국 벤첼이 라이프치히 대학교의 이론물리학 부교수로 부임했다. 1927년 6월 할레 대학교의 인사위원회에서 카를 슈미트의 후임으로 하이젠베르크, 벤첼, 프리드리히 훈트를 추천했고, 조머펠트는 라이프치히 대학교에서 데 쿠드레의 후임으로 하이젠베르크를 거론하고 있다고 하이젠베르크에게 알려주었다.

그 무렵 막스 플랑크가 은퇴한 베를린 대학교로 조머펠트와 슈뢰딩거가 추천되었다. 조머펠트가 이 제안을 사양하자 바이에른 교육부는 바이에른을 떠나지 않은 조머펠트의 급여를 인상하는 동시에 오래전부터 조머펠트가 요청했던 이론물리학 부교수 자리를 만들어주기로 했다. 비록 부교수 자리였지만, 하이젠베르크는 뮌헨과 자신의 모교를 매우 사랑했고 조머펠트가 은퇴하면 그 후임이 될 것이 분명했다.

1927년 7월 라이프치히 대학교에서 공식적으로 교수직 제안이 왔다. 이제 하이젠베르크는 세 가지 중 하나를 골라야 했다. 할레 대학교 정교수인가, 라이프치히 대학교 정교수인가, 뮌헨 대학교 부교수인가. 결국 하이젠베르크는 라이프치히 대학교를 선택했다.

하이젠베르크는 뷔르츠부르크에서 태어났지만, 뮌헨에서 학교를 다녔다. 슈바빙에 있는 막시밀리안 김나지움을 다녔고, 결국 루트비히-막시밀리안 대학교에서 물리학을 공부하고 거기에서 박사학위까지 받았다. 뮌헨과 뮌헨 대학교에 대한 하이젠베르크의 사랑은 남다른 것이었다.

하이젠베르크는 1933년에 노벨물리학상을 수상하는 영예를 안기도 했고 많은 학문적 성취를 이루었지만, 라이프치히에서의 생활이 행복하지만은 않았다. 특히 당시는 히틀러와 나치의 집권 후 반유대주의에 따라 많은 과학자들이 하루아침에 직장을 잃고 쫓겨나야 했던 상황이었다. 하이젠베르크는 유대인의 물리학으로 낙인찍힌 아인슈타인의 상대성이론을 대학에서 강의하는 것만으로도 많은 나치주의자들의 공격의 대상이 되었다.

하이젠베르크는 1937년 1월 스물두 살의 엘리자베트 슈마허를 만나 그해 4월 29일 결혼했다. 저명한 경제사상가이자 통계학자인 에른스트 슈마허의 동생이다. 그해 여름, 하이젠베르크에게 또 다른 기쁜 소식이 들렸다. 조머펠트가 은퇴하면서 그의 후임으로 하이젠베르크가 지명되었다는 것이었다. 이제 그

5-1 **베르너 하이젠베르크**

는 염원하던 모교 뮌헨 대학교로 갈 수 있게 되었고, 아이를 가진 엘리자베트와 함께 살 집까지 뮌헨에 마련해 둔 상태였다.

그러나 1937년 7월 엘리자베트와의 행복한 여행에서 돌아온 하이젠베르크에게 청천벽력 같은 소식이 들렸다. 슈츠슈타펠SS 즉 나치 친위대가 발행하는 기관지《흑군단*Das Schwarze Korps*》에 하이젠베르크를 '백색 유대인'이라고 비난하는 글이 실렸던 것이다. 하이젠베르크가 "1937년 여름 나는 잠시 정치적 어려움에 빠졌다"라고 짧게 술회한 부분은 바로 이것을 가리키는 것이다.

'백색 유대인'이란 독일인이면서도 유대인의 '사악한' 정신을 퍼트리는 사람이었고, 하이젠베르크의 경우는 다름 아니라 유대인인 아인슈타인의 이론을 대학에서 가르치고 그 주제를 연구하는 것이었다. 이는 하이젠베르크가 뮌헨 대학교로 가는 것을 반대했던 요하네스 슈타르크의 모략이었다. 친나치였던 슈타르크는 필리프 레나르트와 더불어 유대의 물리학이 아닌 독일의 물리학을 세워야 한다면서 상대성이론과 양자역학이 대표적인 유대의 물리학이라고 주장하고 있었다. 하이젠베르크로서는 갑자기 모든 것이 허물어졌고, 그 뒤 1년 넘게 이를 되돌리려 동분서주해야 했다. 이대로 가다간 하루아침에 모든 것을 잃고 심지어 강제수용소로 끌려갈 수도 있었다.《흑군단》에서는 하이젠베르크를 "물리학계의 오시에츠키"라고 비난했는데, 오시에츠키(1889-1938)는 반나치 평화운동을 주도하여 1935년 노벨평화상을 받았지만 1937년 당시 베를린 니더쉰하우젠의 노르트엔트 병원에 입원하여 나치정권의 감시를 받고 있었고, 이듬해 세상을 떠났다. 낙관적이며 독일을 사랑하던 하이젠베르크가 미국 컬럼비아 대학교의 관계자와 비밀리에 접촉하여 독일을 떠나 미국으로 갈 통로를 찾았던 것을 보면 얼마나 심각한 상황이었는지 짐작할 수 있다.

하이젠베르크는 독일의 미래를 위해서도 이론물리학이 중요함을 강조하면서 과학자는 비정치적이어야 한다는 자신의 소신을 피력하고 유대인의 연구라도 독일인에게 유용할 수 있음을 역설하는 편지를 직접 슈츠슈타펠의 대장 하인리히 힘러에게 보내려 했지만, 실질적인 통로가 없었다. 다행히 하이젠베르크의 외할아버지와 힘러의 외할아버지가 김나지움 교장 친선모임의 회원으로 절친한 사이였기 때문에 하이젠베르크의 어머니가 힘러의 어머니와 친분이 있어서, 어머니들을 통해 하이젠베르크의 편지가 힘러에게 전달되었다. 하이젠베르크가 베를린에 있는 슈츠슈타펠 본부의 지하신문실로 불려가 조사를 받을 때 운 좋게도 조사관 중 하나가 하이젠베르크가 박사 학위논문 심사를 했던 요하네스 유일프스였고, 다른 조사관들도 하이젠베르크의 인격과 명망을 잘 알고 있었다. 거기에 힘러와 친분이 깊었던 저명한 독일의 항공공학자 루트비히 프란틀의 적극적인 변호와 중재로 1938년 7월 드디어 힘러가 하이젠베르크의 결백을 승인하는 서류에 서명을 했다.

하이젠베르크가 이 한 해 동안 얼마나 마음고생을 많이 했는지, 세상을 떠나기 얼마 전까지도 비밀국가경찰(게슈타포)이 나치 특유의 군화 소리를 내면서 계단을 올라와 침실로 들어오는 악몽을 꾸곤 했다고 한다. 하이젠베르크는 뮌헨 대학교로 가려던 계획을 접어야 했고 또한 이후 어떤 식으로도 유대인 과학자를 거론하지 않기로 약속했다. 그로서는 나치 치하에서 살아남기 위해 자신이 존경해 마지않는 아인슈타인을 비롯한 수많은 유대인 과학자들을 못 본 척해야 했던 것이다.

하이젠베르크와 그레테 헤르만의 대화

하이젠베르크의 『부분과 전체』 10장에는 '양자역학과 칸트 철학'이라는 제목이 붙어 있다. 하이젠베르크는 라이프치히에 있을 때를 회상하면서 다음과 같이 적고 있다.

> 젊은 여성 철학자 그레테 헤르만이 원자물리학자들과 철학적 토론을 하기 위해 라이프치히에 왔다. 그레테 헤르만은 괴팅겐 철학자 넬손 학단에서 공부하고 연구한 철학자로 칸트 철학에 정통했으며, 19세기 초 칸트 철학을 해석했던 철학자이자 자연학자인 프리스의 사상에도 조예가 깊었다. 프리스 학파와 넬손 학단은 철학적 숙고가 현대 수학이 요구하는 정도의 엄밀성을 갖춰야 한다고 주장했다. 그레테 헤르만은 칸트의 인과율이 결코 흔들릴 수 없는 것임을 엄밀하게 증명할 수 있다고 믿었다. 그러나 새로운 양자역학은 이런 인과율을 의문시했으므로, 이 젊은 여성 철학자는 단호하게 자신의 논지를 밀어붙이고자 했다.[15]

하이젠베르크는 두 번이나 '젊은 여성 철학자'라고 했지만, 그레테 헤르만(1901-1984)은 하이젠베르크보다 오히려 몇 달 일찍 태어났고, 1925년에 괴팅겐 대학교에서 에미 뇌터의 지도 아래 순수수학 전공으로 박사학위를 받았을 뿐 아니라, 이

만남에 앞서서 이미 양자역학의 숨은 변수 문제를 정확히 짚어내고 양자역학의 개념적 기초에 관련된 핵심을 관통하는 논문을 완성한 수학자-물리학자였다.

1932년 너이만 야노시(폰 노이만)는 『양자역학의 수학적 기초*Mathematische Grundlagen der Quantenmechanik*』에서 양자역학과 논리적으로 연결된 숨은 변수 이론이 존재하지 않음을 증명했다. 양자역학의 기묘한 미결정성과 예측불가능성이 어쩌면 아직 구성되지 않은 더 근본적인 이론의 확률 계산의 결과일 수도 있다는 기대가 깨진 것이다. 1966년 존 스튜어트 벨이 「양자역학의 숨은 변수 문제」라는 제목의 논문에서 폰 노이만의 금지정리를 다시 살펴보기 전까지 폰 노이만의 영향력은 막강했고, 폰 노이만의 증명이 틀렸다고 생각한 사람은 없었다.

그레테 헤르만은 1933년 「결정론과 양자역학」에서 폰 노이만의 이 금지정리가 틀렸음을 밝혔다. 그러나 그 업적은 오랫동안 감추어져 있었다. 1935년에 《나투어사프텐*Naturwissenschaften*》에 「양자역학의 자연철학적 기초」라는 제목으로 4쪽짜리 요약문이 게재되긴 했지만, 거기에는 숨은 변수 이론의 문제가 생략되어 있었다. 1933년의 논문은 아주 최근에야 발견되었다.

1963년에 과학사학자 토머스 쿤이 카를 바이츠제커와 인터뷰를 했다. 그 내용 중에 1934년 라이프치히에 방문한 그레테 헤르만과 만나기 전에 헤르만이 보어와 하이젠베르크에게 논문 초고를 우송했다는 말이 나온다. 그러나 그 원고는 보어 문서보관소나 하이젠베르크 문서보관소 어디에서도 찾을 수 없었다. 그러다가 2012년 그레테 헤르만에 대한 워크숍이 열렸고, 코펜하겐에 있던 구스타프 헤크만이 1933년 12월에 헤르만에게 보낸 편지가 발표되었다. 이 편지에 따르면, 헤르만이 코펜하겐으로 보내온 논문 초고를 보어와 하이젠베르크와 바이츠제커 등 여러 사람들이 진지하게 논의를 했고, 하이젠베르크는 헤르만이 물리학을 더 배워야 할 것으로 보이지만 이 초고에서 지적한 사항은 대단히 심각하고 매우 중요하다고 평가하면서 바이츠제커와 공동으로 대응 논문을 쓸 계획도 세웠다.

과학철학자 귀도 바차갈루피는 이 편지를 통해 1933년에 헤르만이 쓴 논문 초고가 매우 중요하다고 판단하고 이를 추적하면서, 어쩌면 영국의 폴 디랙에게도 이 초고를 보냈을지 모른다고 생각했다. 아니나 다를까 케임브리지 대학교의 처칠 칼리지의 디랙 문서보관소를 샅샅이 살펴보니 다행히 헤르만이 디랙에게 보낸 편지와 거기에 동봉된 논문 초고가 남아 있었다. 이렇게 하여 1933년 헤르만의 논문 초고는 2016년에야 세상에 빛을 보게 되었다.

이 논문 초고의 핵심 질문은 다음과 같다. "양자역학의 여러 주창자들이 주장하듯이 어떤 특정의 물리적 측정의 결과는 원리적으로 예측불가능하다는 것이 양자역학의 필연적인 정리 중 하나인가, 아니면 가능한 물리적 경험의 설명을 위해 양자이론의 가치에 흠집을 전혀 내지 않고 이 이론으로부터 그러한 주장을 떼어낼 수 있는가?" 헤르만은 이 논문 초고에서 후자가 가능함을 설득력 있게 논증하고 있다.

헤르만이 양자역학의 자연철학적 기초로서 다루는 핵심 개념은 예측가능성의 한계이다. 인과율과 예측가능성의 문제를 입자-파동 이중성 실험들과 불확정성 관계를 통해 고찰한 뒤에 파동함수의 확률해석을 다룬다. 양자역학에서 확률이 필연적으로 나타난다 해도 실상 더 근본적인 이론이 있고 그 하부의 이론에 대한 통계적 처리를 통해 확률이 나오는 것이라면, 양자역학이 겉보기에 드러내는 인과율과 예측가능성에 심각한 개념적 난점을 해결할 수 있다. 이것이 소위 숨은 변수의 문제이다. 폰 노이만이 『양자역학의 수학적 기초』에서 이 숨은 변수 이론이 가능하지 않음을 증명한 것이 이후 양자역학의 개념적 전개에서 결정적인 역할을 했다. 양자역학이 완결된 이론이고 더 하부의 이론이 있는 게 아니라는 함의를 지니기 때문이다. 그러나 이는 인식론적으로 심각한 위기 상황이다. 양자역학에 내재해 있는 불확정성 또는 미결정성과 여기에서 비롯된 예측불가능성과 인과율에 대한 도전이 도무지 피할 수 없는 것이라면, 우리가 자연과학, 특히 물리학에 기반을 두고 근원적인 사유를 할 수 없다는 의미일 수도 있다.

5-2 **그레테 헤르만**

바로 이 대목에서 헤르만이 주목한 것이 폰 노이만 증명의 오류 가능성이다. 폰 노이만의 증명이 옳지 않다면 아직 숨은 변수 이론을 통해 예측가능성과 인과율을 살릴 가능성이 남아 있는 것이다. 헤르만이 폰 노이만의 증명을 세밀하게 검토한 결과, 놀랍게도 그 증명은 가정해서는 안 되는 가정을 암묵적으로 포함시켰기 때문에 설령 그 자체로 잘못된 증명은 아니라 해도 하나의 정리로서는 근본적인 어려움을 안고 있었다. 물론 그렇다고 해도 19세기 물리학을 풍미한 라플라스의 결정론이 유지될 수 있다는 것은 아니다. 헤르만은 이 상황을 양자역학의 상대적 특성을 통해 해결하려 했다. 보어에 따르면 양자역학은 대응 원리와 상보성 원리에 기반을 두어야 하며, 상보성 서술은 필연적이다. 그런데 헤르만은 당시의 물리학자들과 확연하게 구별되는 관점을 제시했다. 이 상보성이라는 것은 가령 입자와 파동의 상보성 같은 것에 국한되는 물리적 개념이 아니다. 그것은 오히려 자연을 서술하는 방식에서 고전 역학적 서술과 양자역학적 서술이 필연적으로 함께 있어야 함을 의미한다. 여기에서 고전 역학적 서술이라는 것을 단순히 고전역학의 개념과 수학적 언어로 서술한다는 의미가 아니라 일상언어를 통한 라플라스적 서술에 더 가깝다. 이 말을 더 잘 이해하기 위해서는 헤르만이 라이프치히로 가서 하이젠베르크와 바이츠제커와 토론하면서 한 말이 좋은 실마리가 된다.

> 칸트 철학에서 인과율은 경험을 통해 확증되거나 반박될 수 있는 경험적 주장이 아니에요. 그것은 모든 경험의 전제이지요. 이는 칸트가 '선험적(아프리오리)'이라고 부른 범주에 속해요. 어떤 감각인상이 선행하는 사건으로부터 비롯된다는 규칙이 없다면, 우리가 세계를 인지하는 감각인상은 어떤 대상과도 연결되지 않는, 느낌의 주관적인 작용에 불과할 거예요. 따라서 지각을 객관화시키고자 한다면, 즉 무엇인가 사물이나 현상을 경험했다고 주장하려 한다면, 인과율, 즉 원인과 결과의 명백한 연결을 전제로 해야 하죠. 다른 한편 자연과학은 경험들을 다뤄

요. 객관적인 경험들을 다루지요. 다른 경험으로 통제할 수 있는, 객관적인 경험들만이 자연과학의 대상이 될 수 있는 거예요. 이로부터 모든 자연과학은 인과율을 전제로 해야 한다는 결과가 나와요. 인과율이 있어야만 자연과학도 있을 수 있는 것이죠. 따라서 인과율은 사고의 도구라 할 수 있어요. 우리는 이런 도구를 가지고 감각인상이라는 원료를 경험으로 가공하지요. 이것이 가능한 범위에서만 자연과학이 가능한 거고요. 그런데 양자역학은 어째서 이런 인과율을 느슨하게 만들려고 하면서 동시에 자연과학으로 남고 싶어 하는 거죠?[16]

헤르만은 자신의 접근을 다름 아닌 프리스와 넬손의 개념을 기반으로 삼아 칸트의 비판철학으로 연결한다. 초월관념론이 필요한 이유를 바로 양자역학에서 가져오는 셈이다. 다르게 말하면, 양자역학의 난점들을 초월관념론을 통해 해소하려는 프로젝트다. 헤르만은 이후 「과거의 이론과 현대의 이론에서 물리학적 예측의 기초」(1937), 「현대 물리학이 인식이론에 대해 가지는 의미」(1937) 등을 통해 양자역학의 기초를 칸트의 초월철학에 입각하여 더 상세하게 논의했다.

헤르만이 인과율과 결정론에 가장 큰 관심을 가졌던 까닭은 무엇일까? 이를 이해하기 위해 그레테 헤르만의 학문과 그의 삶의 궤적을 바라보는 관점에서 '포먼 논제'를 되새겨 보자.

미국의 과학사학자 폴 포먼은 1971년에 발표한 논문을 통해 소위 외적 접근의 과학사와 과학철학에 새로운 흐름을 만들어 냈다.

포먼 논제에 따르면, 제1차 세계대전 직후부터 1920년대 중반에 양자역학이 만들어질 때까지 이를 주도한 물리학자와 수학자 그룹이 전쟁 전의 문화에 강한 거부감을 가지고 있었으며, 이 '바이마르 문화'에 따라 비인과적이고 비결정론적이고 비유물론적인 성격의 새 이론을 큰 심리적 저항감 없이 구축하고 이를 이용했다. 1차 대전 패배 후 독일 지식인들 사이에서는 전쟁 전의 합리성, 진보, 근대성, 유물론을 추구하던 경향에 적대적인 분위기가 형성되었다. 그전까지 물리학과 수학, 나아가 학문 전체에서 추구되던 인과성, 직관성, 개별성은 점점 그 명예의 전당에서 축출되어 나갔다.

포먼이 그러한 과정의 핵심 계기로 보는 것은 오스발트 슈펭글러(1880-1936)의 저서 『서양의 몰락*Der Untergang des Abendlandes*』이다. 슈펭글러는 역사가의 관점에서 물리학의 모든 체계들이 옳은 것도 아니고 틀린 것도 아니며 단지 물리학의 역사가 있을 뿐임을 역설한다. 그에게 각 시대의 물리학은 역사적으로, 그리고 심리적으로 그 시대의 특성을 반영하고 요약하는 것이다. 슈펭글러가 '파우스트적' 과학이라고 부르는 것의 가장 중요한 특성은 다름 아니라 '인과성 원리'이다. 포먼의 분석에서 인과성에 대한 믿음으로부터 개종한 사람은 프란츠 엑스너, 헤르만 바일, 발터 쇼트키, 발터 네른스트, 리하르트 폰 미제스, 에르빈 슈뢰딩거, 한스 라이헨바흐 등이다. 1919년에 출판된 엑스너의 『자연과학의 물리적 기초에 관한 강의 *Vorlesungen über die physikalischen Grundlagen der Naturwissenschaften*』는 자연법칙 중에 엄밀한 것은 아무것도 없다는 언명에서 출발한다. 바일은 괴팅겐 대학교에 사강사로 있을 때 에드문트 후설의 순수현상학 프로그램에서 크게 영향을 받았다. 그러나 패전 이후 바일은 점차 인과성을 의심하면서 통계적 서술의 의미를 적극적으로 받아들이게 되었다. 논리경험주의의 비조인 한스 라이헨바흐도 실상 확률법칙과 인과법칙 사이에서 망설인다. 세계의 인과구조에 대한 근본적인 믿음을 정당화하기 어렵다는 것을 마지못해 인정한다.

헤르만이 1933년의 논문 「결정론과 양자역학」에서 깊이 논의한 문제는 당시 독일 지식인 사회에 널리 퍼져 있던 비인과적이고 비결정론적인 시대정신을 정면으로 넘어서려는 본질적인 질문이었다. 헤르만이 프리스-넬손의 신칸트주의 초월관념론을 통해 양자역학에서 인과성 및 확장된 결정론적 세계관을 구원하려 한 것은 바로 포먼이 분석한 바이마르 문화의 문제였다. 슈펭글러의 저서와 양자역학으로 상징되는 비인과적이고 비결정론적이며 비직관적인 세계관은 나치의 권력 장

악과 2차 대전을 통해 훨씬 강력한 시대정신이 되어가고 있었고, 헤르만이 부여잡고 싶었던 것은 단지 양자역학의 자연철학적 기초라는 상아탑 속의 논의가 아니었던 것이다.

물리학 밖의 일반상대성이론

광대한 우주에 대한 열망은 고대의 수많은 신화로부터 최근의 SF 영화에 이르기까지 인류의 역사 속에서 다양한 모습으로 표현되어 왔다. 100년의 역사를 자랑하는 일반상대성이론이 여기에 커다란 영향을 끼친 것은 자연스러운 일일 것이다. 일반상대성이론은 SF 문학과 영화에 어떻게 얼마나 영향을 주었을까?

2015년 10월 21일. 이것은 미국 로버트 저메키스 감독의 영화 〈백 투 더 퓨처Back to the Future〉 2에서 타임머신의 역할을 하는 자동차 드로리안의 시계에 찍힌 날짜이다. 1985년을 배경으로 한 영화에서 상상한 과거와 미래로의 여행은 30년 전인 1955년과 30년 뒤인 2015년이었다. '백 투 더 퓨처'라는 제목은 미래로 돌아간다는 의미인데, 상식에서는 미래는 아직 오지 않은 때이므로 돌아갈 수 있는 것은 이미 지나가 버린 과거의 때뿐이다. 시간여행은 우주여행과 더불어 SF에서 매우 다양하게 다루어지는 단골 소재다. 그런데 시간여행은 그냥 작가의 자유로운 상상의 산물일까, 아니면 과학 법칙들로부터 정당화될 수 있으나 단지 현재의 기술로 가능하지 않을 뿐일까? 새로운 물리학인 상대성이론은 시간여행의 가능성에 대해 무엇을 말하고 있을까?

물리학이론으로서 상대성이론은 이에 대해 긍정도 부정도 하지 않지만, 인류에게는 SF라는 멋진 장르가 있다. 흔히 '공상' 과학소설이라고 잘못 표현되기도 하는 SF는 과학에 기반을 둔 독특한 창작 영역이다. 대개 소설을 중심으로 하지만 이제는 영화에서도 상당히 비중이 큰 분야가 되었다.

상대성이론의 시간 늦어짐 효과와 쌍둥이 효과를 이용하면 한 시간여행을 다룬 대표적인 SF 작품으로 L. 론 허버드의 『미래로 돌아가다*Return to Tomorrow*』(1954)를 비롯하여, 로버트 하인라인의 『시간의 블랙홀*Time for the Stars*』(1956), 폴 앤더슨의 『타우제로*Tau Zero*』(1967), 진 울프의 『짧은 태양 이야기*The Book of the Short Sun*』(1999-2001) 등 주옥같은 작품들이 있다. 조 홀드먼의 『영원한 전쟁*The Forever War*』(1972-1975)은 상대론적 시간여행의 충격을 베트남 전쟁에서 돌아온 미군이 겪었던 문화충격에 비유하여 잘 묘사하고 있다.

최근에 6편까지 나온 〈터미네이터Terminator〉는 스카이넷 또는 제니시스라는 이름의 기계가 인간 저항군의 지도자 존 코너를 미리 제거하기 위해 과거로 암살자를 보내는 이야기를 축으로 삼고 있다. 공간만을 볼 때, 이곳에서 저곳으로 이동할 수 있다면 저곳에서 이곳으로 이동하는 것도 원칙적으로 언제나 가능하다. 그러나 시간의 경우는 그렇지 않은 것으로 보인다. 이때에서 저때로 갈 수 있다면 저때에서 이때로 되돌아오는 것은 불가능하다. 시간과 공간의 결정적 차이다.

그러나 이런 직관은 어디까지나 상대성이론 이전의 물리학의 법칙에 따른 것이다. 상대성이론은 시간과 공간이 독립적인 것이 아니라 4차원 시공간의 부분임을 밝혔다. 나아가 일반상대성이론은 시공간이 물질과 얽혀 제 나름의 독특한 구조를 가질 수 있다는 것을 밝혔다.

과거로 가서 현재 또는 미래를 바꾼다는 이야기는 테리 길리엄의 영화 〈12 몽키즈12 Monkeys〉(1995)의 핵심 아이디어이기도 하다. 테리 길리엄은 1962년에 개봉한 프랑스 크리스 마르케르 감독의 단편영화 〈라 즈테(송영대)〉에서 영감을 얻었다. 〈12 몽키즈〉는 영화의 유명세에 힘입어 텔레비전 시리즈로 다시 태어나기도 했다.

1996년 종말론을 신봉하는 테러리스트 때문에 치료약이 없는 변종 바이러스가 전 세계에 퍼져 인류 대부분이 죽고 극소수의 사람들만이 지하에서 살아가는 암울한 미래 사회에서 이를 해결하기 위해 '자원자'에게 시간여행을 시킨다. 시간여행을 통해 변종 바이러스가 퍼지기 전으로 돌아가 인류를 구원할 사명이 죄수 제임스 콜에게 주어진 것이다.

시간여행이 가능하다손 치더라도 과거로 돌아가 인류의 역사를 모두 바꾸는 것이 가능할까? 물리학 법칙과 모순을 일으키지는 않을까? 널리 알려진 '할아버지 역설'은 일종의 귀류법이다. 만일 시간여행이 가능하다면, 과거로 돌아갈 수 있을 것이고, 우연히 나의 할아버지나 할머니를 만나 그를 죽게 만든다면 나는 존재할 수 없을 것이다. 그러나 그렇다면 애초에 과거로 돌아가 할아버지나 할머니를 죽게 만드는 것이 가능하지 않다. 이런 모순이 나타나기 때문에 시간여행은 가능하지 않다는 것이 '할아버지 역설'의 핵심이다.

스피어리그 형제가 감독한 2014년 영화 〈타임패러독스 Predestination〉는 바로 이 점에 주목한다. 시간여행을 해서 과거를 바꾸더라도 그것이 할아버지나 할머니처럼 다른 존재가 아니라 나 자신에게 일어나는 일이라면 모순을 일으키지 않는다는 것이다. 그리고 그런 시간여행이 제한 없이 가능한 것이 아니라 약간의 균열이 허용될 수도 있는 짧은 기간 안에서만 가능하다고 함으로써 시간여행의 가능성을 더 높였다.

사실 '할아버지 역설'이 역설로 보이는 것은 시간에 대한 존재론적 직관을 이른바 '영원주의'에 두기 때문이다. '영원주의'는 세상의 모든 사건들이 먼 과거로부터 먼 미래로 결정론적 법칙에 따라 애초부터 마련되어 있고, 이것이 차근차근 펼쳐지는 것이 시간의 흐름이라고 보는 관점이다. 이에 따르면, 과거나 현재나 미래는 공간에서 왼쪽과 가운데와 오른쪽이 나란히 있는 것처럼 모두 존재하는데, 그것을 바라보는 '나'는 그 중 한 순간만을 인지하는 것이다.

이와 달리 '현재주의'의 관점은 과거는 지나가 버린 것일 뿐 아니라 기억 속에만 존재하는 것이고 미래는 그 기억들로부터의 귀납적 추론에 따른 기대에 지나지 않는다고 본다. 정말 존재하는 것은 현재일 뿐이다. 만일 '현재주의'의 관점을 지지한다면, '할아버지 역설'은 처음부터 발생하지 않는다. 오직 현재만이 의미를 갖기 때문에 시간여행을 통해 과거로 돌아가 어떤 사건을 바꾼다면 그로부터 새로운 현재들이 새롭게 나타나는 것에 아무런 문제점도 생기지 않는다. 그렇지만 이러한 관점은 언뜻 봐도 쉽게 공감이 가지 않는 유아론적 접근이다.

이에 대한 대안이 '가능주의'이다. 이에 따르면, 과거는 현재와 마찬가지로 정말로 존재한다. 기억 속에서 일어난 사건들이 허구가 아니라는 말이다. 내가 기억하는 어릴 때 사건들은 정말로 한때나마 실제로 일어난 일이다. 그러나 미래는 말 그대로 오지 않은 것일 뿐 아니라 결정되어 있지 않다. 지금의 어떤 계기들을 통해 미래는 얼마든지 다른 모습이 될 수 있다. 이 관점을 '자라나는 블록 우주'라고 부르기도 하는데, 이는 과거로부터 현재까지는 실재하지만, 미래는 아직 존재하지 않는다는 관점을 잘 보여주는 용어이다. '가능주의'의 관점에서는 시간여행을 통해 과거로 돌아가 어떤 사건을 바꾸게 되면 '자라나는 블록 우주'에 가지가 생겨 다른 세상이 펼쳐지는 것이 된다. 이렇게 여러 갈래로 갈라지는 세상은 모두 대등하게 진짜 세상이다. 시간에 대한 '가능주의'의 관점은 요즘 양자역학의 여러 세계 해석 그리고 초끈이론의 덧차원과 평행우주의 개념과 맞물려 많은 사람들의 주목을 받고 있다.

2014년 크리스토퍼 놀란 감독의 영화 〈인터스텔라Interstellar〉가 한국에서 천만 명이 넘는 관객이 들 정도로 예상 밖의 흥행을 하면서 사람들을 놀라게 했다. 익숙하지 않은 물리학과 천문학 이야기뿐 아니라 전체적인 전개가 복잡했지만, 사람들은 개의치 않고 난해한 영화를 즐겼다. 멕시코의 알폰소 쿠아론 감독의 영화 〈그래비티Gravity〉(2013)의 관객이 300만으로 나름대로 선전했지만, 그 수치를 훨씬 뛰어넘는 흥행이었다.

〈인터스텔라〉에서 특기할 것은 캘리포니아 공과대학의 이론물리학자 킵 손이 제작책임자로 참여했다는 점이다. 킵 손은 영화 〈콘택트Contact〉(1997)에 자문을 했던 것으로도 유명하지만, 〈인터스텔라〉에서는 맨 처음 대본 작업부터 미장센의 구성에 이르기까지 적극적으로 물리학에 기반을 둔 자문 역할을 맡았다. 거대한 블랙홀 가르간투아의 환상적인 모습은 상상의 산물이 아니라 아인슈타인 중력장 방정식을 일일이 풀어서 실제로 있을 수도 있는 블랙홀의 모습을 만들어낸 것이었다.

가령 〈인터스텔라〉에서 우주선 '인듀런스'호가 우주정거장에 도달한 뒤에 가장 먼저 회전을 시작하는 장면이 나온다. 중력이 없는 공간에서 우주선이나 우주정거장을 회전시키면 중력이 있는 것과 똑같은 효과가 나온다. 이것은 중력이 회전에 의한 원심력과 마찬가지로 좌표계의 가속에 의해 나타나는 가짜 힘임을 잘 보여준다. 회전하는 우주선의 장면은 1968년에 개봉된 스탠리 큐브릭 감독의 〈2001 스페이스 오딧세이2001: A Space Odyssey〉에도 나온다. 무중력 상태인 우주선에서 별도의 장치 없이 지구 표면에서처럼 걸어 다니기 위해서는 우주선을 회전시켜야 한다는 것이 바로 일반상대성이론을 통해 알게 된 사실이다.

시간여행 못지않게 사람들의 상상력을 자극해 온 것이 바로 우주여행이다. 우리가 지금 살고 있는 세계가 아닌 다른 세계로 여행하는 것은 인류의 오래된 염원일 것이다. 허먼 멜빌이 『모비딕*Moby-Dick*』에서 "나는 멀리 있는 것에 대한 멈추지 않는 근질거림으로 고통받는다. 나는 금지된 바다를 항해하여 이방의 해안에 착륙하고 싶다"라고 말했던 것은 바로 이런 염원을 잘 표현하는 말이다. 이와 관련하여 아이작 아시모프와 칼 세이건이 인류 역사상 최초의 과학소설이라고 말했던 요하네스 케플러의 『솜니움*Somnium*』이 흥미롭다. '솜니움'은 라틴

5-3 〈2001 스페이스 오딧세이〉의 포스터(1968)

어로 '꿈'이라는 뜻으로 케플러가 1611년 무렵 쓴 소설이다. 이 소설은 케플러가 세상을 떠난 지 4년째이던 1634년에 출판되었다. 아이슬란드의 한 소년과 마녀인 어머니와 함께 악마로부터 레바니아라는 이름의 섬에 대해 듣게 되는데, 레바니아는 다름 아니라 달이었다. 이 소설에서는 레바니아, 즉 달에서 바라본 지구의 모습이 상세하게 묘사되어 있고, 달에 살고 있는 사람들의 생활이 잘 그려져 있다.

웜홀을 통한 우주여행을 잘 묘사하고 있는 매들린 렝글의

『시간의 주름*A Wrinkle in Time*』(1962)을 비롯하여, 클리퍼드 시맥의 『태양의 고리*Ring Around the Sun*』(1953), 고마츠 사쿄의 『끝없는 시간의 흐름 끝에서果しなき流れの果に』(1965), 아이작 아시모프의 『신들 자신*The Gods Themselves*』(1972), 밥 쇼의 『별들의 소용돌이*A Wreath of Stars*』(1976), 프레더릭 폴의 『양자고양이의 귀환*The Coming of the Quantum Cats*』(1986), 잭 윌리엄슨의 『시간을 노래하는 사람들*The Singers of Time*』(1991), 스티븐 백스터의 〈질리 연작Xeelee Sequence〉, 〈다양체 3부작Manifold Trilogy〉(1999-2002), 댄 시먼스의 『일리움*Ilium*』(2003)과 『올림푸스*Olympos*』(2005) 2부작, 이영수의 『토끼굴』(2006) 등은 다른 세계의 모습과 그곳으로 가는 여행을 그린 작품들로서 꼭 읽어보아야 할 SF이다.

SF는 어느 정도나 과학적으로 정확해야 할까? 킵 손은 크리스토퍼 놀란 감독에게 다음 두 가지 원칙을 제시했다. "첫째, 확립된 물리법칙에 위배되는 것은 아무것도 없어야 한다. 둘째, 모든 과감한 사변은 과학에서 나온 것이어야 하며, 작가의 풍부한 상상력에서 나온 것이어서는 안 된다."

이 원칙은 중요하지만, 동시에 과학이론 중에는 SF로 분류할 수 있는 풍부한 상상력에서 나온 것이 꽤 있다는 점도 되새길 만하다. 쥘 베른이나 H. G. 웰스나 필립 K. 딕의 소설에 등장하는 내용들은 실제 과학연구의 동기로 작용하기도 했다.

1895년 웰스는 『타임머신*The Time Machine*』을 통해 상대성이론이 나오기 전에 작가의 풍부한 상상력이 만들어낸 시간여행의 가능성을 보여주었고, 이는 이후 상대성이론의 전개에 상당한 영향을 미치기도 했다. 일반상대성이론은 SF에 시간과 공간에 대한 새로운 관념, 물질과 에너지의 관계, 시간여행의 가능성, 새로운 우주여행 방법과 같은 여러 가지 참신한 활력소가 되었다. 그와 동시에 웜홀이나 다중우주와 같은 SF의 단골소재가 되는 주제들은 물리학자들이 일반상대성이론의 연구주제를 택할 때 좋은 영향을 주기도 한다. 그런 점에서 SF는 과학의 발전에 크게 기여한다고 말할 수 있다.

14장

모든 것의 이론?

일반상대성이론은 중력의 이론인 동시에 시간과 공간과 물질에 대한 가장 일반적인 이론의 일차 후보다. 그러나 일반상대성이론은 얼마나 '일반적'일까? 세상의 모든 것을 통일하여 서술하는 이론, 즉 궁극의 이론은 어디에 있을까? 이런 꿈을 꾸는 것은 어떤 의미를 지닐까?

여러 다양한 현상을 하나의 이론으로 통일하여 설명할 수 있다면 그 이론은 틀림없이 더 일반적일 뿐 아니라 더 진리에 가깝다고 생각할 수 있을 것이다. 뉴턴의 가장 위대한 업적은 다름 아니라 달 위의 세계에 대한 법칙과 달 아래의 세계에 대한 법칙을 통일한 것이었다. 고대 그리스로부터 이슬람을 거쳐

중세유럽의 대학에서 가장 중요한 역할을 했던 아리스토텔레스주의 자연철학은 달 아래 지상계의 구성요소와 기본 법칙이 달 위 천상계의 경우와 전혀 다르다고 믿었다. 이와 달리 동아시아 자연철학에서는 언제나 세상의 모든 것을 이루는 원리가 한 가지라는 믿음이 관철되어 왔다.

아리스토텔레스주의를 극복한 뉴턴의 모범은 19세기 물리학에서도 두드러졌다. 독일 낭만주의 자연철학을 신봉했던 한스 크리스티앙 외르스테드는 전기와 자기가 동등한 것이라는 믿음 속에서 전류가 자석에 영향을 줄 수 있음을 밝혀냈다. 영국의 마이클 패러데이는 자석의 운동을 이용하여 전류를 만들어내는 데 성공했다. 제임스 클러크 맥스웰은 이 모두를 통합하여 전기와 자기와 빛을 모두 통일하는 멋진 전자기이론을 만들어냈다.

뉴턴의 시간 및 공간 개념과 중력이론을 뒤집어엎는 데 성공한 아인슈타인이 중력이론과 전자기이론을 통합하기 위해 온갖 노력을 한 것은 매우 당연한 일이었다. 나치 독일의 탄압을 피해 미국으로 망명한 아인슈타인이 뉴저지에 있는 고등과학원에서 통일이론을 찾아내려고 애쓰고 있을 무렵, 유럽에서는 전혀 새로운 접근이 시도되고 있었다.

아인슈타인보다 여섯 살 적은 헤르만 바일은 힐베르트의 지도 아래 수학과 물리학으로 박사학위를 받은 후 일반상대성이론의 수학적 구조를 연구하고 있었다. 바일은 취리히 대학교와 괴팅겐 대학교에서 교편을 잡았지만, 나치 독일을 피해 결국 미국 고등과학원으로 가 아인슈타인과 합류했다. 바일은 중력과 전자기력을 통일하여 서술하려는 아인슈타인의 목표를 잘 이해했고, 이를 위해 게이지 이론이라는 완전히 새로운 이론을 만들어냈다. 이는 길이를 재는 자(또는 게이지)의 눈금이 달라지더라도 세계를 기술하는 방정식의 꼴이 달라져서는 안 된다는 믿음을 수학적으로 구현한 이론이었다. 더 정확히 말하면, 작용량에 두 가지 불변 조건, 즉 측도불변과 좌표불변을 요구함으로써 중력의 마당방정식인 아인슈타인 방정식과 전자기력의 마당방정식인 맥스웰 방정식을 모두 얻을 수 있다.

그러나 이렇게 형식적으로는 중력과 전자기력을 통일적으로 서술하는 이론을 얻을 수 있었지만, 거기에서 비롯되는 현상의 예측은 관측 결과와 맞지 않았다. 이것은 수학적이고 개념적인 방식으로 전개된 이론의 한계이기도 하다. 여러 가지 요건을 체계적으로 적용하여 과감하게 새로운 이론을 만들어 내는 것은 언제나 수학자들이나 이론물리학자들에게 허용되지만, 그 이론이 자연의 작동방식이어야 하는 것은 아니다. 그런 식으로 구성된 여러 이론들 중에서 예측된 현상이 관측 결과와 부합하는 것만이 살아남는 법이다.

이것을 해낸 것은 17개의 언어를 말하고 쓸 수 있었던 천재

물리학자 테오도어 칼루차였다. 칼루차의 아이디어는 중력이론으로서 일반상대성이론이 시간과 공간을 합하여 4차원 시공간을 다루는 이론인 것처럼, 중력과 전자기력을 통일하는 이론은 5차원 시공간으로 서술할 수 있다는 것이었다. 오스카르 클라인은 다섯 번째 차원을 전자기력과 관련된 내부공간으로 규정하고 더 일반적으로 적용할 수 있는 이론을 만들어냈다. 그러나 기하학적으로 우아한 칼루차-클라인의 이론도 바일의 이론처럼 실제 관측 결과와 부합하지는 않았다.

1920년대 말에 러시아의 블라디미르 포크와 독일의 프리츠 론돈은 새로 나온 양자이론과 바일의 게이지 이론을 연결시키기 위해 흥미로운 아이디어를 냈다. 바일은 길이를 재는 자의 눈금(측도)을 통해 전자기 이론을 유도하려 했던 반면, 포크와 론돈은 여기에 허수단위 i를 곱해서 길이가 아니라 파동의 위상으로 바꾸면 맥스웰의 전자기이론과 합치됨을 증명했다. 무엇보다 양자역학과 함께 만들어져서 대단히 정밀한 정도로 실험으로 확인된 양자전기역학이 포크와 론돈의 이론과 대등함이 밝혀졌다. 그러나 포크와 론돈의 이론은 단지 양자전기역학을 다른 형태로 이해하는 데에 그쳤고, 통일이론으로 가는 길은 멀어 보였다.

1950년대에 예상치 못한 일이 일어났다. 양첸닝과 로버트 밀스는 1956년에 서로 독립적으로 포크와 론돈의 이론을 확장하여 양자전기역학뿐 아니라 약한 핵력이나 강한 핵력과 같은 힘들을 서술할 수 있는 비가환 게이지 이론을 만들어냈다. 이 이론에서는 곱하기의 교환법칙이 성립하지 않기 때문에 비가환이라는 이름이 붙었다.

흥미로운 점은 케임브리지 대학교에서 압두스 살람의 지도로 박사학위논문을 쓴 로널드 쇼가 양-밀스 이론과 거의 비슷한 형태의 이론을 스스로 만들어 학위논문에 포함시켰다는 사실이다. 안타깝게도 로널드 쇼의 연구는 거의 알려지지 않았다. 이후 전자기력과 약한 핵력을 통일한 전기약력 이론인 글래쇼-살람-와인버그 이론을 비롯하여 강한 핵력을 서술하는 양자색역학 등이 모두 비가환 게이지 이론의 한 형태로 발전했다.

미국 시카고에 있는 페르미연구소의 이론물리학자로 널리 알려진 이휘소의 연구업적들은 대체로 이 비가환 게이지 이론의 다양한 이론적 측면을 다룬 것이다. 이휘소는 강한 핵력의 비가환 게이지 이론뿐 아니라 특히 글래쇼-살람-와인버그의 이론이 섭동계산에서 수렴하게 만들 수 있음을 증명한 것으로 널리 알려졌다.

전혀 별개인 것처럼 보이던 전기와 자기가 전자기력으로 통일된 것처럼, 이후 전자기력은 약한 핵력과 통일되었고, 완벽한 것은 아니지만 강한 핵력도 여기에 합세해서 명실공히 통일이론의 시대가 전개되고 있다. 그러나 아인슈타인이 마지막까지 절실하게 추구하던 중력과의 통일이론은 아직도 미래의 일로 남아 있다.

리 스몰린은 베스트셀러인 『곤란해진 물리학*The Trouble with Physics*』(2006)에서 이론물리학의 다섯 가지 최대 난제를 다음과 같이 제시한다. 첫 번째 문제는 일반상대성이론과 양자이론을 결합하여 자연에 대한 완전한 이론이라고 부를 수 있는 단일한 이론으로 만드는 것이다. 이는 물리학에서 등장하는 자연법칙들을 통일적으로 서술하고자 하는 오랜 열망이다.

두 번째 문제는 양자역학의 기초에서 제기되는 문제들을 해결하는 것으로 이는 이론을 현재의 상태로 놓아둔 채 이론의 의미를 명료하게 밝히는 방식으로도 가능하지만 유의미한 새로운 이론을 창출하는 방식으로도 가능하다. 이를 위해 가능한 선택방향은 (1) 제대로 된 이론의 언어를 제시하여 현재까지 알려져 있는 수수께끼를 해결하는 것, (2) 이론에 대한 새로운 해석을 찾아냄으로써 측정과 관찰이 근본적인 실재의 서술에서 본질적인 역할을 하지 않게 하는 실재론적 대안을 찾는 것, (3) 양자역학보다 자연에 대한 더 근본적인 이해를 가져올 수 있는 새로운 이론을 창안하는 것 등으로 구분할 수 있다.

세 번째 문제는 다양한 입자들과 힘들을 단일한 통일이론으로 모두 설명할 수 있을지 여부를 결정하는 것이다. 이는 입자와 힘의 통일 문제로서, 법칙의 통일 문제와는 구별된다. 넷째 문제는 입자물리학의 표준 모형에 있는 상수들의 값을 어떻게 정할 수 있는지 설명하는 것이며, 다섯째 문제는 암흑물질과 암흑에너지를 설명하는 것이다.

1980년대 이래 여러 가지 형태의 초끈이론이 제안되어 모든 것의 이론임을 주장하고 있다. 1984년 존 슈워츠와 마이클 그린이 초대칭이 있는 끈이론에서 시공간이 10차원이면 중력 변칙항이 사라진다는 점을 증명하자, 에드워드 위튼을 비롯하여 미국 고등과학원과 프린스턴 대학교를 중심으로 한 여러 이론물리학자들이 폭풍우처럼 이 새로운 이론에 매달리기 시작했다. 아인슈타인이 마지막 날까지 찾아 헤매던 중력의 양자이론의 강력한 후보가 바로 초끈이론이었기 때문이다. 초끈이론은 아마 중력과 전자기력과 약한 핵력과 강한 핵력을 모두 아우를 수 있는 궁극의 이론일 수도 있다. 게다가 1995년에 에드워드 위튼이 다섯 가지 정합적인 초끈이론이 모두 이중성을 매개로 연결되어 있음을 증명하면서, 11차원에 있는 초대칭 막을 다루는 M이론을 제안했다. 그러나 아직까지 실험실에서 확인할 수 있는 예측 결과는 전무한 형편이다.

이제까지 우리는 '가장 아름답고 완벽한 이론'이라는 애칭을 지닌 상대성이론, 특히 일반상대성이론이 역사적으로 어떻게 생겨나서 어떤 우여곡절로 지금에 이르게 되었는지 주요 장면들을 살펴보았다. 이 책에 담긴 이야기들은 상대성이론과 관련하여 과학이 사회적 맥락에서 어떻게 영향을 받으며 또 사회에 어떻게 영향을 미치는지 보여주고 있다.

가장 먼저 뉴턴과 아인슈타인을 대비시켜 17세기 자연철학에서 가장 중요한 쟁점이 되었던 힘과 물질의 문제, 그리고 질량의 개념과 공간 논쟁을 살펴봄으로써 상대성이론의 실마리를 찾았다. 이어 1905년 아인슈타인의 기적의 해에서 시작하여 특수상대성이론이 어떤 결정적 순간들을 통해 세상에 모습을 보이게 되었는지 다루었다. 특히 민코프스키의 「공간과 시간」을 현대적으로 다시 살펴보고, 질량이 속도에 따라 달라진다는 이야기와 드원-베란-벨 우주선 사고실험을 상세하게 논의했다. 그 뒤 일반상대성이론이 어떻게 탄생했는지 역사적 전개의 씨줄과 개념적 재구성의 날줄로 이야기를 엮었다. 어렵게 탄생한 일반상대성이론이 어떻게 입증되고 어떻게 전파되었는지 살펴보았다. 특히 일제강점기였던 우리나라에는 어떤 방식으로 받아들여졌는지도 눈여겨보았다. 다음으로 역사적 전개를 넘어서서 상대성이론의 해석과 관련된 주요 쟁점들을 차분하게 다루었다.

바일과 칼루차-클라인의 사례를 보면 아무리 훌륭한 이론이라고 해도 예측된 현상이 실험과 관측을 통해 확인되지 않는다면 그저 아름다운 수학 이론에 지나지 않게 된다. 그러나 틀림없이 궁극의 이론에는 지난 100년 동안 더 세련되게 다듬어져 온 일반상대성이론이 포함될 것이다. 그리고 그것은 인류 이성의 위대한 성취를 보여주는 멋진 역사의 한 장면이 될 것이다.

주

I 상대성이론의 실마리

1 Cambridge University Library. Add. MS 3968.41, fol. 85.

2 Westfall, R. S. "Newton's Marvelous Years of Discovery and Their Aftermath: Myth versus Manuscript". Isis. 71(1): 109–121. (1980).

3 Child, J. M. *The geometrical lectures of Isaac Barrow, translated, with notes and proofs, and a discussion on the advance made therein on the work of his predecessors in the infinitesimal calculus*. (1916).

4 Newton, Isaac. *The Method of Fluxions and Infinite Series*. (1736).

5 Taylor, Brook. *Methodus Incrementorum Directa et Inversa*. (1715).

6 Maclaurin, Colin. *Treatise on Fluxions*. (1742).

7 Newton, Isaac. *De Analysi per æquationes numero terminorum infinitas* (1711).

8 Newton, Isaac. *Tractatus de methodis serierum et fluxionum* (1771)

9 Sonar, Thomas. *The History of the Priority Dispute between Newton and Leibniz Mathematics in History and Culture*. Springer. (2018).

10 Leibniz, G. W. *Nova Methodus pro Maximis et Minimis*. (1684).

11 Craig (1946); White (1997).

12 물리학에서 물질과 힘에 대한 상세한 개념적 고찰로 Jammer. (1961), Jammer. (1957) 참조.

13 Isaac Newton. *Philosophiae naturalis principia mathematica*. (1687). p.1.

14 Isaac Newton (1687). p. 2.; "Vis impressa est actio in corpus exercita, ad mutandum ejus statum vel quiescendi vel movendi uniformiter in directum."

15 Jammer (1957) 참조.

16 Thomson, W. & Tait, P. G. *Treatise on Natural Philosophy I*. (1879).

17 Nersessian, N. J. *Faraday to Einstein: Constructing Meaning in Scientific*

Theories. Martinus Nijhoff. (1984).

18 Hooke, Robert. *Lectures de potentia restitutiva, or, Of spring explaining the power of springing bodies*. (1678).

19 Cavendish, Henry. "Experiments to determine the density of the earth". (1798)

20 Hecht, Eugene. "Kepler and the origins of pre-Newtonian mass". *American Journal of Physics* 85, 115-123. (2017); Hecht, Eugene. "There Is No Really Good Definition of Mass". *The Physics Teacher*. 44, 40-44. (2006); Browne, K. M. "The pre-Newtonian meaning of the word 'weight'". *American Journal of Physics* 86, 471-474. (2018).

21 Clarke, S. *A Collection of Papers, Which passed between the late Learned Mr. Leibnitz, and Dr. Clarke, In the Years 1715 and 1716, Relating to the Principles of Natural Philosophy and Religion*. (1717).

II 기적의 해와 시공간

1 Kirchhoff, G. *Vorlesung über Mechanik*. (1897).

2 Minkowski (1909).

3 Minkowski (1909).

4 Balashov (2010) p. 15를 차용하여 다시 그림.

5 Adler, Carl G. "Does mass really dependent on velocity, Dad?" *American Journal of Physics* 55(8): 739–743. (1987).

6 Okun, L. B. "The Concept of Mass". *Phys. Today* 42(6). 31, June (1989); Okun, L. B. *Sov. Phys. Usp*. 32, 629 (1989).

7 Taylor, Edwin F. & Wheeler, John Archibald. *Spacetime Physics: Introduction To Special Relativity*. 2nd ed. (1992)

8 Oas, Gary. "On the Abuse and Use of Relativistic Mass". arXiv. physics/0504110. (2005).

9 김재영. "벨의 우주선 사고실험과 시공간에 대한 동역학적 관점의 비판". 《철학사상》 49: 141-176. (2013).

10 Bell, J. S. "How to teach special relativity". *Progress in Scientific Culture* 1 (2): 1–13. (1976), reprinted in J. S. Bell. *Speakable and Unspeakable in Quantum Mechanics*, Cambridge University Press. pp. 67–80. (1987).

11 Dewan, E. & Beran, M. "Note on stress effects due to relativistic contraction". *Am. J. Phys.* 27: 517–8. (1959).

12 Matsuda, T. & Kinoshita, A. "A paradox of two space ships in special relativity". *AAPPS Bulletin* 14 (No 1 Feb 2004) 3–7. (2004).

13 FitzGerald, G. F. "The Ether and the Earth's Atmosphere". *Science* 13: 390. (1889).

III 일반상대성이론의 탄생

1 Holton (1973).

2 Galileo (1632).

3 Pais (1982); Norton (1984).

4 1907년의 초고, Holton (1973).

5 Ishiwara, Jun. *Einstein Kyoju kouen-roku*(아인슈타인 교수 강연록). (1923); Seiya, Abiko. Einstein's Kyoto Address: "How I Created the Theory of Relativity". *Historical Studies in the Physical and Biological Sciences*, Vol. 31, No. 1, pp. 1-35. (2000)

6 같은 곳.

7 Pais (1982).

8 Pais (1982).

9 Schwarzschild, K. "Über das Gravitationsfeld eines Masenpunktes nach der Einsteinschen Theorie". Sitz. Preuss. Akad. Wiss., 189. (1916); Schwarzschild, K. "Über das Gravitationsfeldeiner Kugel aus inkompressibler Flüssigkeit nach der Einsteinschen Theorie". Sitz. Preuss. Akad. Wiss., 424. (1916); Droste, J. "The field of a single centre in Einstein's theory of gravitation, and the motion of a particle in that field". Kon. Akad. Wetensch. Amsterdam, Proc. Sec. Sci. 19, 197. (1916-17); Reissner, H. "Über die Eigengravitation des elektrischen Feldes

nach der Einsteinschen Theorie". Ann. Phys. 50, 106 (1916).; Nordström, G. "On the energy of the gravitational field in Einstein's theory". Proc. Kon. Ned. Akad. Wet. 20, 1238. (1918); Kottler, Friedrich. "Über die physikalischen Grundlagen der Einsteinschen Relativitätstheorie", Annalen der Physik, 4. Folge, Bd.60, S.401-461. (1918).

10 Einstein, A. "Kosmologische Betrachtungen zur allgemeinen Relativitätstheorie". Sitzb. Preuss. Akad. Wiss., 142 (1917); Robertson, H. P. "On the foundations of relativistic cosmology". Proc. Nat. Acad. Sci. USA 15, 822 (1929); Einstein, A. and de Sitter, W. "On the relation between the expansion and mean density of the universe". Proc. Natl. Acad. Sci. U.S. 18, 213 (1932) ; Tolman, R. C. "Effect of inhomogeneity in cosmological models". Proc. Nat. Acad. Sci. U.S. 20, 169 (1934); Walker, A. G. "On Milne's theory of world-structure". Proc. London Math. Soc. 42, 90. (1936).

IV 가장 아름답고 완벽한 이론

1 ESO/Landessternwarte Heidelberg-Königstuhl/F. W. Dyson, A. S. Eddington, & C. Davidson.

2 Kennefick (2019), Cowen (2019), Stanley (2019).

3 Nussbaumer & Bieri (2009).

4 김재영. "일제강점기 조선과 아인슈타인의 조우".《철학, 사상, 문화》35:-260-288. (2021); Ghim, Zae-young. "'Not to be Left Behind': Einstein and Theory of Relativity in Korea Under Japanese Forced Occupation". The International Conference on the History of Science in East Asia, Chonbuk National University, Aug. 19-24. (2019); 김재영. "'시대에 낙오되지 말어야지오': 일제강점기 조선과 아인슈타인의 만남".《물리학과 첨단기술》2021(6): 48-53. (2021); Ghim, Zae-young. (2006). "Einstein and Theory of Relativity in Korea During the 1920s". The 9th International Conference on Public Communication of Science and Technology (PCST-9); 김재영. "1920년대 조선의 아인슈타인: 최윤식(1899-1960)의 상대성원리 강연". 한국과학사학회 추계학술대회 2005.10.29. (2005).

5 중국에서 아인슈타인과 상대성이론이 전해지고 수용된 과정에 대한 논의로 Hu,

D . *China and Albert Einstein: The Reception of the Physicist and His Theory in China, 1917-1979*, 2005 (특히 60-79쪽) 등 참조. 최근의 논의로 Rosenkranz, Ze'ev (ed.). The Travel Diaries of Albert Einstein: *The Far East, Palestine, and Spain, 1922-1923*. 2018 참조.

V 상대성이론의 해석

1 Craig (2008).

2 Arzeliès (1955).

3 Hentschel (1990).

4 Kretschmann, E. "Über den physikalischen Sinn der Relativitätspostulate. A. Einsteins neue und seine ursprungliche Relativitätstheorie", *Annalen der Physik* 53: 575-614. (1917); Tolman, R. C. *Relativity, theormodynamics, and cosmology*. Courier. (1934).

5 Schilpp (1949).

6 Cassirer (1910), Cassirer (1921).

7 Reichenbach (1957); Reichenbach (1965).

8 Friedman (1983); Earman (1989).

9 Sklar (1985).

10 Graves (1971).

11 Poincaré, H. "Analysis Situs". Journal de l'École Polytechnique. Serié 11. Gauthier-Villars. (1895).

12 실체론-관계론 논쟁에 대해 비교적 쉽게 쓴 입문적인 논문으로 Shamik Dasgupta. "Substantivalism vs Relationalism About Space in Classical Physics". Philosophy Compass. 10(9): 601-624. (2015).

13 Greene (2004).

14 Tegmark (2014).

15 Heisenberg (1969).

16 같은 곳.

참고문헌

홍성욱 외. 『뉴턴과 아인슈타인』. 창비. (2004).

Arzeliès, Henri. *La cinématique relativiste.* (1955).

Baggott, J. *Mass*. Oxford University Press. 2017; 배지은 옮김. 『물질의 탐구』. 반니. (2018).

Balashov, Yuri. *Persistence and Spacetime.* Oxford University Press. (2010).

Cassirer, Ernst. *Substanzbegriff und Funktionsbegriff: Untersuchungen über die Grundfragen der Erkenntniskritik.* Springer. (1910).

Cassirer, Ernst. *Zur Einstein'schen Relativitätstheorie.* Bruno Cassirer Verlag. (1921).

Cassirer, Ernst. *Substance and function, and Einstein's theory of relativity.* Swabey, W. C. and Swabey, M. C. transl. The Open court publishing company. (1923).

Cowen, Ron. *Gravity's Century: From Einstein's Eclipse to Images of Black Holes.* Harvard University Press. (2019).

Craig, John. *Newton at the Mint*. Cambridge University Press. (1946).

Craig, William Lane & Smith, Quentin (eds.). *Einstein, Relativity and Absolute Simultaneity*. Routledge. (2008).

Crull, E. & Bacciagaluppi, G. (eds.). *Grete Hermann: Between Physics and Philosophy*. Springer. (2016).

Earman, John S. *World Enough and Space-Time: Absolute versus Relational Theories of Space and Time.* MIT Press. (1989).

Friedman, M. *Foundations of Space-Time Theories.* Princeton University Press. (1983).

Galileo Galilei. *Dialogo sopra i due massimi sistemi del mondo*(세계의 두 주된 체계 사이의 대화). (1632).

Gilder, L. *The Age of Entanglement: When Quantum Physics Was Reborn.*

Knopf. (2008); 노태복 옮김. 『얽힘의 시대』. 부키. (2012).

Graves, J. C. *The Conceptual Foundations of Contemporary Relativity Theory.* MIT Press. (1971).

Greene, Brian R. *The Fabric of the Cosmos: Space, Time, and the Texture of Reality.* Knopf. (2004); 박병철 옮김. 『우주의 구조: 시간과 공간, 그 근원을 찾아서』. 승산. (2005).

Heisenberg, Werner. *Der Teil und das Ganze: Gespräche im Umkreis der Atomphysik.* R. Piper & Co. Verlag. (1969); 유영미 옮김. 『부분과 전체』. 서커스. (2016).

Hentschel, K. *Interpretationen und Fehlinterpretationen der speziellen und der allgemeinen Relativitätstheorie durch Zeitgenossen Albert Einsteins.* Birkhäuser. (1990).

Herrmann, K. (ed.) *Grete Henry-Hermann: Philosophie-Mathematik-Quantenmechanik. Ausgewählte Schriften und Korresponden aus den Jahren 1925 bis 1973.* Springer. (2017).

Holton, Gerald. *Thematic Origins of Scientific Thought: Kepler to Einstein.* Harvard University Press. (1973).

Hu, D. *China and Albert Einstein: The Reception of the Physicist and His Theory in China, 1917-1979.* Harvard University Press. (2005).

Jammer, Max. *Concepts of Force: A Study in the Foundations of Dynamics.* Harvard University Press. (1957).

Jammer, Max. *Concepts of Mass in Classical and Modern Physics.* Harvard University Press. (1961).

Kennefick, Daniel. *No Shadow of a Doubt: The 1919 Eclipse That Confirmed Einstein's Theory of Relativity.* Princeton University Press. (2019).

Minkowski, Hermann. "Raum und Zeit". *Jahresbericht der Deutschen Mathematiker-Vereinigung.* 18: 75 – 88. (1909).

Nersessian, N. J. *Faraday to Einstein: Constructing Meaning in Scientific Theories.* Martinus Nijhoff. (1984).

Newton, I. Philosophiæ Naturalis Principia Mathematica. (1687).

Norton, John D. How Einstein Found His Field Equations: 1912-1915. *Historical Studies in the Physical Sciences,* 14 (2). 253-316. (1984).

Nussbaumer, Harry & Bieri, Lydia. *Discovering the Expanding Universe.* Cambridge University Press. (2009).

Pais, A. *'Subtle is the Lord...': The Science and the Life of Albert Einstein.* Oxford University Press. (1982).

Petkov, V. *Relativity and the Nature of Spacetime.* Springer. (2009).

Reichenbach, H. *The Philosophy of Space and Time.* Courier. (1957).

Reichenbach, H. *The Theory of Relativity and a priori Knowledge.* University of California Press. (1965).

Rosenkranz, Ze'ev (ed.), *The Travel Diaries of Albert Einstein: The Far East, Palestine, and Spain, 1922-1923.* Princeton University Press. (2018)

Schilpp, P. A. *Albert Einstein: Philosopher-Scientist.* Open Court. (1949).

Sklar, Lawrence. *Philosophy and Spacetime Physics.* University of California Press. (1985).

Smolin, Lee. *The Trouble with Physics: The Rise of String Theory, the Fall of a Science, and What Comes Next.* Houghton Mifflin Harcourt. (2006).

Sonar, Thomas. *The History of the Priority Dispute between Newton and Leibniz Mathematics in History and Culture.* Springer. (2018)

Stanley, Matthew. *Einstein's War: How Relativity Triumphed Amid the Vicious Nationalism of World War I.* Dutton. (2019).

Taylor, E. F. & Wheeler, J. A. *Spacetime Physics: Introduction To Special Relativity.* 2nd ed. (1992).

Tegmark, Max. *Our Mathematical Universe: My Quest for the Ultimate Nature of Reality.* (2014); 김낙우 옮김. 『맥스 테그마크의 유니버스: 우주의 궁극적 실체를 찾아가는 수학적 여정』. 동아시아. (2017).

Thomson, W. & Tait, P. G. *Treatise on Natural Philosophy I.* (1879).

White, Michael. *Isaac Newton: The Last Sorcerer.* Fourth Estate Limited. (1997).

찾아보기

ㄷ

ㄹ

ㅁ

ㅂ

ㅅ

ㅇ

ㅌ

ㅍ

ㅎ